"十四五"职业教育部委级规划教材

丝绸技艺

陈爱香◎编著

中国纺织出版社有限公司

内 容 提 要

本书系统介绍了丝韵溯源、桑织九章、色彩经纬、织造奇迹、锦绣织梦等内容，详细归纳了中国古代、近代和现代的丝绸技艺，综述了十四大类丝绸的传承和创新，弘扬了中国自古以来璀璨的丝绸文化。通过项目化教学内容的设计，引导学生了解丝绸起源和丝绸产业的发展现状，培养学生对国家发展、社会稳定的责任感和使命感。书中配有大量高清图片和视频，可通过扫描二维码进行查看学习。

本书既可作为高职院校纺织类相关专业课程的教学用书，也可供纺织企业的相关技术人员参考。

图书在版编目（CIP）数据

丝绸技艺／陈爱香编著. -- 北京：中国纺织出版社有限公司，2025. 7. --（"十四五"职业教育部委级规划教材）. -- ISBN 978-7-5229-2814-2

Ⅰ. TS145.3

中国国家版本馆 CIP 数据核字第 20259F1W42 号

责任编辑：朱利锋　　特约编辑：张小涵
责任校对：高　涵　　责任印制：王艳丽

中国纺织出版社有限公司出版发行
地址：北京市朝阳区百子湾东里 A407 号楼　邮政编码：100124
销售电话：010—67004422　传真：010—87155801
http://www.c-textilep.com
中国纺织出版社天猫旗舰店
官方微博 http://weibo.com/2119887771
三河市宏盛印务有限公司印刷　各地新华书店经销
2025 年 7 月第 1 版第 1 次印刷
开本：787×1092　1/16　印张：13
字数：308 千字　定价：68.00 元

Foreword

前 言

蚕桑丝织是中华民族认同的文化标识，五千多年来，它对中国历史作出了重大贡献，并通过丝绸之路对人类文明产生了深远影响。在中国纺织服饰类的非物质文化遗产中，蚕桑丝织属于最高的技艺之一。丝绸不仅是中华文明的使者，在"一带一路"倡议提出后，丝绸文化更是倍显璀璨。

作为校企共同开发的教材，本书的开发依托了学院悠久的丝绸纺织专业发展历史和雄厚的师资力量，广泛整合了丝绸行业资源，深入发掘了区域内丝绸文化内涵。其内容丰富、呈现形式多样，是专业教学与传统文化相融合的有效载体。本书根据专业人才培养目标及课程在整个课程体系中发挥的重要作用，以项目为载体，围绕丝韵溯源、桑织九章、色彩经纬、织造奇迹、锦绣织梦等五大项目的讲解，让学生了解丝绸的起源，丝绸产品的类别，丝绸之路对世界的影响，丝绸文化源远流长的原因。

为培养学生工匠精神，本书根据高职院校纺织类专业学生所必需的知识结构与技能要求，坚持继承与创新相结合，将"三全育人"融入整个教学过程中。学生通过深入了解丝绸的起源和发展，感悟传统文化的博大精深，从丝绸文化中充分汲取精益求精的"工匠精神"内涵，成为具有丝绸文化特质与工匠精神的高素质技能型人才。

本书项目导入由陈爱香编写、项目一由杨文编写、项目二由陈爱香和蔡仪新编写、项目三由姜秀娟和赵鑫编写、项目四由武燕和蔡仪新编写、项目五由陈慧颖和董如雪编写。全书由陈爱香负责修改、整理和统稿。在教材编写过程中，得到了淄博大染坊丝绸集团有限公司和鲁泰纺织股份有限公司等企业专家的大力支持，在此致以诚挚谢意。此外，还要特别感谢中国纺织出版社有限公司的鼎力支持与合作。

由于编著者水平有限，不当之处恳请各位读者提出宝贵意见，以便今后不断改进和完善。

陈爱香

2024年8月

Contents
目 录

项目导入　丝绸概述

【学习引入】

蚕桑丝织是中华民族认同的文化标识，五千多年来，它对中国历史作出了重大贡献，并通过丝绸之路对人类文明产生了深远影响。在中国纺织服饰类的非物质文化遗产中，蚕桑丝织属于最高超的技艺之一。丝绸不仅是中华文明的使者，在"一带一路"倡议提出后，丝绸文化更是倍显璀璨。

一、丝绸的特性与分类

（一）丝绸的特性

丝绸纹理细腻、光泽动人、轻盈飘逸、质地柔软、轻盈而有弹性是中华文化的瑰宝。丝绸与其他纤维相比，不仅有着更舒适的穿着功能，还具有更多的品种、色彩与花样，可谓万华千章，自机中出。无数的经线与纬丝，以各种不同的"组织"（交织规律）交织，形成不同的结构与表面肌理，再结合工艺方法的应用，就形成了数以百计的丝绸品种。丝织品的基本组织有平纹、斜纹与缎纹三大类，分别是绢（或绸）、绫与缎的基础组织，此外还有纱罗组织、起绒组织及各种重组织，分别构成纱罗、绒与织锦等丝织物（图1）。

丝绸服饰无论是贴身内衣、裙装、丝巾的传统运用给人带来的精致感，还是当下与牛仔、皮革等流行面料结合带来的耳目一新，丝绸以它独特的触感，展现意想不到的惊艳效果。白色丝绸面料如图2所示。

图1　丝绸

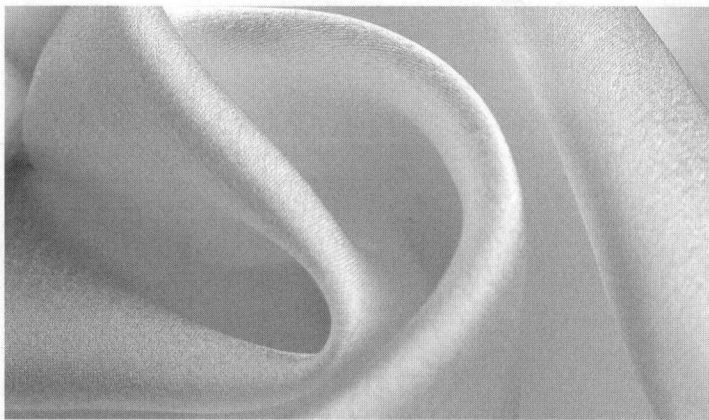

图2　白色丝绸面料

波斯丝绸地毯（图3）制作工艺精湛，令人闭目就能想象到漫天的黄沙和悠扬的驼铃声交织的景象。

慈禧太后的丝绸扇子（图4），采用的丝绸并没有湮没在历史的长河中，而是流传至今。

图3　波斯丝绸地毯

图4　慈禧太后的丝绸扇子

从服饰穿着到日用品，丝绸仍然保持无与伦比的美丽与魅力。

（二）真丝质量评定

技术人员通常从以下几个方面进行真丝质量评定。

（1）姆米数。真丝面料常见的厚度有8姆米、12姆米、16姆米、19姆米、30姆米，姆米数越大，一般来说价格也会越高。1姆米=4.3056g/m^2。

（2）含丝量。SILK就是丝，丝绸。百分比就代表含丝量的多少。如SILK100%就是全真丝制品。

（3）常规指数：瑕疵，色牢度等。

（三）真丝面料的主要种类

（1）素绉缎（图5）。素绉缎属于丝绸面料中的常规面料，亮丽的缎面显得非常高贵，手感滑爽，组织密实；适宜做旗袍、连衣裙、围巾、衬衫等。

图5　素绉缎

（2）弹力缎（图6）。与素绉缎相似的是弹力缎。与素绉缎相比，该面料有一定的弹性，不易皱，好打理，弥补了纯真丝的缺点，适合做围巾、旗袍等。弹力缎成分为90%~95%桑蚕丝，5%~10%氨纶，属于交织面料。

图6　弹力缎

（3）双绉。双绉是用桑蚕丝为原料制成的绸缎，其特点是绸面呈现双向的细微皱纹，所以称为绉。双绉是我国绸缎生产和出口的一个重要品种，占真丝绸生产和出口总量的15%和10%。该面料适合衬衫、裙子等服装面料。

（4）电力纺（图7）。电力纺是桑蚕丝生织纺类丝织物，采用平纹组织，因采用厂丝和电动丝织机取代土丝和木机织制而得名。电力纺织物的质地紧密细洁，手感柔挺，光泽柔和，穿着滑爽舒适。按织物每平方米重量不同，有重磅（$40g/m^2$以上）、中等、轻磅（$20g/m^2$以下）之分。重磅电力纺主要用作夏季衬衫、裙子面料及儿童服装面料；中等电力纺可用作服装里料；轻磅电力纺可用作衬裙、头巾等。较薄的电力纺可用作羊毛羊绒大衣、真丝连衣裙等的里衬，略厚的电力纺可作衬衫，连衣裙等，是一种高档面料。

（5）塔夫绸（图8）。塔夫绸是用熟丝织成的绢类丝织物。其特点是光泽好、绸面细洁光滑、平挺美观、细腻挺括、手感硬挺，但特别容易起皱，折皱后容易形成永久性折痕，所以不宜折叠和重压，常用卷筒式包装。其分类包括素塔夫绸、条格塔夫绸和花塔夫绸、闪光塔夫绸等，适合用作伞面、裙子、衬衫等。

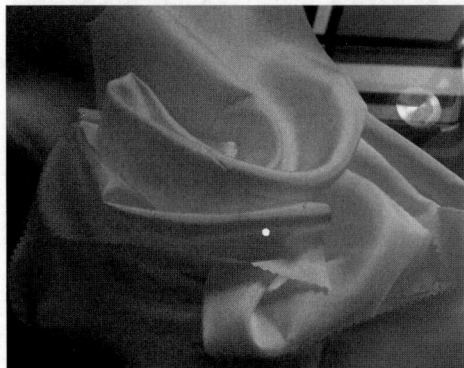

图7　电力纺

图8　塔夫绸

（6）重绉（图9）。重绉是一种由多根经纬线组合、纬线加强捻的厚重真丝绸，风格近似双绉，但是比双绉丰厚得多，至少有常见的02双绉4倍的厚度。

（7）顺纤绉（图10）。顺纤绉是一种化纤仿真丝面料，其织物结构采用平纹变化，尤其是有梭织造适应丝的高捻度，在前道经纬强捻的条件下，染整收缩后经纬丝扭曲，布面绉感明显，成品富有自然伸缩，交织点有牢固、不易松动、扒裂的特点，布面留有透孔点，类似纱麻风格，产品除了具有柔软、滑爽、透气、易洗的优点外，舒适性更强，悬垂性更好。

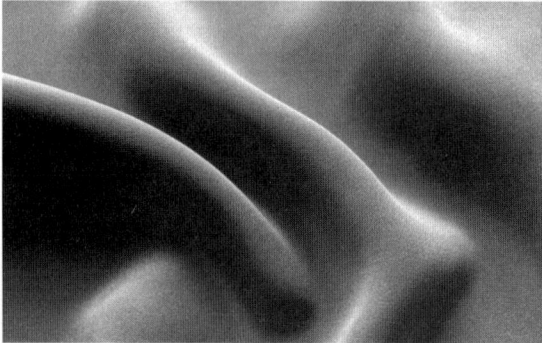

图9　重绉

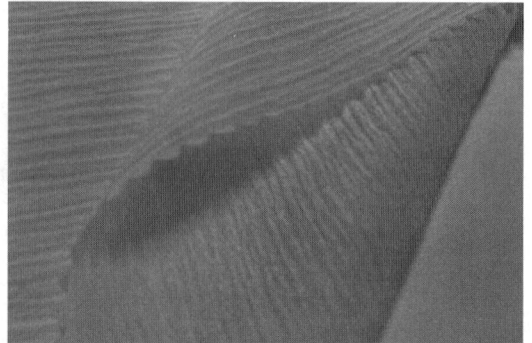

图10　顺纤绉

（8）乔其（纱）（图11）。乔其也称乔琪纱、乔其绉，它与雪纺面料的纹路相似（化纤雪纺）。乔其与真丝雪纺的不同之处是，乔其轻薄易透，手感柔爽有弹性，有良好的透气性和悬垂性，绸面颗粒微凸，结构疏松。若纬丝只采用一种捻向（如S捻），织得的乔其纱称为顺纤乔其纱，顺纤乔其纱呈现经向凹凸褶裥状不规则皱纹。

（9）柯根纱（图12）。柯根纱也称欧亘纱、欧根纱或欧跟纱。柯根纱有化纤与真丝之分。很多商场或者网店中售卖的柯根纱原料是化纤，因为真丝柯根纱与化纤柯根纱肉眼很难分辨。真丝柯根纱手感更柔软一些，不会扎皮肤，但是不如化纤欧根纱挺括。其缺点是非常容易崩坏、勾丝。

图11　乔其（纱）

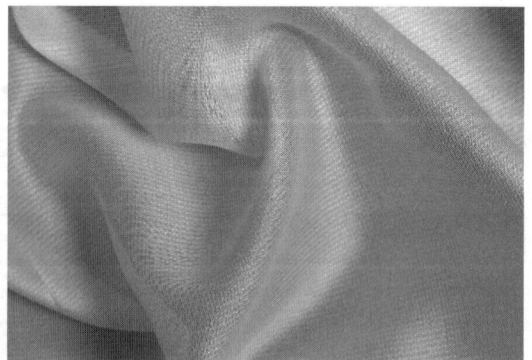

图12　柯根纱

（10）桑波缎（图13）。桑波缎属于丝绸面料中的常规面料，缎面纹理清晰、古色古香，非常高贵。

（11）经编针织真丝织物（图14）。该面料手感柔和、细腻、柔美舒适，是针织类新型面料，科技含量高，属于高档精品。这种面料价格昂贵，往往采用真丝与其他面料混合的织造方法。

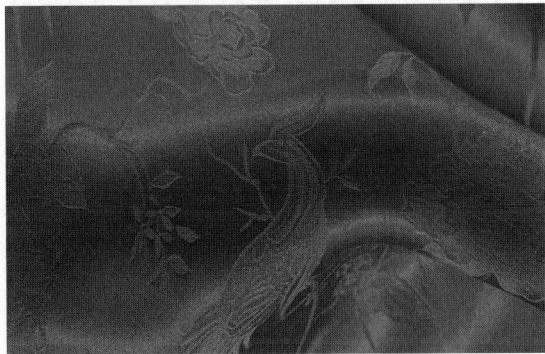

图13　桑波缎

图14　经编针织真丝织物

（四）真丝面料的辨别

（1）观察光泽。真丝织品的光泽柔和而均匀，虽明亮但不刺目。黏胶丝织品光泽虽明亮，但不柔和；涤纶丝织品的光泽虽均匀，但有闪光或亮丝；锦纶丝织品光泽较差，如同涂上了一层蜡质。

（2）感受触感。触摸真丝织品时有拉手感觉，而其他化纤品则没有这种感觉。黏胶丝织品滑爽柔软，但不挺括。棉丝织品手感不柔和。

2　如何挑选丝绸

（3）细察折痕。当手捏紧丝织品后再放开时，因其弹性好而无折痕。黏胶丝织品手捏后则有明显折痕，且折痕难以恢复原状。锦纶丝织品虽有折痕，但也能缓缓地恢复原状。

（4）试纤拉力。在织品边缘处抽出几根纤维，将其润湿，若在润湿处容易拉断，说明是人造丝织品，否则是真丝织品。

（5）听摩擦声。由于蚕丝外表有丝胶保护且耐摩擦，干燥的真丝织品在相互摩擦时会发出一种声响，称"丝鸣"或"绢鸣"，而其他化纤品则无声响出现。

（6）烧。取一小块织物火烧，真丝阻燃，不会出现明火，有臭味，烧过后用手捻一下，呈粉末状。

（7）香味。一般来说，有香味的有绢、油丝、柞蚕丝等。其他的真丝没有明显的香味。

二、丝绸的历史脉络

1. 丝绸起源（新石器时代）

约公元前5000年，中国原始社会时期，河南贾湖遗址发现最早的蚕丝蛋白残留物，浙江良渚文化出土丝织品残片，证明已有原始织造技术。传说黄帝之妻嫘祖教民养蚕缫丝。

2. 夏商周初步发展

夏朝，二里头遗址陶器上发现蚕纹。商朝，甲骨文有"丝""桑""帛"等字，王室用丝绸祭祀，河南安阳殷墟出土青铜器黏附有丝织品残片。西周，《诗经》提到采桑养蚕，设立

"典丝"官职，丝绸成为贵族等级象征。

3. 春秋战国专业化

随着铁制工具使用，蚕桑丝绸业受到人们的重视，成为各国富国强民的国策。丝绸生产专业化分工明显，纤维加工、织造、染色技术发展，提花织机出现，丝织品品种丰富，形成完整体系。

4. 秦汉技术成熟与贸易兴起

官营、民营丝织业均发展，丝绸产区扩大。汉武帝时期，张骞出使西域，开通丝绸之路，丝绸源源不断输往中亚、西亚、欧洲。斜织机等新式织机发明，丝织物种类丰富，印花技术出现。

5. 魏晋南北朝文化交融

北方仍是主要产区，江南地区丝绸业因开发而发展。三国时期，马钧改进织机；魏晋南北朝时期，贾思勰《齐民要术》记载蚕桑和染色技术。丝绸图案受印度等国的影响，出现外来纹样。

6. 唐宋鼎盛时期

唐朝丝绸技艺登峰造极，出现"绫、罗、绸、缎"四大类及印染工艺，通过海陆丝绸之路远销海外。宋朝经济重心南移，江南成为丝绸中心，缂丝、宋锦等高端工艺出现，丝绸书画艺术化。

7. 元明清商品化

元朝到明朝中期，北方蚕桑业衰落，江南崛起，出现丝绸专业市镇。明清时期，资本主义萌芽，丝绸生产商品化趋势明显，海外贸易迅速发展。

8. 近现代传承创新

中国丝绸在国际市场面临竞争与挑战，但仍保持一定地位，在传承传统技艺的同时不断创新发展。如今，中国是世界上最主要的蚕丝和丝绸生产国及出口国。

三、丝绸的工艺基础

（一）丝绸产业链

丝绸产业链以蚕茧为起点，涵盖多个环节：养蚕→缫丝→织造→染整→成品。

上游包括栽桑、养蚕、缫丝，产出蚕丝原料。

中游通过纺织、印染等工艺，将蚕丝制成丝绸面料或制品。

下游经服装、家居等终端产品设计生产，通过零售渠道抵达消费者。

各环节紧密相连，体现从原料到成品的完整价值链条。

（二）关键工艺节点

1. 缫丝

目的：将蚕茧抽出蚕丝，制成生丝（茧丝）。

主要工艺：

煮茧：通过热水软化茧丝表面的丝胶，使茧丝易于分离。

缫丝：将多个茧丝合并（一般5～10根），经索绪、理绪后抽出连续的生丝，形成丝绞。

2．织造（纺织）

目的：将生丝织成丝绸面料。

主要工艺：

络丝：将生丝卷绕成便于织造的筒子纱。

整经：按设计要求将多根经丝平行卷绕成经轴。

穿综箱：将经丝按纹样穿过综眼和箱齿，形成织造开口。

织造：通过织机使经丝与纬丝交织，形成素绸（如电力纺）或花绸（如织锦缎）。

3．练染（练白、染色、印花）

目的：去除丝胶，赋予面料色彩和图案。

主要工艺：

练白（脱胶）：用纯碱、肥皂等助剂煮练生丝，去除丝胶（占茧丝约25%），使面料柔软、光泽明亮（生丝变熟丝）。

染色：通过酸性、活性等染料使面料均匀上色。

印花：采用筛网印花、数码印花等方式印制图案（如传统宋锦、蜀锦的纹样）。

4．后整理

目的：改善面料性能，提升质感。

主要工艺：

定形：通过高温（如拉幅定形机）稳定面料尺寸，防止缩水。

柔软整理：使用柔软剂增加面料顺滑度（如真丝衬衫的垂坠感）。

轧光/起绒：通过机械处理使面料表面光滑（如素绉缎）或产生绒感（如乔其绒）。

以上工艺节点中，缫丝决定原料品质，织造奠定面料结构，练染赋予外观风格，后整理优化使用性能，共同构成丝绸从原料到成品的核心技术链条。

四、丝绸的价值与挑战

（一）丝绸的价值

1．文化价值

中华文明象征：贯穿中国历史，承载礼仪、艺术（如丝绸书画、服饰纹样）及丝绸之路的文化交流记忆。

非遗传承：缫丝、宋锦等工艺列入国家级非物质文化遗产代表性项目名录，是传统技艺的活态载体。

2．经济价值

产业基础：中国占全球茧丝产量80%以上，带动养蚕、纺织、贸易等产业链，尤其在江南等产区是经济支柱。

高端市场：丝绸服饰、家居用品等附加值高，品牌如爱马仕等丝巾原料依赖高品质蚕丝。

3．科技与生态价值

材料优势：蚕丝蛋白可用于医疗（如手术线、伤口敷料等）、环保材料（如可降解纺织品）等领域。

生态农业：蚕桑产业契合循环经济，桑叶、蚕沙等可综合利用，减少污染。

（二）丝绸的挑战

1. 产业成本与竞争

劳动力成本上升：养蚕、手工缫丝需大量人力，年轻从业者减少。

国际竞争：印度、越南等国低价蚕丝冲击市场，中国高端品牌溢价不足。

2. 技术与创新瓶颈

自动化不足：传统工艺依赖手工，规模化生产与工艺传承矛盾突出。

设计同质化：高端市场被国际品牌主导，本土设计缺乏原创性和时尚话语权。

3. 环保与可持续性

化学污染：部分印染工艺使用染料，需向绿色生产转型。

气候变化：极端天气影响桑树生长和蚕茧质量，威胁原料稳定供应。

4. 文化传承困境

技艺失传：如汉代"素纱襌衣"等古法难以复现，年轻一代对传统丝绸文化认知不足。

综上所述，丝绸兼具文化、经济与科技潜力，但需要通过技术创新、品牌升级、环保转型及文化赋能应对挑战，实现传统产业的现代化突围。

【项目练习题】

1. 丝绸为何被称为"纤维皇后"？

2. 真丝面料的主要种类有哪些？各有什么特点？

3. 如何辨别真丝面料？

4. 丝绸的关键工艺节点有哪些？试举例说明。

项目一　丝韵溯源——解码千年丝绸里的中国

【教学目标】

知识目标

1. 了解丝绸起源的神话和传说。

2. 熟悉陆上和海上丝绸之路的由来、路线、作用等基本史实。

3. 掌握张骞出使西域的背景、目的和意义。

能力目标

1. 识记基本史实，正确认识丝绸之路的文化内涵及其在东西方交流中的重要地位。

2. 培养全面认识丝绸起源，正确认识丝绸之路作用的能力。

3. 以史为鉴，培养善于总结、勇于改革、不断创新的能力。

素质目标

1. 学习张骞出使西域，开拓进取，勇于冒险的精神和崇高气节。

2. 感受中国丝绸之路文化的博大精深，树立强烈的民族自豪感。

3. 通过对丝绸之路来历和开辟意义的学习，激发强烈的爱国热情。

任务1　解读神话传说

【学习引入】

蚕是完全变态昆虫，最常见的是桑蚕，又称家蚕，是一种以桑叶为食料的吐丝结茧的经济昆虫。它的生命非常短暂，只有五十多天的时间，从蚕卵开始，要经过蚁蚕、熟蚕、蚕茧、蚕蛾几个阶段。蚕茧经过缫丝工艺处理，可将蚕丝初步加工成生丝，作为制成丝绸的纺织材料。那么桑蚕是什么时候开始被人们发现并饲养的呢？以下是对家蚕养殖起源的探索。

一、马头娘娘

（一）民间传说

太古的时候，有一位父亲外出征战，家里只留下一个女儿。这个姑娘养了一匹公马。一天姑娘思念父亲，就开玩笑地对那匹马说："如果你能帮我把父亲接回来，我就嫁给你。"那匹马听了这话，真的跑到父亲那里，把父亲接了回来。为了感谢那匹马，父亲精心地照顾它，谁知马却不进食。每次看到姑娘出入都非常兴奋，高声长嘶。父亲感到非常奇怪，便询问女儿缘由，女儿便把之前对马说的戏言告诉了父亲，于是父亲杀了那匹马，将马皮挂在院子中。

父亲再次出征，某天姑娘与邻居家的女孩儿在院子里玩，女孩儿用脚踢马皮，并且说："你是畜生，怎么能娶人当媳妇呢？你被杀死剥皮，不是自找的吗？"话还没说完，只见马皮腾空而起，卷着姑娘不见了。过了几天，姑娘和马皮都化成了蚕，在树上吐丝。乡亲们便把这种树叫作"桑"，桑者，丧也，是说姑娘是在桑树下献身的。父亲知道了，十分伤心，一天，蚕女乘流云驾此马，从天而降，对父亲说："天帝封我为女仙，位在九宫仙嫔之列，在天界过得很自在，请不必为女儿担心。"说罢，升天而去。于是各地纷纷盖起蚕神庙，塑一女子之像，身披马皮，俗称"马头娘娘"，祈祷蚕桑丰收。图1-1-1为"马头娘娘"传说。

图1-1-1 "马头娘娘"传说

（二）民谣中的记载

《中国丝绸文化》收录的两首中国民谣，称蚕桑之神马明王菩萨（也作马鸣王菩萨）出生地在义乌或东阳。有道是"山歌无假戏无真"，这些桑蚕歌谣经千百年来口口相传，积淀了许多中国民俗文化内涵，在一定程度上是历史经济和风俗文化的反映，因而颇有深入探讨与研究的价值。

图1-1-2 马明王菩萨

马明王菩萨（图1-1-2）流传在海宁一带。"马明王菩萨到府来，到你府上看好蚕。马明王菩萨出身处，出世东阳义乌县。爹爹名叫王伯万，母亲堂上王玉莲……"可惜此诗对马明王菩萨的身世所记过于简略，而流传在湖州地区的《马明王赞》则以叙事诗的形式出现，所记甚为详细。

"蚕宝马明王正君，蚕王天子圣天帝。听赞菩萨马明君，马明王菩萨进门来，身骑白马坐莲台。请问菩萨归何处，特来降福又消灾。菩萨妙法九霄云，方便慈悲救万民，观世音上广寒宫，马明王菩萨化蚕身。看蚕娘子不知蚕宝何处寻，蚕身出在婺州城。家住婺州东阳县，小孤村上有个刘氏女，每逢初一半月去斋僧。刘氏生下三个女儿，三位女儿貌超群。大女二女早完婚，唯有三女不嫁人。三女取名金仙女，年登十八正青春。青丝细发蟠龙髻，聪明伶俐赛观音。有朝一日身染病，看看病重在其身。三餐茶饭全不吃，一病不起命归阴。只有亲娘舍不得，买口棺材葬其身。葬在花园桑树下，浑身白肉化蚕身。上树吃叶无人晓，树头做茧白如银。凡人见了白茧子，是要收来传万村。男女见茧嘻嘻笑，上山采茧心欢喜。摘茧公公多欢心，请得巧匠就把丝来做。做丝须用拔温汤，做得细丝千万两，至今留下传万村。自有好人收好种，万古流传有名扬。冬天穿了浑身暖，夏天穿了自然凉。年年有个清明节，家家拜谢马明王。"

这两首中国民谣语言规整，歌词文雅，在民间艺人的传唱中得到不断的加工、改造，因而积淀了浓郁的文化底蕴，也在很大程度上反映了义乌、东阳地区有关养蚕的生产知识和生产习俗。

1-1　马头娘娘

二、先蚕嫘祖

（一）人物生平

《史记·五帝本纪》记载："黄帝居轩辕之丘，而娶于西陵之女，是为嫘祖。嫘祖为黄帝正妃，生两子，其后皆有天下。其一曰玄嚣，是为青阳，青阳降居江水。其二曰昌意，降居若水。"神话传说中把她说成养蚕缫丝方法的创造者。北周以后被祀为"先蚕"（蚕神）。唐代著名韬略家、《长短经》作者、大诗人李白的老师赵蕤所题唐《嫘祖圣地》碑文称："嫘祖首创种桑养蚕之法，抽丝编绢之术，谏净黄帝，旨定农桑，法制衣裳，兴嫁娶，尚礼仪，架宫室，奠国基，统一中原，弼政之功，没世不忘。是以尊为先蚕。"图1-1-3为先蚕嫘祖。

中国是世界上历史悠久的文明大国，先民创造了著称于世界的灿烂文化。嫘祖是中国先祖女性中的杰出代表，嫘首倡婚嫁，母仪天下，福祉万民，和炎黄二帝开辟鸿荒，告别蛮荒，被后人奉为"先蚕"圣母，与炎帝、黄帝生活在同一时代，同为人文始祖。

图1-1-3　先蚕嫘祖

（二）养蚕缫丝

黄帝战胜蚩尤后，建立了部落联盟，黄帝被推选为部落联盟首领。他带领大家发展生产、种五谷、驯养动物、冶炼铜铁、制造生产工具；而做衣冠的事，就交给正妃嫘祖了。在做衣冠的过程中，嫘祖和黄帝手下的另外三个人进行了具体分工：胡巢负责做冕（帽子）；伯余负责做衣服；于则负责做履（鞋）；而嫘祖则负责提供原料。她经常带领妇女上山剥树皮、织麻网，她们还把男人们猎获的各种野兽的皮毛剥下来，进行加工。不久，各部落的大小首领都穿上了衣服和鞋，戴上了帽子。嫘祖因为劳累过度而病倒了。她不想吃饭，一日比一日消瘦。周围的男男女女，人人焦急万分，个个坐卧不安。守护在嫘祖身边的几个女子，想了各种办法，做了很多嫘祖平时爱吃的东西，谁知嫘祖看后，总是摇头，并不想吃。

有一天，这几个女人悄悄商量，决定上山摘些野果回来给嫘祖吃。她们一早就进山，跑遍了山野，摘了许多果子，可是用口一尝，不是涩的，便是酸的，都不可口。直到天快黑了，突然在一片桑树林里发现满树结着白色的小果。她们以为找到了好鲜果，就忙着去摘，谁也没顾得上尝一小口。等各人把筐子摘满后，天已渐渐黑了，她们怕山上有野兽，便匆匆忙忙下山了。

回来后，这些女子尝了尝白色小果，没有什么味道；又用牙咬了咬，怎么也咬不烂。大家你看我，我看你，谁也不知道是什么果子。正在这时，造船的共鼓走了过来，发现几个女子站在那里发愣，连忙问发生了什么事。女子们便把她们为嫘祖上山摘回白色小果的事说了一遍。共鼓一听，哈哈一笑说："你们这些憨女子，现在咱们有火有锅，咬不烂就用水煮嘛！"他这么一说，立刻提醒了几个女子，她们连忙把摘回的白色小果倒进锅里，加上水用火煮起来。煮了好长时间，捞出一个用嘴一咬，还是咬不烂。正当大家急得不知该怎么办的时候，有一个女子随手拿起一根木棍，插进锅里乱搅，边搅边说："看你熟不熟！"搅了一阵子，把木棒往出一拉，木棒上缠着很多像头发丝一样细的白线。这是怎么回事？女子们继续边搅边缠，没过多久煮在锅里的白色小果全部变成雪白的细丝线，看上去晶莹夺目，柔软异常。她们把这个稀奇事立即告诉嫘祖，嫘祖是个急性子，不听则罢，一听马上就要去看。这些女子为了不让她走动，便把缠在棒上的细线拿到她身边。嫘祖是个非常聪明的女人，详细看了缠在木棒上的细丝线，又询问了白色小果是从什么山上、什么树上摘的。然后她高兴地对周围女子说："这不是果子，不能吃，却有大用处。你们为黄帝立下一大功。"

嫘祖自从看了这白色丝线后，天天都提起这件事，病情也一天比一天减轻，开始想吃东西了。不久，她的病就全好了。她不顾黄帝劝阻，亲自带领妇女上山看个究竟，嫘祖在桑树林里观察了好几天，才弄清这种白色小果，是一种虫子口吐细丝缠绕而成的，并非树上的果子。她回来就把此事报告给黄帝，并要求黄帝下令保护山上所有的桑树林，黄帝同意了。

从此，在嫘祖的倡导下，人们开始了种桑养蚕，后世人为了纪念嫘祖这一功绩，就将她尊称为"先蚕娘娘"。

1-2 先蚕嫘祖

三、蚕种西传

（一）传丝公主

所谓丝绸之路，指的是历史上起始于中国，向西延伸，连接中亚、西亚、欧洲，乃至于东非的商路。通过这些商路所交流的各种商品中，丝绸最有特色，这些商路也被称作丝绸之路。

有意思的是，欧洲人最早并不知道丝绸是怎么生产出来的。当欧洲人见到如此精美华丽的丝绸，又知道这是来自遥远东方的中国的时候，对于丝绸的来历不禁产生一些奇异的猜想。他们根据想象，认为丝就长在树上，人们把丝从树叶上取下，经过漂洗，再纺织成丝绸，经过上万里的艰辛路途，最后运到罗马。到了罗马，丝绸的价值倍增，成为罗马贵族们最豪华、珍贵的衣料。可是他们不知道丝绸是从蚕丝而来，更不知道还有养蚕缫丝一说。

在亚洲，情形则很不一样。从中国发端的丝绸之路，首先连接到周边的地区，有关养蚕和织造丝绸的知识和技术，不久就传到这些地区和国家。

唐朝初年，去印度求法的高僧玄奘，回国后写了一部书《大唐西域记》。全书12卷，记述了唐高僧玄奘赴印度游学亲历和听到的138多个国家、城邦、地区的情况，是唐朝一部有关西域历史地理的名著。由于它保存了7世纪中亚、南亚等地区的大量珍贵史料，至今仍是研究这些地区古代史、宗教史和中外关系史的重要文献。书中讲了很多故事，其中一个与蚕和丝绸相关。故事是这样的：在古代的瞿萨旦那国，也就是今天中国新疆的和田，人们只知道丝绸，但不知道养蚕。瞿萨旦那王听说"东国"有桑蚕，派了使节去求取。可是"东国"的君主不愿意让蚕种传出国外，为此还下达了严格的命令，禁止任何人把蚕种带出国。瞿萨旦那王只好另想办法，他准备了礼品，用恭顺的言辞请求"东国"君主把公主下嫁给自己。"东国"君主为了笼络瞿萨旦那王，答应了这个请求。于是瞿萨旦那王派出使节，到东国迎娶公主。他让迎亲的使节告诉公主，瞿萨旦那没有丝绵，更没有蚕种，请公主自己把蚕种带来，以后才好制作衣裳。东国公主就悄悄地在帽子里藏了一些蚕卵。公主出嫁的队伍出城，守城官员检查，所有的地方都检查完，只有公主的帽子没有查验，于是蚕种就被带到了瞿萨旦那国。瞿萨旦那国从此有了蚕种，养上了蚕，也学会了缫丝和织造丝绸。图1-1-4为传说中的传丝公主。

图1-1-4 传丝公主

历史上，关于蚕种及养殖桑蚕的技术什么时候传到西方，怎么传到西方，并没有确切的记载。玄奘讲到的传说，在一定程度上反映了蚕种西传的历史背景。古代东西方之间的丝绸贸易繁荣，"东国"不愿将养蚕和缫丝的技术外传。但先进的技术最后总是会通过某种途径传到世界的各个地方。

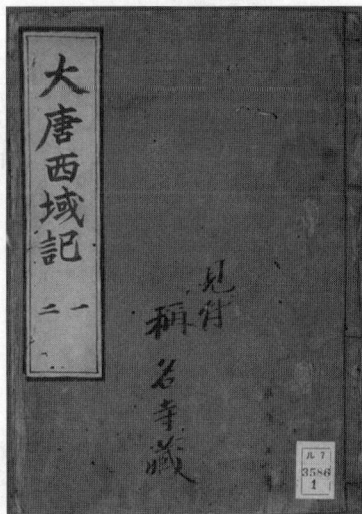

图1-1-5 《大唐西域记》

这个故事在《新唐书》的《西域传》和藏文的《于阗国授记》中也有记载，只是细节上略有不同。图1-1-5为《大唐西域记》。

（二）考古发现

在和田，与蚕种西传的故事相关的，还有考古的发现。20世纪之初，匈牙利裔的英国探险家斯坦因来到和田，他深入和田东边的塔克拉玛干沙漠，在沙漠中发现一大片古代民居的遗址。遗址出土了大量古代的物品，其中有

1-3 传丝公主

一幅木版画（图1-1-6），画上有四位人物，三位女子，一位男子。其中一位女子在画面上最为显著。她头戴一顶宝冠，宝冠上满缀珠宝，身份看起来非同一般。另一位女子则左手高举，指着她左边这位头戴宝冠、身份显贵的女子，似乎在说这宝冠中有什么东西，她的右手下垂，手臂上还挎着一只竹篮。还有一位女子坐在一架织机旁，手执纺织工具，织机上布满经线。她与头戴宝冠的女子之间，则坐着一位男子，头有光环，四只手臂。男子跏趺坐，四只手中，一只手平置，三只手各执一件器物，看起来像剪刀、纺锤和锥子。

这位头戴宝冠的女子，显然就是玄奘所讲故事中的"东国公主"。手指公主宝冠的女子，应该是公主的随从或者侍女。最右边的女子，正在纺织，可以认为是织女。那位男子，头有光环，身有四臂，则是一位天神。从手执的器物看，这位天神主管或保护的，应该就是桑蚕与纺织。

这幅画显然讲的就是东国公主与蚕种西传的故事。木版画所处的年代在千年以上。这幅画证明，玄奘讲的确实是当时一个广泛流传的故事。

图1-1-6 木版画

这位公主来自"东国"，"东国"究竟是哪一个国家，玄奘没有讲得很明白。中原地区的汉族人最早发明了养蚕、缫丝和纺织丝绸技术，但在汉文文献中，对于蚕种西传的过程没有记载，也没有类似的故事。而对于和田人而言，和田以东的地方，都可以是"东国"。

但有一点很明确，养蚕和纺织丝绸的技术从和田以东的某个地方传来，如果追溯到最后，这个地方指的一定是今天中国的中原地区。

蛾口茧在新疆共发现两例：一例在尼雅遗址，为汉晋之际；另一例在脱库孜沙来遗址，为唐宋时期（图1-1-7）。

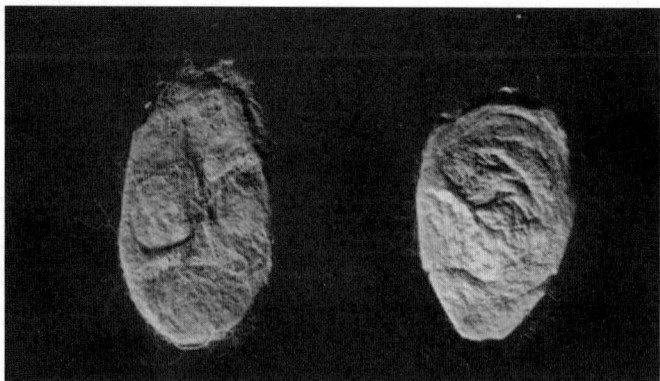

图1-1-7 蛾口茧（新疆巴楚脱库孜沙来遗址出土）

蚕在营茧之后，中原地区传统的做法是在蚕茧羽化成蛾前将蚕茧缫丝，以取得便于织造的长丝。而西域地区奉行佛教，严戒杀生，蚕蛹羽化为蛾后从封口处穿出即成蛾口茧。

蛾口茧无法缫得长丝，只能制成丝绵加捻形成线。脱库孜沙来遗址出土的蛾口茧印证了唐宋时期新疆地区采用丝绵作为经纬线生产丝织品的史实，反映了当地丝绸业的起源和发展，也说明了蚕桑丝织技艺及蚕种沿着丝绸之路西传的历史。

无独有偶，和田地区的丹丹乌里克遗址早年也有蚕种西传相关文物的出土。

丹丹乌里克遗址位于今新疆和田市以北90公里的塔克拉玛干沙漠之中。据当地出土的唐代文书记载，此地当时是唐朝毗沙都督府防御体系中杰谢镇的所在。图1-1-8为丹丹乌里克斯坦因编号为DⅥ的佛寺遗址。

1896年，丹丹乌里克遗址被瑞典探险家斯文·赫定发现，此后，丹丹乌里克声名大噪，成为中亚考古胜地。

继斯文·赫定之后，英国考古学家斯坦因也曾来到丹丹乌里克遗址，发掘出大量佛教艺术品、古代钱币、唐代文书以及婆罗谜文写本。西域艺术史上颇负盛名的"龙女索夫"壁画、"蚕种西传""鼠王传说"等木版画，也为斯坦因所发现。美国地理学家亨廷顿、德国探险家特林克勒接连而至，他们在丹丹乌里克收集的文物，目前分别藏于美国耶鲁大学图书馆和不来梅德国国立海外博物馆。

图1-1-8　丹丹乌里克斯坦因编号为DⅥ的佛寺遗址

西方探险队在这片沙漠之下发现大批唐代佛寺、文书及壁画等精美文物，再现了于阗王国昔日的辉煌以及古代东西方文化交流的盛况。

四、蚕花娘娘

（一）起源

溯其渊源，民间流传着两种说法：

一说，据史料记载，在东晋年间，晋明帝追封为国捐躯将领朱泗（279—322年）为"镇国大巧若拙将军"。此后，镇上的人们为了纪念这位英雄，在永灵庙内供奉英雄像，每年农历四月十四全镇张灯三日奠祀。南宋后，每年清明抬朱泗等四神像巡游，以保全镇平安。

另一说源自春秋战国时期。相传越国范蠡送西施去姑苏，途经新市，西施给蚕姑蚕妇送花，祝愿风调雨顺，蚕茧丰收。此后，方圆百里的蚕农为纪念西施，每到清明节，都要举办盛大的蚕花庙会。蚕农在清明前后相聚觉海寺祭拜"蚕神""蚕花娘娘"，祈求蚕茧好收成。

养蚕缫丝自古以来就是德清县新市镇当地蚕农赖以生存的主要经济来源。为祈求蚕茧收成好，蚕农总要在养蚕之时祭拜"蚕神"和"蚕花娘娘"。久而久之，形成了每年清明节前后到觉海寺祭祀的蚕花庙会的习俗。

每年清明，蚕农们祈求蚕神为蚕宝宝清病祛灾和赐予丰产年而举行蚕花庙会。每年这天新市邻近县镇的蚕农都涌到古刹觉海寺、司前街、寺前弄、胭脂弄、北街一带，祈祷"五谷丰登"。农村妇女怀装蚕种，头插各式蚕花，引得人们前来观看，人山人海，故曰"轧蚕花"，庙会结束后人们就开始春耕育蚕。

传承千年的新市蚕花庙会是中国蚕文化的瑰宝，其体现了新市千年古镇深厚的历史和地域文化。自1999年清明起，德清县新市镇人民政府发起并正式举办蚕花庙会，之后每年一届。

（二）传说

德清县新市镇的蚕花庙会源自春秋战国时期，相传，范蠡于越都会稽（今绍兴）送越国美女西施去姑苏。途经新市，遇到十二位美丽多姿的采桑姑娘，围在西施轿前翩翩起舞。西施姑娘手托花篮，把绚丽多彩的绢花分赠给采桑姑娘，以祈佑蚕桑丰收，祝愿她们风调雨顺。从此，西施给养蚕的姑娘送鲜花这个美丽古老的故事，就在新市镇广为流传。方圆百里的当地蚕农为纪念西施，祈祷蚕桑丰收，每到清明时节，都会自发相聚举办盛大的蚕花庙会。

唐朝及宋朝以来，新市蚕花庙会在江南古刹觉海寺蚕神殿举办，当时属百姓自发，时间在清明时节。

（三）蚕花庙会

蚕花庙会在1949年曾一度停办。直到1999年清明节，中断多年的新市蚕花庙会重新恢复，一顶花轿引来4万多人"狂欢"。新市镇人民政府发起正式举办蚕花庙会的活动，每年一届。蚕花庙会期间，观者逾十万。至2021年，新市已举办23届蚕花庙会，吸引了海内外数十万宾客和群众前来观看。图1-1-9为蚕花庙会。

从此，传统的蚕花庙会被赋予了新的内涵。每年清明节，人们一边观看蚕花娘娘、蚕花仙子的巡游表演；一边参与民间自发的社区文化活动，游千年古刹觉海寺、祈祷蚕花二十四分。当时政府也组织经贸洽谈会，开展招商引资。同时，外地一些民间艺人也闻风而动，纷纷前来登台表演，使这古老的民俗文化增添欢乐气氛。

图1-1-9　蚕花庙会

庙会期间，由德清县各乡镇评选的"蚕花娘娘"在新市镇上大巡游，沿途向人们抛洒蚕花。届时新市镇上人山人海，人们争相目睹"蚕花娘娘"的风采。同时带有地方特色的铜管队、腰鼓队、武术队、唢呐队、舞龙队等纷纷闪亮登场，到千年古刹觉海寺举办祭祀活动，以求风调雨顺，得到蚕花二十四分。晚上还有蚕花庙会灯会，当夜幕降临时，各类造型别致的景灯、花灯组成蚕文化灯展，交相辉映，栩栩如生，反映出桑蚕文化的丰厚底蕴。

【项目练习题】

1.描述中国古代关于丝绸起源的神话传说，并解释这些传说如何体现了丝绸在古代中国社会中的重要性。

2.简述嫘祖在中国古代神话中的地位，以及她与丝绸发现的传说。

3.阐述"丝绸之路"这一名称的由来，以及它在历史上的实际含义。

4.描述丝绸之路在促进东西方文化交流和经济发展方面的作用，并举例说明它如何影响了古代中国与其他国家的关系。

任务2　探寻丝绸之路

【学习引入】

有一条路，东起我国的汉唐古都长安，向西一直延伸到罗马。这条路，承载了无数的骆驼与商旅；这条路，传播了东方古老文化；这条路，传承了东西方的友谊与文明。它是东西方文明交流的通道，也就是当今举世闻名的丝绸之路。

"丝绸之路"是指起始于古代中国，连接亚洲、非洲和欧洲的古代陆上商业贸易路线。狭义的丝绸之路一般指陆上丝绸之路。广义上讲又分为陆上丝绸之路和海上丝绸之路。

"陆上丝绸之路"是连接中国腹地与欧洲诸地的陆上商业贸易通道，形成于公元前2世纪与公元1世纪间，直至16世纪仍保留使用，是一条东方与西方之间进行经济、政治、文化交流的主要道路。汉武帝派张骞出使西域形成其基本干道。它以西汉时期长安为起点（东汉时为洛阳），经河西走廊到敦煌。

"海上丝绸之路"是古代中国与外国交通贸易和文化交往的海上通道，该路主要以南海为中心，所以又称南海丝绸之路。海上丝绸之路形成于秦汉时期，发展于三国至隋朝时期，繁荣于唐宋时期，转变于明清时期，是已知的最为古老的海上航线。

"南方丝绸之路"泛指历史上不同时期四川、云南、西藏等中国南方地区对外连接的通道，包括历史上有名的蜀身毒道和茶马古道等。

2014年6月22日，中、哈、吉三国联合申报的陆上丝绸之路的东段"丝绸之路：长安—天山廊道的路网"成功申报为世界文化遗产，成为首例跨国合作成功申遗的项目。

丝绸之路，常简称为丝路。此词最早来自德国地理学家费迪南·冯·李希霍芬于1877年出版的《中国：我的旅行成果》。丝绸之路通常是指欧亚北部的商路，与南方的茶马古道形成对比，西汉时张骞和东汉时班超出使西域开辟的以长安（今西安）、洛阳为起点，经甘肃、新疆，到中亚、西亚，并连接地中海各国的陆上通道。这条道路也被称为"陆路丝绸之路"，以区别日后另外两条冠以"丝绸之路"名称的交通路线。因为由这条路西运的货物中以丝绸制品的影响最大，故得此名。其基本走向定于两汉时期，包括南道、中道、北道三条路线。

广义的丝绸之路是指从上古开始陆续形成的，遍及欧亚大陆甚至包括北非和东非在内的长途商业贸易和文化交流线路的总称。除了上述的路线外，还包括约于公元前5世纪形成的草原丝绸之路，中古初年形成、在宋代发挥巨大作用的海路丝绸之路，以及与西北丝绸之路同时出现，在宋初取代西北丝绸之路成为陆上交流通道的南方丝绸之路。

虽然丝绸之路是沿线各国共同促进经贸发展的产物，但很多人认为，张骞两次出使西域，开辟了中外交流的新纪元，并成功将东西方之间最后的"珠帘"掀开。从此，这条路线被作为"国道"踩了出来，各国使者、商人、传教士等沿着张骞开通的道路，相互来往，络绎不绝。

上至王公贵族，下至乞丐狱犯，都在这条路上留下了自己的足迹。这条东西通路，将中原、西域与阿拉伯、波斯湾紧密联系在一起。经过几个世纪的不断发展，丝绸之路向西伸展到了地中海。在广义上丝路的东段已经到达了朝鲜、日本，西段至法国，其海路还可到达意大利、埃及。丝绸之路成为亚洲和欧洲、非洲各国经济文化交流的友谊之路。

一、陆上丝路

丝绸之路是历史上横贯欧亚大陆的贸易交通线，在历史上促进了欧亚非各国和中国的友好往来。中国是丝绸的故乡，在经由这条路线进行的贸易中，中国输出的商品以丝绸最具代表性。

陆上丝绸之路一般可分为三段，而每一段又都可分为北、中、南三条线路。

（1）东段。从洛阳、西安到玉门关、阳关。人们对于东段各线路的选择，多考虑翻越六盘山及渡黄河的安全性与便捷性。

三线均从长安或洛阳出发，到武威、张掖汇合，再沿河西走廊至敦煌。

北线：从泾川、固原、靖远至武威，其路线最短，但沿途缺水、补给不易。

中线：从泾川转往平凉、会宁、兰州至武威，其距离和补给均属适中。

南线：从凤翔、天水、陇西、临夏、乐都、西宁至张掖，但路途漫长。

公元10世纪，北宋政府为绕开西夏的领土，开辟了从天水经青海至西域的"青海道"，成为宋以后一条新的商路。

（2）中段。从玉门关、阳关以西至葱岭（汉代开辟）。此段上都是往返于丝绸之路上的商队，主要是西域境内的各条线路，它们随绿洲、沙漠的变化而时有变迁。

北道：起自安西（瓜州），经哈密（伊吾）、吉木萨尔（庭州）、伊宁（伊犁），直到碎叶。

中道：起自玉门关，沿塔克拉玛干沙漠北缘，经罗布泊（楼兰）、吐鲁番（车师、高昌）、焉耆（尉犁）、库车（龟兹）、阿克苏（姑墨）、喀什（疏勒）到费尔干纳盆地（大宛）。

南道（又称为圆道）：东起阳关，沿塔克拉玛干沙漠南缘，经若羌（鄯善）、和田（于阗）、莎车等至葱岭。

（3）西段。自葱岭以西经过中亚、西亚直到欧洲，它的北、中、南三线分别与中段的三线相接对应（唐代开辟）。

北线：沿咸海、里海、黑海的北岸，经过碎叶、怛罗斯、阿斯特拉罕（伊蒂尔）等地到伊斯坦布尔（君士坦丁堡）。

中线：自喀什起，经费尔干纳盆地、撒马尔罕、布哈拉等到马什哈德（伊朗），与南线汇合。

南线：起自帕米尔山，可由克什米尔进入巴基斯坦和印度，也可从白沙瓦、喀布尔、马什哈德、巴格达、大马士革等前往欧洲。

（一）张骞出使西域

公元前2世纪，中国的西汉王朝经过文景之治后国力日渐强盛。第四代皇帝汉武帝刘彻为打击匈奴，计划策动西域诸国与汉朝联合，于是派遣张骞前往此前被冒顿单于逐出故土的大月氏。建元二年（公元前139年），张骞带一百多随从从长安出发，日夜兼程西行。张骞一行在途中被匈奴俘虏，遭到十余年的软禁。他们逃脱后历尽艰辛又继续西行，先后到达大宛国、大月氏、大夏。在大夏市场上，张骞看到了大月氏的毛毡、大秦国的海西布，尤其是汉朝四川的邓竹杖和蜀布。他由此推知从蜀地有路可通身毒、大夏。公元前126年，张骞几经周折返回长安，出发时的一百多人仅剩张骞和堂邑父了，堂邑父为张骞出使大月氏国的向导翻译。史书上把张骞的首次西行誉为"凿空"，即空前的探险。这是历史上中国政府派往西域的第一个使团。

公元前119年，张骞时任中郎将，第二次出使西域。经四年时间他和他的副使先后到达乌孙国、大宛、康居、大月氏、大夏、安息、身毒等国。自从张骞第一次出使西域各国，向汉武帝报告关于西域的详细形势后，汉朝对控制西域的目的由最早的制御匈奴，变成了"广地万里，重九译，威德遍于四海"的强烈愿望。为了促进西域与长安的交流，汉武帝招募了大量身份低微的商人，利用政府配给的货物，到西域各国经商。这些具有冒险精神的商人中大部分成为富商巨贾，从而吸引了更多人参与丝绸之路上的贸易活动，极大地推动了中原与西域之间的物质文化交流，同时汉朝在收取关税方面获得了巨大利润。出于对匈奴不断骚扰与丝路上强盗横行的状况考虑，加强对西域的控制，汉宣帝神爵二年（公元前60年），汉朝设立了对西域的直接管辖机构——西域都护府。以汉朝在西域设立官员为标志，丝绸之路这条东西方交流之路开始进入繁荣的时代。

1-4 陆上丝路之张骞出使西域

（二）隋唐繁荣

随着中国进入唐代，西北丝绸之路再度引起了中国统治者的关注。为了重新打通这条商路，唐朝借击破突厥的时机，一举控制西域各国，并设立安西四镇作为唐朝控制西域的机构，新修了唐玉门关，再度开放沿途各关隘。并打通了天山北路的丝路分线，将西线打通至中亚。这样一来丝绸之路的东段再度开放，新的商路支线被不断开辟，人们在青海一带发现的波斯银币是目前中国境内最多的，这证明青海也随着丝路的发展成为与河西走廊同等重要的地区，加上这一时期东罗马帝国、波斯（7世纪中叶后阿拉伯帝国取代了波斯的中亚霸权）保持了相对的稳定，令这条商路再度迎来了繁荣时期。

与汉朝时期的丝路不同，唐朝控制了丝路上的西域和中亚的一些地区，并建立了稳定而有效的统治秩序。西域小国林立的历史基本解除，这样一来丝绸之路显得更为畅通。不仅是阿拉伯的商人，印度也开始成为丝路东段上重要的成员。往来于丝绸之路的人们也不再仅仅是商人和士兵，为寻求信仰理念和文化交流的人们也逐渐出现在这一时期。中国大量先进的技术通过各种方式传播到其他国家，并接纳相当数量的遣唐使及留学生，让他们学习中国文化。同时佛教、景教各自迎来了在中国广泛传播的机会，一时间唐朝人在文化方面得到了极大的满足。

丝路商贸活动的直接结果是大大激发了唐人的消费欲望，因为商贸往来首先带给人们的是物质（包括钱财等）上的富足，这些都是看得见、摸得着的，其次是不同的商品来源地域带给人们的精神差异的影响。丝路商贸活动令人眼花缭乱，从外奴、艺人、歌舞伎到家畜、野兽，从皮毛植物、香料、颜料到金银珠宝矿石金属，从器具牙角到武器书籍乐器，几乎应有尽有。而外来工艺、宗教、风俗等随商进入更是不胜枚举。这一切都成了唐人尤其是唐时高门大户的消费对象与消费时尚。相对而言，唐人的财力物力要比其他一些朝代强很多，因此他们本身就有足够的能力去追求超级消费，而丝路商贸活动的发达无非是为他们提供了更多的机遇。有钱人不仅购置奇珍异宝而且还尽可能在家里蓄养宠物、奴伎。帝王皇族带头，豪绅阔户效仿，百姓也以把玩异域奇物为能。美国学者谢弗指出："七世纪（中国）是一个崇尚外来物品的时代，当时追求各种各样的外国奢侈品和奇珍异宝的风气开始从宫廷中传播开来，从而广泛流行于一般的城市居民阶层之中。"

受到这条复兴的贸易路线巨大影响的国家还有日本。8世纪，日本遣唐使节带来了很多西域文物到日本首都奈良。这些宝贵古代文物在奈良正仓院保存下来。所以，奈良正仓院被称为丝绸之路的终点。日本最大的宗教佛教也是通过丝绸之路传来的。1988年奈良县政府在奈良市举行大规模的丝绸之路博览会。日本最大的电视台NHK曾从中国到欧洲以实地拍摄方式制作丝绸之路节目。

经过安史之乱后的唐朝开始衰落，西藏吐蕃越过昆仑山北进，侵占了西域的大部分地区；中国北方地区战火连年，其丝绸、瓷器的产量不断下降，商人也唯求自保而不愿远行。自唐以后中国经济中心逐渐南移，因而相对稳定的南方对外贸易明显增加，带动了南方丝绸之路和海上丝绸之路的繁荣，成都和泉州也因此逐渐成为南方经济大城。当中国人开始将他们的指南针和其他先进的科技运用于航海上时，海上丝绸之路迎来了它发展的绝佳机会。北宋南方高度发达的经济为海上丝绸之路的繁荣起到了无可替代的作用——当然这在某种程度上也可说是不得已而为之，经济最为发达的北宋没有控制以往丝路的河西走廊，这成为日后丝路上青海道繁荣的机遇。到了南宋时期，南宋政府早已无法控制整个西北。因而西北丝路的衰落日益明显，而南方丝绸之路与海上丝路的开辟，逐渐有取代西北丝路的现象。

1-5 陆上丝路之隋唐繁荣

二、海上丝路

张骞出使西域后，汉朝的使者、商人接踵西行，西域的使者、商人也纷纷东来。他们把中国的丝绸和纺织品，从长安通过河西走廊、今新疆地区，运往西亚，再转运到欧洲，又把西域各国的奇珍异宝输入中国。这条沟通中西交通的陆上要道，就是历史上著名的丝绸之路。汉武帝以后，西汉的商人常出海贸易，开辟了海上交通要道，这就是历史上著名的海上丝绸之路。

海上丝绸之路，是中国与世界其他地区之间海上交通的路线。中国的丝绸除通过横贯大陆的陆上交通路线大量输往中亚、西亚和非洲、欧洲国家外，也通过海上交通路线源源不断地销往世界各国。因此，在德国地理学家李希霍芬将横贯东西的陆上交通路线命名为丝绸之路后，有的学者加以引申，称东西方的海上交通路线为海上丝绸之路。

后来，中国著名的陶瓷，也经由这条海上交通路线销往各国，西方的香料也通过这条路线输入中国，一些学者因此也称这条海上交通路线为陶瓷之路或香瓷之路。

海上丝绸之路形成于汉武帝之时。从中国出发，向西航行的南海航线，是海上丝绸之路的主线。与此同时，还有一条由中国向东到达朝鲜半岛和日本列岛的东海航线，它在海上丝绸之路中占次要地位。关于汉代丝绸之路的南海航线，《汉书·地理志》记载汉武帝派遣的使者和应募的商人出海贸易的航程中提到："自日南（今越南中部）或徐闻（今属广东）、合浦（今属广西）乘船出海，顺中南半岛东岸南行，经五个月抵达湄公河三角洲的都元（今越南南部的迪石）。复沿中南半岛的西岸北行，经四个月航抵湄南河口的邑卢（今泰国之佛统）。自此南下沿马来半岛东岸，经二十余日驶抵湛离（今泰国之巴蜀），在此弃船登岸，横越地峡，步行十余日，抵达夫首都卢（今缅甸之丹那沙林）。再登船向西航行于印度洋，经两个多月到达黄支国（今印度东南海岸之康契普腊姆）。回国时，由黄支南下至已不程国（今斯里兰卡），然后向东直航，经八个月驶抵马六甲海峡，泊于皮宗（今新加坡西面之皮散岛），最后再航行两个多月，由皮宗驶达日南郡的象林县境（治所在今越南维川县南的茶荞）。"

丝绸之路是个形象而且贴切的名字。在古代世界，只有中国是最早开始种桑、养蚕、生产丝织品的国家。近年来，中国各地的考古发现表明：自商、周至战国时期，丝绸的生产技术已经发展到相当高的水平。中国的丝织品迄今仍是中国奉献给世界人民的最重要产品之一，它流传广远，涵盖了中国人民对世界文明的种种贡献。因此，多少年来，有不少研究者想给这条道路起另外一个名字，如"玉之路""宝石之路""佛教之路""陶瓷之路"等，但是，都只能反映丝绸之路的局部，而终究不能取代"丝绸之路"这个名字。

丝绸之路的基本走向形成于公元前后的两汉时期。它东面的起点是长安（今西安），经陇西或固原西行至金城（今兰州），然后通过河西走廊的武威、张掖、酒泉、敦煌四郡，出玉门关或阳关，穿过白龙堆到罗布泊地区的楼兰。汉代西域分南道和北道，南北两道的分岔点就在楼兰。北道西行，经渠犁（今库尔勒）、龟兹（今库车）、姑墨（今阿克苏）至疏勒（今喀什）。南道自鄯善（今新疆维吾尔自治区巴音郭楞蒙古自治州的下辖县），经且末、精绝（今民丰尼雅遗址）、于田（今和田）、皮山、莎车至疏勒。从疏勒西行，越葱岭（今帕米尔）至大宛（今费尔干纳）。由此西行可至大夏（在今阿富汗）、粟特（在今乌兹别克斯坦）、安息（今伊朗），最远到达大秦（罗马帝国东部）的犁靬（又作黎轩，在埃及的亚历山大城）。另外一条道路是，从皮山西南行，越悬渡（今巴基斯坦达丽尔），经罽宾（今阿富汗喀布尔）、乌弋山离（今锡斯坦），西南行至条支（在今波斯湾头）。如果从罽宾向南行，至印度河口（今巴基斯坦的卡拉奇），转海路也可以到达波斯和罗马等地。这是自汉武帝时，张骞两次出使西域以后形成的丝绸之路的基本干道，换句话说，狭义的丝绸之路指的就是上述这条道路。

三、南方丝路

南方陆上丝路即"蜀—身毒道"，因穿行于横断山区，又称高山峡谷丝路。大约公元前4世纪，中原群雄割据，蜀地（今川西平原）与身毒间开辟了一条丝路，延续两个多世纪尚未被中原人所知，所以有人称它为秘密丝路。直至张骞出使西域，在大夏发现蜀布、邛竹杖系由身毒转贩而来，他向汉武帝报告后，元狩元年（公元前122年）汉武帝派张骞打通"蜀—身毒道"。

张骞先后从犍为（今宜宾）派人分5路寻迹。一路出驨（今茂汶），二路出徙（今天全），三路出莋（今汉源），四路出邛（今西昌），五路出僰（今宜宾西南）。

南方陆上丝路由3条道组成，即灵关道、五尺道和永昌道。丝路从成都出发分东、西两支，东支沿岷江至僰道（今宜宾县境），过石门关，经朱提（今昭通）、汉阳（今赫章）、味（今曲靖）、滇（今昆明）至叶榆（今大理），是谓五尺道。西支由成都经临邛（今邛崃）、严关（今雅安）、莋（今汉源）、邛都（今西昌）、盐源、青岭（今大姚）、大勃弄（今祥云）至叶榆，称为灵关道。两线在叶榆汇合，西南行过博南（今永平）、嶲唐（今保山）、滇越（今腾冲），经掸国（今缅甸），在掸国境内，又分陆、海两路至身毒。

南方陆上丝路延续2000多年，特别是抗日战争期间，大后方出海通道被切断，沿丝路西南道开辟的滇缅公路、中印公路运输空前繁忙，成为支援后方的生命线。

【项目练习题】

1. 描述丝绸之路的主要路线和地理范围，包括它连接的主要地区和国家。

2. 列举丝绸之路上主要的贸易商品，除了丝绸外，还有哪些重要的商品在这条路线上流通？

3. 丝绸之路在促进东西方文化交流方面起到了哪些作用？请举例说明。

4. 阐述丝绸之路在历史上的重要性，它对古代世界贸易和文化交流有哪些深远影响？

项目二　桑织九章——从蚕茧到霓裳的技艺密码

【教学目标】

知识目标

1.掌握丝织原料、丝织工艺等相关知识。

2.熟悉丝织工艺设计原理及方法。

3.了解丝织工艺的基本流程。

能力目标

1.根据丝织物特点，进行工艺设计及实施的能力。

2.具备一定的分析、解决丝织工艺技术问题的能力。

3.善于总结、勇于改革、不断创新的能力。

素质目标

1.工匠精神，爱岗敬业，增强安全、质量、成本、环保意识。

2.较强的社会适应能力和自我约束能力。

3.良好的团队意识，善于合作、共处的能力。

任务1　初识桑蚕茧丝

【学习引入】

在日常生活中，丝绸类产品一直以来深受大家的喜爱。如此绚丽多彩的丝绸，是采用什么原料织出来的呢？答案就是桑蚕丝。

一、桑蚕茧丝

（一）种桑养蚕

历史记载，我国是世界上种桑养蚕最早的国家。种桑养蚕也是中华民族对人类文明的伟大贡献之一。据记载，桑树已有七千多年的历史。《诗经》中有记载"桑之未落，其叶沃若。于嗟鸠兮，无食桑葚。"在商代，甲骨文中已出现桑、蚕、丝、帛等字形（图2-1-1）。到了周代，采桑养蚕已是常见农事活动。最后到春秋战国时期，桑树已成片栽植。

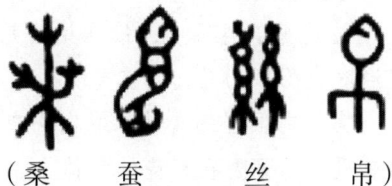

（桑　　蚕　　丝　　帛）

图2-1-1　甲骨文

蚕丝实际上是蚕的分泌物。蚕的种类有很多，一般可以分为桑蚕、柞蚕、蓖麻蚕、樟蚕、柳蚕、木薯蚕和天蚕等品种。这几类蚕中丝产量最大的是桑蚕，桑蚕是对人类贡献最大的昆虫之一，因此桑蚕被中国人称为天虫、家蚕，如图2-1-2所示。

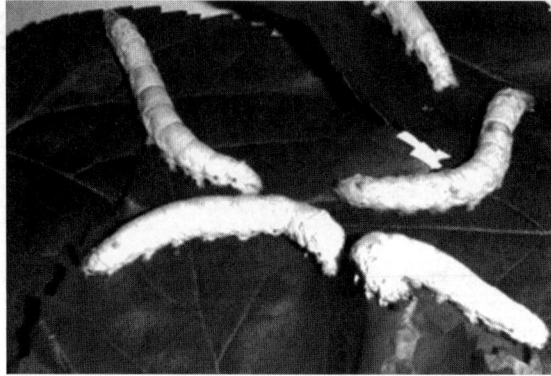

图2-1-2　桑蚕

蚕的一生短暂而忙碌，它用一个多月的时间经历卵、幼虫、蛹和成虫四个发育阶段（图2-1-3），吐丝结茧是它一生最好的作品。

蚕体开始缩短、变亮时，称为熟蚕。此时蚕不再进食，开始吐丝结茧。熟蚕是细长的，呈圆筒形，由头部、胸部和腹部三个部分组成。熟蚕的结构如图2-1-4所示。

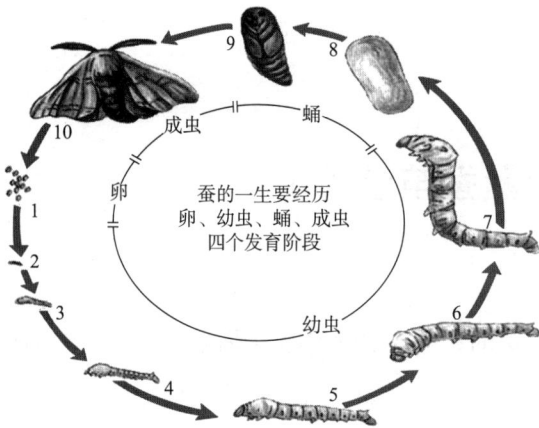

图2-1-3　蚕的四个发育阶段

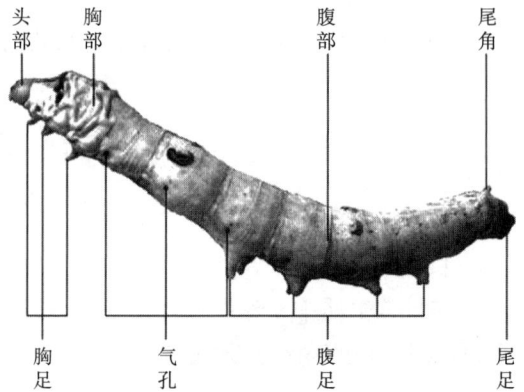

图2-1-4　熟蚕的结构

【拓展阅读】

蚕是变态类昆虫，最常见的是桑蚕，桑蚕起源于中国，其发育温度是7～40℃，饲育适宜温度为20～30℃。蚕宝宝以桑叶为食，不断吃桑叶后身体会变成白色。

家蚕有很强的食欲。它们昼夜不停地吃桑叶，所以生长得非常快，俗称蚕食鲸吞。其脚部有吸盘，可吸在粗糙的物体上。当它们头部的颜色变黑的时候即表明它们将要蜕皮。在完成四次蜕皮之后它们的身体会变为浅黄色，皮肤也变得更紧，这表明它们将会用丝茧来包裹自己，在茧中变态成蛹。

如果允许蛹变态为成虫，自然地将茧溶解并钻出的话，由于茧被它破出洞，丝线将会变短，不能用于纺丝织绸，所以要在其尚未破茧以前将蚕茧放入沸水中杀死蚕蛹，并使茧易于拆解。

（二）吐丝结茧

蚕第四次蜕皮后，身体由青白色转蜡黄色，头部左右摆动，马上就要吐丝结茧。从吐丝到结茧大约需要两天时间，一只茧大约长5cm、宽3cm，重1.5～2.5g，形状为椭圆形（图2-1-5）。蚕蛹的颜色为深褐色，蚕结茧后6～7天为采茧抽丝的最佳时间，这时蛹体已经发育比较成熟，不会流出血液，距羽化还有2～3天时间。

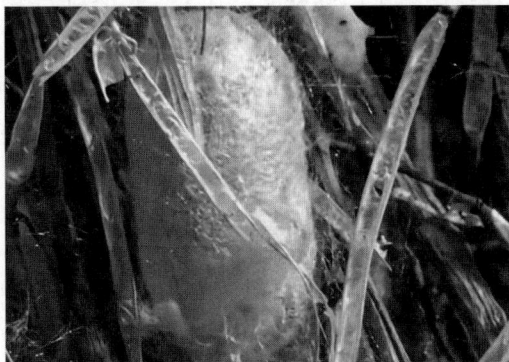

图2-1-5　茧

【拓展阅读】

蚕蛹，又名小蜂儿、原蚕蛹、晚蚕蛹。蚕蛹是蚕吐丝做茧后在茧中变成的蛹虫。蚕蛹不仅味道鲜美，营养丰富，还富有极宝贵的动物性蛋白质，更是提取多种化学药品的原料。

蚕蛹含有丰富的蛋白质和多种氨基酸，是体弱、病后、老人及妇女产后的高级营养补品。蚕蛹能产生具有药理学活性的物质，可有效提高人体内白细胞水平，从而提高人体免疫功能，延缓人体机能衰老，蚕蛹油可以降血脂、降胆固醇、对治疗高胆固醇血症和改善肝功能有显著作用。

蚕蛹具有极高的营养价值，含有丰富的蛋白质、脂肪酸、维生素等。蚕蛹的蛋白质含量在50%以上，远远高于一般食品，而且蛋白质中的必需氨基酸种类齐全。蚕蛹蛋白质由18种氨基酸组成，这8种人体必需的氨基酸含量大约是猪肉的2倍、鸡蛋的4倍、牛奶的10倍，且营养均衡、比例适当，是一种优质的昆虫蛋白质。

家蚕体内有一种分泌腺即绢丝腺，其分泌出的物质是一种黏稠、半流动的液状丝。其中主要含有两种物质，其一是丝素，其二是丝胶。丝素是由蚕后部的丝腺分泌出来的，而丝胶是由蚕中部的丝腺分泌出来的，蚕丝的形成如图2-1-6所示。

一条蚕结一颗茧，这是正常茧。有时两条蚕结成一颗茧，这就是双宫茧，双宫茧即茧内有两粒或两粒以上蚕蛹的茧。用

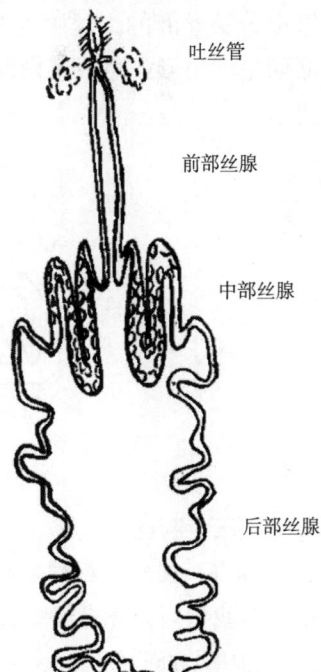

吐丝管

前部丝腺

中部丝腺

后部丝腺

图2-1-6　蚕丝的形成

双宫茧缫的丝就叫双宫丝。双宫茧的单根丝比正常茧的单根丝更粗，所生产的双宫丝也比正常蚕茧的丝要粗，适合织造外套的面料。

世界上生产双宫丝的主要国家是日本，其在20世纪初创建双宫丝厂，中国在20世纪40年代后开始生产双宫丝。中国的双宫丝产量最多，并具有颣节多而分布不均匀等特点，主要用于织造双宫绸。因双宫绸表面有闪光和疙瘩的特殊风格，也称疙瘩绸，经染色、印花后可制成上衣、外套、头巾、领带以及室内装饰品。在中国，双宫丝还用于织制地毯。双宫茧如图2-1-7所示。

一粒蚕茧可以缫制的丝长平均达600～800m，最长可达1000m以上。生丝为连续性纤维，极适合织造成匹。生丝精练去除部分胶质后，柔软、具有光泽，称为"熟丝"。蚕茧如图2-1-8所示。

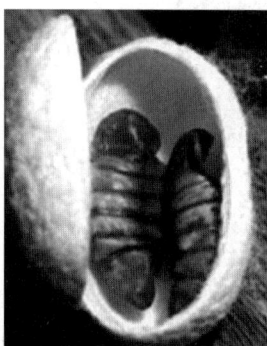

图2-1-7　双宫茧

图2-1-8　蚕茧

桑蚕丝的主要成分为丝素和丝胶，一般丝素占72%～81%，而丝胶占19%～28%。由于家蚕分泌丝液的绢丝腺为两条，分别由丝素和丝胶构成，即由丝胶包裹着两根丝素，而其截面呈三角形或略成半椭圆形。丝胶使两根丝素黏合形成蚕丝。蚕丝的截面形状如图2-1-9所示。

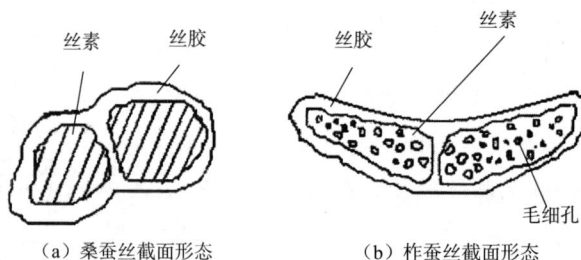

（a）桑蚕丝截面形态　　　　（b）柞蚕丝截面形态

图2-1-9　蚕丝的截面形状

（三）制丝

养蚕、缫丝、织绸是我国古代的伟大发明之一。出土的殷墟文物也可证明，远在三千多年前，我们的祖先已经掌握了缫丝、织绸的工艺。在周代已有极简单的生丝加工工具，其后从汉到唐代的千余年间，一些简陋的缫丝车已经在民间广泛应用。

由昆虫纲、鳞翅目、蚕蛾科和大蚕蛾科昆虫的幼虫纺制的长丝统称为蚕丝。由于蚕丝较细，难以直接用于织造，所以需要将蚕丝从蚕茧中离解出来，并集束、抱合成一定粗细的、连续不断的长丝，即生丝。通常所说的制丝，是指将蚕茧丝制成生丝的工艺过程。制丝工艺过程包括烘茧、混茧、剥茧、选茧、煮茧、缫丝、复摇、整理、检验等工序。

制丝的工艺过程如下：

（1）烘茧。蚕茧是缫丝企业的基本生产原料。虽然鲜茧可以直接缫丝，但蚕茧的生产是有季节性的。鲜茧不易常年储存，因此必须经过干燥。把鲜茧烘成干茧的工艺过程，称为烘茧。

（2）混茧。通常把一个茧站所收烘的蚕茧称为一个庄口茧，不同庄口的蚕茧因品种、气候、饲育环境、饲养技术、蚕茧处理和烘茧条件等不同，蚕茧质量有很大差异。制丝企业为了稳定生产和生丝质量，需在较长的一段时间内用相同品质的蚕茧生产同一规格、品质的生丝。当单一庄口的茧量较少时，如果用单庄口的蚕茧缫丝，则生产过程中需要经常换庄口，工艺设计频繁，工人难以熟悉原料性能，影响操作，对提高生丝质量和降低缫折都不利。因此，当单一庄口的茧量较少时，需要将两个或两个以上庄口的茧均匀地混合起来，称为混茧。

（3）剥茧。剥茧就是剥去茧层外面浮松的茧衣。如缫丝前不剥去茧衣，会给选茧分类和煮茧时加茧等后道工序的操作带来困难。剥茧要求不要剥得太光或太毛。一般春茧的剥光率控制在90%~94%，夏秋茧控制在88%~92%。剥光率太高，会使瘪茧率增大。

（4）选茧。由于蚕儿体质和结茧时的环境不同，加上收烘茧、运输等因素的影响，即使是同一庄口的原料茧，蚕茧的品质也有很大差异，因此，必须按不同的工艺要求进行选茧分类。同时，原料茧中混有不能缫丝的下茧，必须予以剔除。若需生产4A级以上的高级生丝，还要在上车茧中进一步按茧型大小、茧层厚薄和茧的色泽进行选别。选剔混在光茧中不能缫丝的下茧，或按茧质进行分类的工艺过程，称为选茧。选茧要求正确，误选率要小。

（5）煮茧。蚕儿吐丝结茧时，茧丝能依次重叠成茧层而紧密不乱，这是由于茧丝外围的丝胶将其顺次相互胶着。一粒茧的茧层上茧丝间胶着点个数有100多万个。由于茧层上的茧丝间存在大量的胶着点，其中有多数的胶着点的胶着力大于茧丝本身的强力，使茧丝难以从茧层上顺利离解出来，在缫丝过程中也难以顺利索取丝头；另外，由于干茧茧层丝胶处于未膨润状态，即使将茧丝离解出来，也不能使它们相互集束并抱合成生丝。因此，需要依靠水和热的作用，使茧层丝胶适当膨润，以降低茧丝间的胶着力，便于缫丝时茧丝能被连续、依次、快速地离解，并集束抱合成生丝。这一加工过程称为煮茧（图2-1-10）。

图2-1-10　煮茧

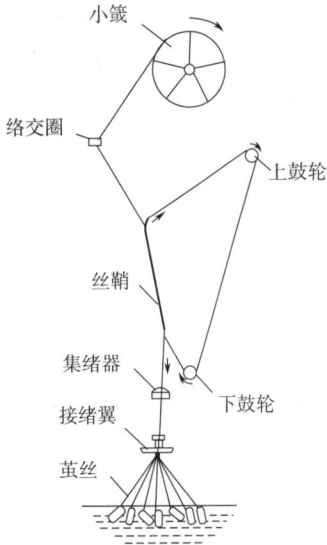

图2-1-11 缫丝工艺流程

（6）缫丝。缫丝是制丝工艺中最关键的一道工序，一般包括索绪、理绪、添绪、集绪、捻鞘、卷绕和干燥等七个工艺过程。茧丝具有优雅的光泽、舒适的手感和良好的吸湿保暖性等优异性能。但是只有将茧丝从蚕茧上离解出来，并将若干茧丝并合连接成为有足够长度的生丝，才能作为丝织或针织等纺织加工的原料。缫丝就是根据织造等工程所要求的生丝规格及质量品位，将茧丝从数个煮熟茧的茧层上离解出来并使之抱合成生丝的加工过程。缫丝工程使用的原料是煮熟茧，成品是小籤丝片，副产品有绪丝和蛹衬。缫丝工艺流程如图2-1-11所示。

（7）复摇和整理。缫丝得到的小籤丝片需经复摇和整理加工，制成一定的绞装或筒装形式再成批出厂。目前，缫丝厂生产的成品大都加工成绞装丝。复摇、整理的主要任务是使绞装或筒装生丝成型良好，触感柔软，丝色和品质统一，消灭疵点，便于储藏、运输和用户使用。各步骤分别如图2-1-12~图2-1-15所示。

图2-1-12 复摇

图2-1-13 整理

图2-1-14 检验

图2-1-15 缫丝下脚料

桑蚕丝是比较高级的纺织材料，纤维光泽晶莹、细而柔软、强伸度好、弹性极佳、吸湿性能也不错，用它织成的丝绸具有雍容华贵的质感。

二、生丝的织前处理

丝织品的特点是批量小、品种多、花色多。因而生产用的原料种类多、规格多、产地广、批号杂。不同种类的原料，其性质差异很大，即使同种原料也因生产厂地、产地牌号、批号的不同而有所差异。因而，丝织原料在投产前，必须进行外观、内在质量检验。原料外观检验一般在室内采用北光肉眼检验，根据检验结果，合理使用该批原料，既能降低成本，又能保证织物的质量。

生丝在织造前，必须经过前期处理，这是因为生丝由丝条内的丝素和包覆于丝素外的丝胶两部分组成。丝胶可保护丝素少受损伤，并保护丝条的强度。但丝胶分布不够均匀，弹性差，也会使断头增加。因此有必要通过浸渍软化丝胶使丝身柔软光滑，减少摩擦产生的静电，提高生丝的加工性能。生丝如图2-1-16所示。

图2-1-16　生丝

生丝的织前处理，主要包括原料检验和浸渍两道工序。

（一）原料检验

生丝的卷装形式为绞装。绞装的生丝要逐件检验，每件丝抽取5包，将丝绞穿在光洁的竹竿上，由检验工肉眼观察，如发现瑕疵严重，应逐绞检查。绞丝如图2-1-17、图2-1-18所示。

图2-1-17　绞丝（一）

图2-1-18　绞丝（二）

检验时，主要包括外观检验和内在质量检验两个方面。

1. 外观检验

（1）黑点。绞丝上有黑点，要摘除并接好，黑点太多要剔除另作安排，整批黑点严重的要降级使用。

（2）色泽。生丝有黄、白两种色泽，以白中带黄为好。色泽差异较大的要剔除，整批色泽差异较大应降级使用。

（3）软硬。丝胶含量高，丝条硬；丝胶含量低，丝条软。一般丝条硬的作经用，丝条软的作纬用。

（4）糙块。发现糙块应摘除并接好，糙块严重的应剔除。

（5）油污。发现油污、锈斑要摘除，整批油污严重的要降级使用。

2. 内在质量检验

织前的生丝检验主要针对生丝的外观，对国家检验单所列的项目一般以生丝检验单上的检测结果为依据，织前可不进行复验。

3. 生丝分级标准

2-2 原料
选剔

2-3 原料
检验

生丝分级是按照生丝分级标准的规定，对生丝的主要检验项目、辅助检验项目及外观检验项目的各项结果进行综合评定，确定一批生丝的等级，以此作为生丝利用和贸易的质量依据。

生丝的等级依据国家标准GB/T 1797—2008《生丝》。根据受检生丝的品质技术指标和外观质量的综合成绩，生丝的等级区分为6A、5A、4A、3A、2A、A、B、C和级外品。

（二）浸渍

浸渍就是将生丝放入浸渍液中浸泡。浸渍液一般由水和助剂调制而成。浸渍用水应是软水，这样可以减少水中的矿物质与助剂发生作用的可能性。同时也要水质清洁，否则水中的沙土、有机物等会吸附在丝条上，使丝条手感变硬，色泽不良。调制浸渍液、搅拌浸渍液、生丝浸渍分别如图2-1-19～图2-1-21所示。

图2-1-19 调制浸渍液

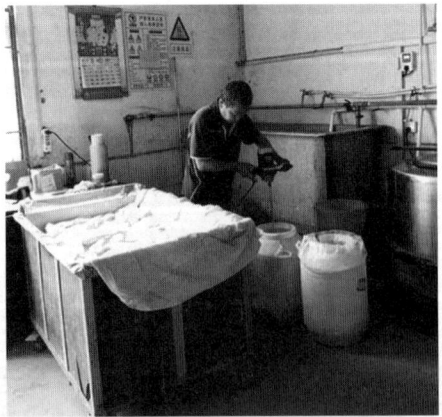

图2-1-20 搅拌浸渍液

经过浸渍的丝线，还需做处理才能进入后道工序的加工。

1. 着色

浸渍时，往往在浸渍液中加入不同的染料，通过不同的颜色表示不同染料的用途捻度、捻向线密度等。着色用的染料应采用易于脱色的弱酸性染料，颜色应鲜明、柔和。着色后的色纱如图2-1-22所示。

2-4　生丝浸渍

图2-1-21　生丝浸渍

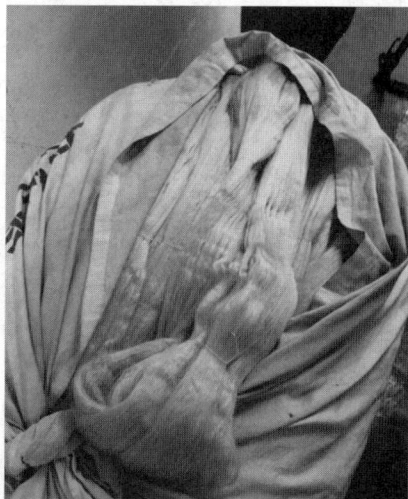

图2-1-22　着色后的色纱

2. 脱水

浸渍后的丝线必须脱水，一般采用离心式脱水机进行脱水。脱水后要求丝线的回潮率在100%左右，脱水过度会导致丝条紊乱和断头，脱水不足会导致干燥时产生滴水，丝条粘并。经过浸渍处理后的丝线就可以进入后道工序的加工。脱水如图2-1-23所示。

2-5　脱水

图2-1-23　脱水

3. 干燥

脱水后的丝线还需干燥，通过干燥使丝线的回潮率达到11%～16%。干燥的方式有自然晾干和机械干燥两种。

自然晾干即把绞丝套在竹竿上，晾在通风较好的室内，依靠环境温度和空气轻微流动使绞丝干燥。这种方式节省成本、干燥均匀，但周转时间长、占地面积大，特别是湿度大的季节，回潮率达不到要求。

机械干燥是用绞丝烘燥机干燥，绞丝套在铝棒上，铝棒在输送链上从进口到出口移动通过烘燥室的同时，本身也在回转，使套在铝棒上的绞丝绕铝棒作回转运动，使绞丝干燥均匀。机械干燥最主要的工艺参数就是干燥时间和干燥温度。时间长、温度高，回潮率低，反之则回潮率高。铝棒进出烘燥室的时间就是干燥时间，可调节输送链速度改变干燥时间，而改变散热器接入的蒸汽压力就可改变干燥温度。

在绞丝套到竹竿或铝棒上去的时候都应该把绞丝抖松，使丝条平直整齐，相互间不粘并，如图2-1-24所示。

2-6 晾丝　　2-7 生丝的前处理

图2-1-24　干燥

【项目练习题】

1.蚕的种类有很多，试举例说明都有哪些品种。

2.试述蚕丝的主要成分及其截面形状。

3.简述制丝的工艺流程。

4.生丝在织造前为什么要经过前处理？

5.前处理包括哪些工序？什么是浸渍？

任务2 设计准备工艺

【学习引入】

丝绸产品不仅有着独特的品质，其生产织造过程更是一门艺术。它的生产过程主要包括准备工序和织造工序两大部分，即首先要进行织前准备，然后才能开始织造。丝织准备工艺流程包括络丝、并丝、捻丝、倒筒、定形、整经、浆纱、穿经等工序。经过准备工序处理的丝加工质量的好坏，对织物质量和生产率影响很大。

一、络并捻工艺

（一）络丝工艺

络丝，就是把绞装或其他卷装形式的丝线根据不同的工艺要求，卷绕成下道工序所需要的卷装形式，有利于后道工序的加工。络丝，既改变了原料的卷装形式，同时去除丝屑、额节等疵点，提高了丝线的质量。络丝如图2-2-1所示。

2-8 络丝 　2-9 络丝
工艺 　　操作

图2-2-1 络丝

络丝的目的是：改变卷装，增加纱线卷装的容纱量，提高后道工序的生产率（管纱络筒，绞纱络筒）；清除纱疵，检查纱线直径，清除纱线上的疵点和杂质，改善纱线品质。

络丝机的主要型号有以下三种：

（1）K051络丝机。双面双层结构，有边筒子，90～140g/筒，具有传动、卷绕、成形、防叠机构，线速70～100m/min。

（2）GD001络丝机。双面双层结构，有边筒子。其中GD001-145 500g供整经，无捻并用；GD001-94 250g供有捻并及捻丝用，具有沟槽、凸轮、导丝机构、偏心式单向差微装置。

（3）KEK-PN精密络筒机。750g/筒，线速250～500m/min，供高速织机供纬筒子及高速整经机的供丝筒子用，具有超喂机构、恒线速卷绕、凸轮和成型摇板成型、防叠装置、加压装置。

GD001型络丝机为丝织准备工序的主要设备，用于将绞装的真丝、黏胶丝、合纤丝、混纺短纤纱等卷绕成圆柱形的有边筒子，以作经、纬线使用或作并丝机、捻丝机、倍捻机的喂入筒子。全机具有结构合理，运转平稳，噪声小，速度快，成型良好，使用、维修简便等特点。

KEK-PN精密络筒机是目前使用最多、性能较佳的络丝机之一。该机的络丝喂入为绞丝或筒子。络成的菠萝形筒子，卷绕成型良好，密度均匀，为高速整经提供理想的筒子，可供无梭织机纬用，也适用于筒子染色和缲丝成筒。与其他类型络丝机不同，该机能按筒子成型的不同要求单独单锭对成型机构进行调整。

筒子的卷绕方式有以下两种：

（1）平行卷绕（图2-2-2）。卷绕角≤10°，适用于有边筒子。

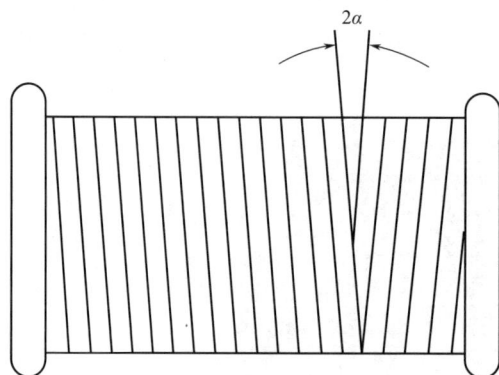

2-10 络丝
—套丝

图2-2-2　平行卷绕

排列紧密，螺距s较小。前一层丝圈不能被后一层丝圈很好地压住，筒子两端的丝圈容易崩塌或滑落。当螺距s等于丝线直径d时为紧密式平行卷绕。

（2）交叉卷绕（图2-2-3）。卷绕角≥10°，适用于无边筒子。

$$卷绕角\tan\alpha=s（绕距）/\pi d（筒子卷绕直径）$$

螺距s较大，前一层丝圈能被后一层丝圈很好地压住，由于交叉压紧，筒子两端的丝圈不容易崩塌或滑落，筒子边缘结实。

该卷绕形式下的络丝张力，要求在满足顺利退解与卷绕密度的条件下，以小而均匀为好。如果过大则丝线受损，弹力下降；如果过小则卷绕松软，退解困难（脱圈，嵌丝）。张力器如图2-2-4。

（二）并丝工艺

并丝是将两根及两根以上的单丝合并成一根股线，或者将两根及两根以上的股线再合并成一根复合股线的加工过程。合并的丝线可以是有捻的，也可以是无捻的。并丝如图2-2-5所示。

并丝的目的是根据工艺需要制备一定粗细的丝线，提高丝线的均匀度，除去丝线表面的

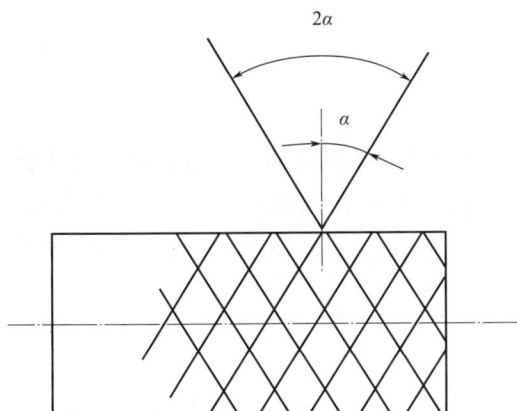

图2-2-3　交叉卷绕

图2-2-4　圆盘张力器

粗结。

　　传统的并丝工具较简单，把需要并合的簇子放在地上，然后通过一个导丝钩，将丝线并合到一起，通过手持披子转动，或者手拉绳子带动簇子转动，将丝线并绕到披子上，达到并丝的目的。这是一种简单的并丝方法，适用于较少量丝线的并合。随着纺织品品种的变化，对并丝数量的增加及并丝质量要求的提高，原先的并丝设备无法满足要求，并丝机应运而生。

2-11　并丝工艺

2-12　并丝操作

　　并丝机的种类可分为有捻并丝机和无捻并丝机两种。

　　有捻并丝机可在并合丝线的同时，对丝线进行加捻有捻并丝机利用锭子带动并丝筒子回转，卷绕过程中依靠导针或钢丝圈的回转获得加捻。

　　无捻并丝机对中、低捻的丝线并捻时可以一次完成，故可省去加捻工序，但生产效率较低。有边筒子径向退解张力大，易产生宽急股等，影响半成品质量。因此，对强捻股线常采用无捻并丝机并合，再经捻丝机加捻的无捻并丝的工艺路线。DB120型无捻并丝机如图2-2-6所示。

图2-2-5　并丝

图2-2-6　DB120型无捻并丝机

（三）捻丝工艺

捻丝，就是根据不同品种规格要求，把已并合好的股线加工成所需要的捻向及捻度的丝线。

根据丝织物成品规格的要求，通过加捻工序改变丝线的外观效应或物理机械性能，既可改善丝线的织造加工性能，又可满足织物的外观和不同用途的要求。捻丝如图2-2-7所示。

在纺织行业中，捻向指纱线加捻的方向。捻向分为左捻和右捻，也称为S捻和Z捻（图2-2-8、图2-2-9）。

图2-2-7 捻丝

图2-2-8 S捻

图2-2-9 Z捻

捻度，指的是1m单位长度上的捻回数，用T/m表示。

1. 捻丝的作用

（1）增加丝线的强力和耐磨性能（在临界捻度范围内），以减少起毛和断头，提高丝织物的牢度。

（2）使丝线具有一定的外形或花色，赋予织物外观以折光、皱纹或毛圈、结子等效应。

（3）增加丝线的弹性，提高织物的抗皱性和透气性。

2. 生产中的注意事项

（1）加捻方法有干捻和湿捻两种，常规加捻采用干捻，但对于某些多股强捻的桑蚕丝必须用湿捻的方法才能达到工艺要求。

（2）干捻加工采用普通捻丝机和倍捻机，而湿捻加工采用湿捻捻丝机。

（3）要使纱线表面具有毛羽、结子等花式效应，必须采用花式捻丝机。

（4）纱线在复捻时，所采用的捻向一般与初捻捻向相反。

（5）经纬丝原料是否需要加捻，加什么捻向，加多少捻度，均应根据织物品种规格的要求设定。除花式捻线机外，其他加捻工艺都要求卷绕成型良好、便于退解、张力均匀、大小

2-13 捻丝工艺

2-14 捻丝操作

适当、捻度均匀。

（6）在符合工艺要求的前提下，适当增加卷装，以提高捻丝加工的产量与质量。

（四）定形工艺

定形是纱线加捻后必须经过的一道重要工序。但是，由于有些织物常常不采用加捻纱线，所以无须进行定形，因而定形加工往往容易被忽视。对生产工艺比较复杂的品种而言，纱线不仅要加捻，有时甚至需要两次或多次加捻，所以，定形工序是必不可少的生产环节之一。

定形，就是对加捻的丝线，通过高温高压、高温常压或自然定形等方式对加捻丝线的捻度保持稳定的工序。高温高压定形时间通常需要50min，自然定形通常需要72h。

1. 定形目的

纱线在加捻过程中受到外力作用，以轴心为中心产生旋转，使高分子链按加捻方向扭曲，纱线分子内部就产生了一个恢复原来形状的力，从而使纱线具有扭转的状态。当纱线在张力较小或自由状态下，由于自身弹性的作用，纱线就会发生退捻、扭缩，不利于后续各工序的正常进行，而且影响产品质量。为防止发生这种现象的发生，使后道工序加工可以顺利进行，必须有定形工序来暂时稳定丝线的捻度。

2. 定形要求

定形时，要求纱线的物理机械性能不受影响，特别是对其强度、伸长率、弹性等没有损伤。同时，还应考虑操作方便、节约时间及能源的经济等因素。

3. 定形方式

纱线定形有多种方式，根据不同纤维原料、不同捻度，采用不同的方式。例如，对于绉类织物，这种定形是暂时的，因为加捻产生的扭应力在后整理时应该释放出来，得到织物设计所预期的"绉效应"，使织物表面光泽柔和，并有轻微的高低不平，以改善织物的外观。

纱线定形是利用纤维具有的松弛特性和应力弛缓过程，把纤维的急弹性变形转化成缓弹性变形，而纤维总的变形不变。通过加热和加湿，可以使这种应力弛缓过程加速，在较短的时间内完成定形、定捻工作。

常用的定形方式有以下几种：

（1）自然定形。自然定形就是把加捻后的纱线在常温常湿环境中放置一段时间。纤维内部的大分子相互滑移错位，纤维内应力逐渐减少，从而使捻度稳定。自然定形方式适用于捻度较小的纱线，例如1000捻/m以下的黏胶丝在常态下放置3~10天，就能达到定形目的。

（2）加热定形。加热定形，即把需定形的纱线置于一密室中，通过热交换器（蒸汽、电热丝）或远红外线，使纤维吸收热量温度升高、分子链的振动加剧，分子动能增加，线型大分子相互作用减弱，无定形区中的分子重新排列，纤维的弛缓过程加速，从而使捻度暂时稳定。

对于天然纤维和黏胶纤维等非热塑性纤维，采用一定的温度就能加速其内应力松弛过程的进行，较快地稳定捻度。合成纤维具有独特的热性质，即温度较低时的玻璃态、温度升高后的高弹态和达到熔点以后的黏流态。合成纤维在高弹态时，具有一定的柔曲性，变形能力增大。因而合成纤维的加捻热定形必须控制在玻璃化温度之上、软化点温度之下这个阶段进行，才能使分子结合力减弱，内应力消除，捻度稳定。

（3）给湿定形。给湿定形是使水分子渗入纤维长链分子之间，增大彼此之间的距离，从而使大分子链段的移动变得相对容易，加速弛缓过程的进行。

丝织生产中，潮间给湿是在专用室内进行，即在房间内砌筑20～30cm高的水沟，在水沟内放满自来水，将需要定形的筒子盛放在筒子箱内，再将筒子箱按日期顺序放在水沟上，依靠水沟内水分蒸发的潮气，来加速纤维的定形。

低捻度的天然丝线，在相对湿度90%～95%的给湿间内存放3～5天，即可得到较好的定捻效果。若原料为低捻黏胶丝，则相对湿度控制在80%左右。

（4）热湿定形。根据定形原理，加捻后的纱线在热湿作用下，定形的速度大大加快。另外，随着纱线卷装的增大，纱层的卷绕堆积厚度增加，很可能产生内外层纱线受到热湿空气作用时间差异变大，从而带来定形的差异。为了解决这个问题，可以采用热定形箱来定形。

桑蚕丝加捻后的定形主要采用热湿定形法。在热湿作用下，纤维分子间的内应力减弱，丝胶膨润软化并从丝线的内部渗透到外部，待干燥后能将纤维胶粘在一起，从而达到稳定捻度的目的。

为了适应捻丝大卷装和真丝强捻织物以及合纤织物的需要，目前丝织厂主要采用高温定形箱设备。高温定形箱可以在真空状态下用蒸汽高温定形，也可以用干热高温定形。它既能适应桑蚕丝的湿热定形，又适用于黏胶的干热定形；并且对于变形温度较高、捻度较大的合纤原料也极有效。热定形箱如图2-2-10所示。

2-15 定形工艺

图2-2-10 热定形箱

用热定形箱进行定形时，首先要对定形箱预热，一般温度达到40℃后再放入待定形纱线。其次排水阀工作状态需良好，有冷凝水时能及时排出，否则产生的冷凝水可能使纱线产生水迹。

定形箱工作温度在40～120℃，蒸汽压力在9.8×10^4Pa以下，定形时间在20～120min。

蒸箱定形的捻丝筒子内外层受热总是有差别的，纱线产生的收缩不一致，因此，蒸箱定形后均应自然或潮间定形一段时间，以使定形效果更好。

对比以上定形方式可知：热定形箱定形效果好，原料周转期短，对所有纱线、捻度均可适用，尤其适用于大卷装原料，是目前纱线定形的主要手段。其他定形方式仅适用部分情况，在原料周转、定形场所及设备允许的情况下，可选择使用。

二、整经工艺

整经的目的是改变纱线的卷装形式，将由单根纱线卷装的筒子变成多根纱线的具有织轴初步形式的卷装——经轴。

整经工序的任务就是把一定数量的筒子纱，按工艺设计要求的长度和幅宽，以适当、均匀的张力平行卷绕在经轴上，为后道工序做好准备。

纺织行业整经方式主要有分条整经、分批整经和分段整经。丝绸企业一般采用前两种整经方式。不管采用哪种整经方式，都必须做到经丝的张力均匀一致，卷绕成的圆柱形经轴表面平整，无凹凸不平现象，同时经丝的长度、密度、总经根数符合织物规格的要求。整经如图2-2-11所示。

（一）分批整经

分批整经又叫轴经整经。它是将织物所需的总经根数分成几批，分别卷绕在几个经轴上，再把这几个经轴在浆纱机或并轴机上并合，按规定长度卷绕成一定数量的织轴。织轴上的经纱根数即为织物所需的总经根数。一批整经轴的只数，应根据总经根数和筒子架容量确定。筒子架容量一般为500～700只，对于中、低密度的织物，总经根数较少，需卷绕的经轴只数一般为6～12只；对于高经密织物，经轴只数一般为15～30只。

分批整经在经轴并合时不易保持色纱的排列顺序，因此，这种方法主要应用于原色或单色织物上。分批整经法的优点是生产效率高、整经质量好、适宜于大批量生产，是现代化纺织厂采用的主要方法。其缺点是经轴在浆纱机上合并时易产生回丝。分批整经如图2-2-12所示。

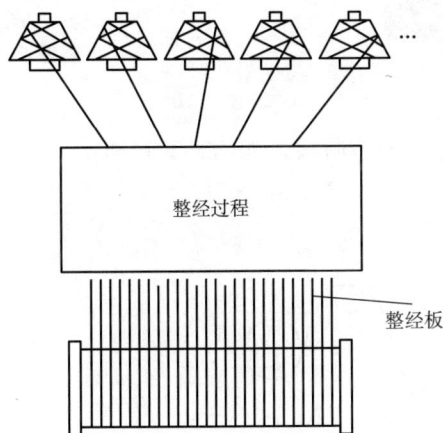

图2-2-11　整经

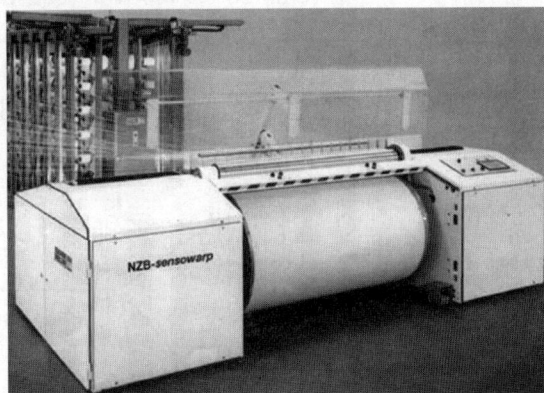

图2-2-12　分批整经

分批整经的工艺流程（图2-2-13）：筒子架（张力器、导纱部件）→伸缩筘→导纱辊→经轴。

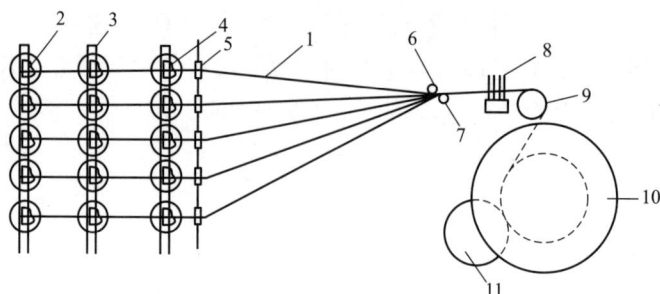

图2-2-13　分批整经工艺流程

1—经纱　2—夹纱器　3—立柱　4—断头探测器　5—导纱瓷板
6，7—导纱棒　8—伸缩筘　9—测长辊　10—经轴　11—加压辊

2-16　分批
整经

（二）分条整经

分条整经又称带式整经。根据经纱配色循环及筒子架容量，将全幅织物所需的总经根数分成若干份，每份以条带状按工艺规定依次卷绕在大滚筒上。全部条带卷满后，再一起从大滚筒上退绕下来，卷绕到经轴上。采用分条整经的经纱，一般不需上浆，整经后的产品即为织轴。分条整经能够准确地得到工艺设计的经纱排列顺序，且改变花色品种非常方便，回丝较少。由于整经条带较多，且整经长度较短（每次仅为一个织轴容纱长），生产效率较低。所以，分条整经广泛用于小批量、多品种的色织、毛织、丝织行业中。分条整经如图2-2-14所示。

图2-2-14　分条整经

2-17　分条
整经

分条整经的工艺流程：包括条带卷绕和倒轴（再卷）两个阶段，如图2-2-15所示。

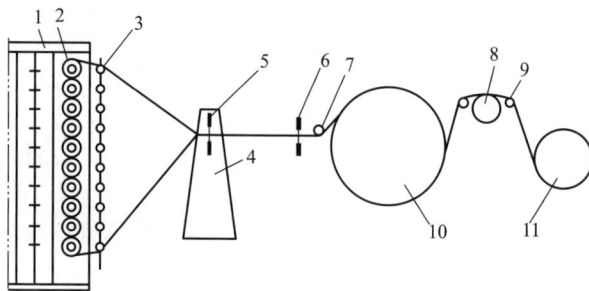

图2-2-15　分条整经工艺流程

1—筒子架　2—筒子　3—导纱瓷板　4—分绞筘架　5—分绞筘
6—定幅筘　7—导纱辊　8—蜡辊　9—引纱辊　10—整径大辊筒　11—织轴

三、浆纱工艺

（一）浆纱概述

1. 浆纱目的

在织造过程中，单位长度的经纱从织轴上退绕下来直至形成织物，要受到3000～5000次程度不同的反复拉伸、屈曲和摩擦作用。未经

2-18　条带卷绕　　2-19　倒轴　　2-20　整经工艺

上浆的经纱表面毛羽突出，纤维之间抱合力不足，在这种复杂的机械力作用下，纱身起毛，纤维游离，纱线解体，产生断头；纱身起毛还会使经纱相互粘连，导致开口不清，形成织疵，正常的织造过程无法进行。

浆纱的目的正是改善经纱的织造性能，加大纤维间的抱合力，提高经纱耐磨性，防止起毛，降低断头率，提高织造效率，减少织物疵点。因此，浆纱被视为织造生产中最关键的一道加工工序。

2-21　浆纱概述

2. 浆纱范围

除了10tex以上的股线、单纤长丝、加捻长丝、变形丝、网络丝外，几乎所有短纤纱和长丝均需要上浆加工。

3. 浆纱原理

经纱在上浆过程中，浆液在经纱表面被覆和经纱内部浸透。经烘燥后，浆液在经纱表面形成柔软、坚韧、富有弹性的均匀浆膜，使纱身光滑、毛羽贴伏；在纱线内部，加强了纤维之间的黏结抱合能力，改善了纱线的物理机械性能。合理的浆液被覆和浸透，能使经纱的织造性能得到提高。

4. 浆纱作用

（1）耐磨性改善。经纱表面坚韧的浆膜使其耐磨性能得到提高。浆膜的被覆要求连续完整，这样，浆膜才能起到良好的保护作用。生产中，上浆过程形成的轻浆疵点就是经纱表面缺乏坚韧的浆膜保护，在织机的后梁、经停片、综丝眼，特别是钢筘的剧烈作用下，纱线起毛、断头，使织造无法进行。

坚韧的浆膜要以良好的浆液浸透作为其扎实的基础，否则就像"无本之木"，在外界机械作用下，纷纷脱落，起不到应有的保护作用。同时，浆膜的拉伸性能（曲线）应与纱线的拉伸性能（曲线）相似。这样，当复杂的外力作用到浆纱上时，纱线将承担外应力的大部分作用，浆膜仅承担小部分，保证浆膜不破坏，保护作用得以持久。

（2）纱线毛羽贴伏、表面光滑。由于浆膜的黏结作用。使纱线表面的纤维游离端紧贴纱身，纱线表面光滑。在制织高密织物时，可以减少邻纱之间的纠缠和经纱断头；对于毛纱、麻纱、化纤纱及混纺纱、无捻长丝而言，毛羽贴伏和纱身光滑尤为重要。

（3）纤维集束性改善，纱线断裂强度提高。由于浆液浸透在纱线内部，加强了纤维之间的黏结抱合能力，改善了纱线的力学性能，使经纱断裂强度得到提高。特别是在织机上容易断裂的纱线薄弱点（细节、弱捻等）得到了增强，这无疑对降低织机经向断头有积极影响。在合纤长丝上浆过程中，改善纤维集束性还有利于减少毛丝的产生。

（4）有良好的弹性、可弯性及断裂伸长率。经纱经过上浆后，其弹性、可弯性及断裂

伸长率有所下降。但是，上浆过程中对纱线的张力和伸长率进行了严格控制，选用的浆膜材料又具有较高弹性。另外，控制适度的上浆率和浆液对纱线的浸透程度，使纱线内部部分区域的纤维仍保持相对滑移的能力，因此，上浆后浆纱良好的弹性、可弯性及断裂伸长可得到保证。

（5）具有合适的回潮率。合理的浆液配方使浆纱具有合适的回潮率和吸湿性。浆纱的吸湿性不可过强，过度的吸湿会引起再粘现象。烘干后的浆纱在织轴上由于过度吸湿会发生相互粘连，影响到织机开口，同时，浆膜强度下降，耐磨性能降低。

（6）获得增重效果。部分织物的坯布市销出售，往往要求一定的重量和丰满厚实的手感。这一要求有时可以通过上浆过程来达到。在不影响上浆性能前提下，浆液中加入增重剂，如淀粉、滑石粉或某些树脂材料，可以起到一定效果。

（7）获得部分织物后整理的效果。在浆液中加入一些整理剂，如热固性助剂或树脂，经烘房加热后，使它们不易溶解，制织的织物就获得挺度、手感、光泽、悬垂性等持久的服用性能。

（二）浆料的种类

浆纱三大浆料：淀粉、聚乙烯醇（PVA）、丙烯酸类。

1. 淀粉上浆应注意的问题

（1）淀粉不溶于水，一般采用高温上浆（95～98℃）。

（2）淀粉聚合度高，相对分子质量大，影响浸透性，所以，淀粉浆需添加分解剂，使部分支链淀粉裂解，降低黏度，提高浸透性。

（3）淀粉浆膜比较脆硬，浆膜强度大，弹性较差。因此，淀粉浆需加入适量柔软剂、吸湿剂，以增强浆膜弹性，改善成膜性。

（4）淀粉大分子中含有大量羟基，且具有较强的极性。根据相似相容原理，它对含有相同基团或极性较强的纤维材料有较高的黏附力，如棉、麻、黏胶等亲水性纤维。对疏水性纤维黏附力很差，所以，淀粉浆不能用于纯合纤的经纱上浆。

（5）淀粉浆易霉变，需加防腐剂。

总之，天然淀粉虽资源丰富、价格低廉，但其上浆性能无法令人满意，常需用各种辅助浆料加以弥补，或运用物理、化学、生物方法使淀粉变性，或与其他浆料混合使用。

2. 调浆方法

（1）定浓法，即通过调整浆液的浓度来控制浆液中浆料的含量（淀粉浆）。

（2）定积法，即在一定体积水中投入规定质量的浆料来控制浆料的含量（合成浆料、变性淀粉浆）。

（三）浆料的选用

随着上浆要求的不断提高，经纱上浆通常使用由几种黏着剂组成的混合浆料或共聚浆料。因此，在纺织厂的浆液调制及浆料加工厂的浆料生产中，都需要对浆液（包括浆料）配方进行设计。浆液配方的设计工作是正确选择浆料组分、合理制定浆料配比的工作。

1. 确定浆液配方的依据

（1）根据纱线的纤维材料选择主浆料。为避免织造时浆膜脱落，所选用的黏着剂大分子应对纤维具有良好的黏附性和亲和力。从黏附双方的相容性来看，双方应具有相同的基团或相似的极性。根据这一原则确定黏着剂之后，部分助剂也就随之而定。

（2）根据纱线的线密度、品质选择浆料。细特纱具有表面光洁、强力偏低的特点，上浆的重点是浸透增强并兼顾被覆。因此，纱线上浆率比较高，黏着剂可以考虑选用上浆性能比较优秀的合成浆料和变性淀粉，浆料配方中应加入适量浸透剂。

粗特纱的强力高，表面毛羽多，上浆是以被覆为主，兼顾浸透，上浆率一般设计得较低些。浆料的选择应尽量使纱线毛羽贴伏，表面平滑，纯棉纱一般以淀粉为主。

对于捻度较大的纱线，由于其吸浆能力较差，浆料配方中可加入适量的浸透剂，以增加浆液流动能力，改善经纱的浆液浸透程度。

股线一般不需要上浆。但有时，因工艺流程需要，股线在浆纱机上进行并轴加工。为稳定捻度、使纱线表面毛羽贴伏，在并轴的同时，可以让股线上轻浆或过水。

（3）根据织物结构选择浆料。高密织物或交织次数多的织物，由于单位长度纱线所受到的机械作用次数多，因此，经纱的上浆率要高一些，其耐磨性、抗屈曲性要好一些。例如，同为平纹织物，13tex×13tex的涤/棉细布和府绸，因经纬紧度不同，涤/棉细布用PVA与变性淀粉混合浆上浆就能满足要求，而府绸需用PVA与变性淀粉和聚丙烯酸酯混合浆，才能达到满意的织造效率。

织物组织可反映经纬交织点的多少，平纹织物的经纬纱交织点最多，经纱运动及受摩擦次数最多，因此，对上浆的要求比斜纹、缎纹组织高。

（4）根据加工条件选择浆料。浆料配方应随气候条件及车间相对湿度做相应的变动。北方地区在浆液配方中，常使用甘油作吸湿剂，使浆膜柔软，但在潮湿季节应停止使用，以防浆纱的粘并，而南方地区无须使用甘油。

织造车间温湿度条件，会直接影响到浆料的实际使用，当车间相对湿度较低时，在使用淀粉或动物胶作为主黏着剂的浆料配方中，应加入适量吸湿剂，以免浆膜因脆硬而失去弹性。

（5）根据织物用途选择浆料。浆料的选择与配合还必须考虑织物的后处理与用途，部分需特殊后整理加工的织物，在不影响浆液性能的前提下，其经纱上浆所用的浆料配方中可直接加入整理助剂。这些助剂除赋予织物特殊的使用功能外，还可以作为一种浆用成分，提高经纱的可织性。

为增强市销坯布手感厚实、色泽悦目的效果，在浆料配方中可加入适量的增重剂和增白剂。

需长期储存或运输的坯布，浆液中应添加防腐剂。若立即供应染整厂进行后整理的坯布，可不要或少用防腐剂。防腐剂的使用量也随温湿度条件而异。

（6）根据浆料性质选择浆料。浆料的品质及结构特点是选择浆料的关键因素。各种浆料的特点，前面已叙述。

应当注意的是，浆料的各种组分（黏着剂、助剂）之间不应相互影响，更不能发生化学反应。否则，上浆时它们无法发挥各自的特性。例如，黏着剂受不同酸碱度影响会发生黏度变化，甚至沉淀析出。离子型表面活性剂与带非同类离子的浆料共同使用会失去应有的效能。

2. 浆料在配合使用时应注意的问题

（1）各组分之间应能充分混合，没有上浮物，也不应有沉淀物，一桶浆在使用的4～8h

内应不会分层。

（2）在淀粉、羧甲基纤维素（CMC）浆液中，pH应大于7。若呈酸性，会使大分子水解断裂，黏度下降，影响浆液质量。

（3）PVA或丙烯酸类浆液，不宜在碱性条件下使用。碱性条件会使部分醇解PVA或丙烯酸类浆料发生不可逆的水解反应，也会使完全醇解PVA生成醇化物，降低PVA的上浆性能。

（4）在浆液配方中，应尽量避免使用含有二价金属或重金属盐类的辅助材料，也应尽量避免使用硬水。这些盐类会使CMC的溶解性降低和析出沉淀。若浆液中加入乳化油或皂化油，这些盐类也会破坏乳化或皂化的结构，生成不溶性金属盐，造成浆斑等疵点。

（5）浆液中若有离子型物质，应尽量采用带有同类离子的材料配合。阴离子型材料与阳离子型材料不能一起应用，否则会发生化学反应，达不到所期望的性能。因此，在CMC浆液中，不能使用阳离子型表面活性剂，宜采用阴离子或非离子型表面活性剂。

2-22 浆纱工艺流程

四、穿经工艺

（一）穿经的目的

穿经是经纱在进入织造之前的最后一道准备工序。它的任务是把浆轴上的全部经纱按照织物上机图及穿经工艺的要求，依次穿过停经片、综丝和钢筘。穿停经片的目的是当经纱断头时通过停经片发动织机停车；穿综的目的是使经纱在织造时由开口机构形成梭口，与引入的纬纱按一定的组织规律进行交织形成所需要的织物；穿筘的目的是使经纱保持规定的幅宽和经密。穿经工艺如图2-2-16所示。

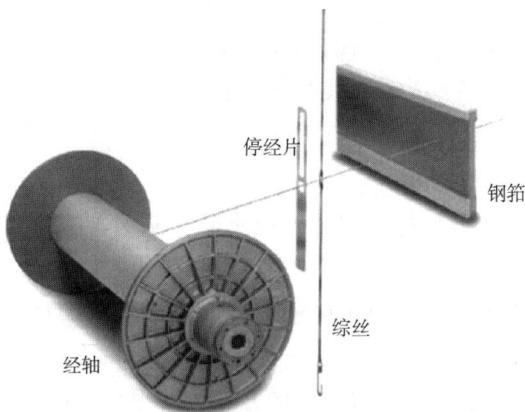

图2-2-16 穿经工艺

（二）穿经主要器材

1. 停经片

停经片是织机断经自停装置的一个部件。在织机上，每根经纱穿入一片停经片，当经纱断头时，停经片落下，使断经自停装置发动关车动作。同时，停经片能使织机后部经纱分隔清楚，减少经纱的相互粘连。停经片如图2-2-17所示。

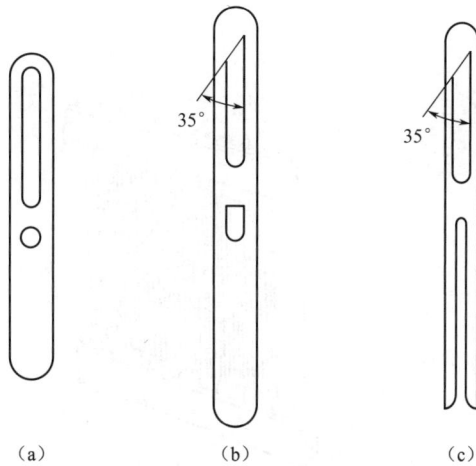

（a）　　　　　（b）　　　　　（c）

图2-2-17　停经片

2. 综框

综框由综框架和综丝组成。穿过综丝的经纱在综框带动下按一定的沉浮规律形成梭口，以便与纬纱交织形成织物所需的组织。

综框有单列式和复列式两种主要形式，单列式每页综框只挂一列综丝，复列式则挂两列综丝，有梭织机上有时每页综框悬挂三四列综丝，用于织制高经密织物。综框架和综丝如图2-2-18所示。

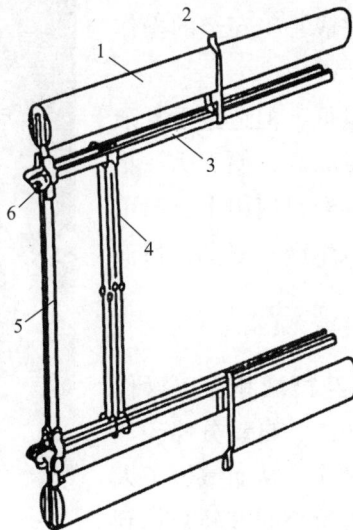

图2-2-18　综框架和综丝

1—横梁　2—综夹　3—综丝杆　4—综丝　5—综框横头　6—铁圈

3. 钢筘

钢筘在织机上的作用首先是将新引入的纬纱推向织口，同时确定织物的幅宽和经纱排列密度，在有梭织机上，钢筘还作为梭子飞行的依托，为梭子通过梭口提供导向面。钢筘的结构如图2-2-19所示。

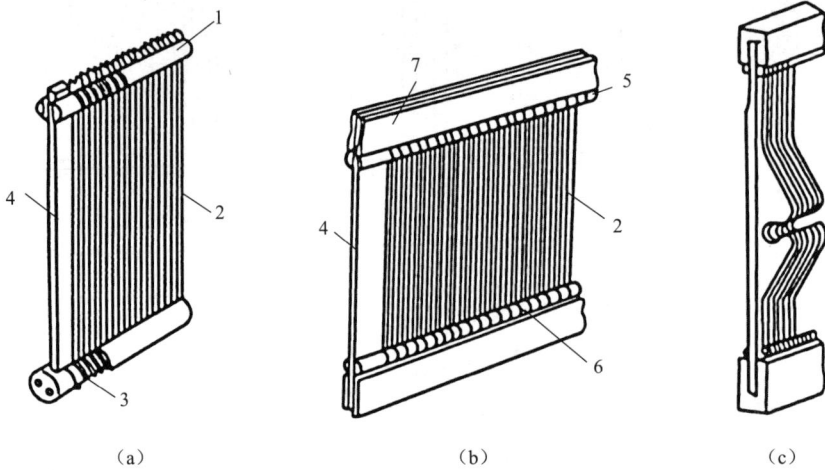

图2-2-19　钢筘的结构
1—扎筘木条　2—筘片　3—扎筘线　4—筘边　5—碳钢筘条　6—钢丝　7—筘梁

（三）穿经方法

1. 手工穿经

从浆轴上引出的经纱被整齐地夹持在穿经架上，操作工用穿综钩将手工分出的经纱按工艺要求依次穿过停经片、综丝眼，然后用插筘刀将经纱由上而下穿过钢筘的筘齿间隙，完成手工穿经的操作（图2-2-20）。

手工穿经劳动强度高、产量低，但适宜于复杂的组织和小批量生产，穿经质量较高，便于综、筘和经停片的清理和保养。手工穿经只使用十分简单的穿经工具，工人劳动强度大，生产效率低，目前已很少采用。

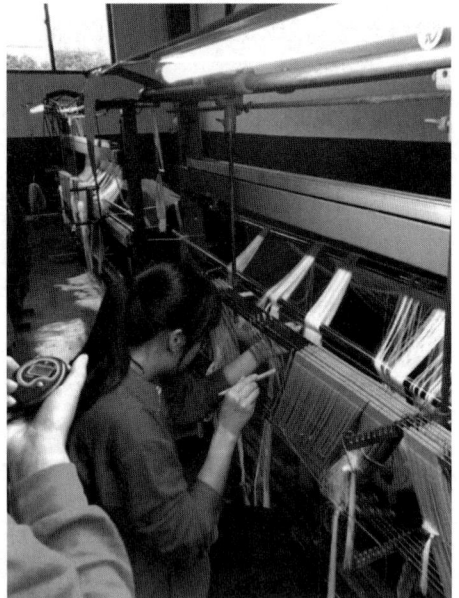

图2-2-20　手工穿经

2. 半自动穿经

半自动穿经是用半自动穿经机械和手工操作配合完成穿经的，它以自动分经纱、自动分停经片和电磁插筘动作部分代替手工操作，从而减轻工人劳动强度，提高生产效率，每人每小时穿经数达到1500～2000根。目前，这种方法应用最广泛。

3. 全自动穿经

它是用全自动穿经机来完成穿经工作。全自动穿经机大大减轻了工人的劳动强度，操作工只需监视机器的运行状态，做必要的调整、维修及上、下机的操作。

【项目练习题】

1.简述络丝、并丝、捻丝的目的。

2.什么是定形工艺？常用的定形方式有哪些？

3.什么是整经？常见的整经方法有哪几种？各有何特点？

4.浆纱的目的是什么？浆纱的作用有哪些？

5.什么是穿经？穿经的主要器材有哪些？各有什么作用？

6.简述穿经的主要方法及其特点。

2-23　手工穿经　　2-24　自动穿经　　2-25　穿经工艺

任务3 设计织造工艺

【学习引入】

织造技术经历了一个很长的历史发展过程。人类最初的织造技术是手工编结，大约在春秋战国时代，才出现了木结构的手工提经和脚踏提综织机。1789年，英国的牧师埃德蒙卡特·赖特发明了蒸汽驱动的动力织机，19世纪20年代，这种动力织机在棉织工业上基本上取代了手工织布，1830年英国在世界上第一个实现了纺织生产机械化。

织机按引纬方式不同，可分为两大类：一类为有梭织机，它是利用装有纬纱卷装的梭子在梭口中穿行引入纬纱；另一类为无梭织机，主要有剑杆织机、喷气织机、喷水织机和片梭织机。

一、织造概述

中国蚕桑丝织技艺是包括栽桑、养蚕、缫丝、染色和丝织等整个过程的生产技艺，是中国文化遗产中不可分割的组成部分。

蚕桑丝织技艺如图2-3-1所示。

（一）缫丝工艺

缫丝是将丝由蚕茧中抽出，成为织绸的原料（图2-3-2）。一颗蚕茧可抽出约1000m长的茧丝，若干根茧丝合并成为生丝。

图2-3-1 蚕桑丝织技艺

图2-3-2 缫丝

（二）织造工艺

生丝经加工后分成经线和纬线，并按一定的组织规律相互交织形成丝织物，就是织造工艺。各类丝织品的生产过程不尽相同，大体可分为生织和熟织两类。

生织，就是经纬丝不经练染先制成织物（称为坯绸），然后再将坯绸练染成成品。这种生产方式成本低、过程短，是目前丝织生产中运用的主要方式。

熟织，就是指经纬丝在织造前先染色，织成后的坯绸不需再经练染即成成品。这种方式多用于高级丝织物的生产，如织锦缎、塔夫绸等。在织造前，还需做好准备工作，如使丝胶软化的浸渍、能改善产品性能的并丝和捻丝，还有整经、卷纬等。同时，由于蚕丝吸湿性强，还要做好防潮工作。目前丝织生产使用的自动化织机主要有用于生产合成纤维长丝织物的喷水织机和用于生产多色纬提花织物的剑杆织机。

（三）印染工艺

印花工序在丝绸的生产过程中具有重要的地位。因为只有运用印染技术，才能将人们所喜爱的花色及图案完美无缺地体现在白坯上，从而使织物更加富有艺术性。该工艺主要包括生丝及织物的精练、染色、印花和整理四道工序。

二、手工织造工艺

（一）缂丝

缂丝工艺是一种传统的丝织工艺，是中国最传统的一种挑经显纬的欣赏装饰性丝织品。在宋元时期缂丝一直是皇家御用织物之一，常用以织造帝后服饰、御真和摹缂名人书画。大部分丝织物纬丝都是通梭而织的，但缂丝却"通经断纬"，先将画稿轮廓绘于丝线上，然后用各色彩纬小梭，依纹样色彩，一块一块地分别回纬缂织其纹，色纬是不相通不贯穿整个幅面。

缂丝，又称"刻丝"，是中国传统丝绸艺术品中的精华。作为中国丝织业中最传统的一种挑经显纬，极具欣赏装饰性的丝织品，它是一种经彩纬显现花纹，形成花纹边界，具有犹如雕琢镂刻的效果，且富双面立体感的丝织工艺品。缂丝的编织方法不同于刺绣和织锦。缂丝织物如图2-3-3所示。

1. 缂丝工艺简介

缂丝是一种以生蚕丝为经线，彩色熟丝为纬线，采用通经回纬的方法织成的平纹织物：纬丝按照预先描绘的图案，各色纬丝仅于图案花纹需要处与经丝交织不贯通全幅，用多把小梭子按图案色彩分别挖织，使织物上花纹与素地、色与色之间呈现一些断痕，类似刀刻的形象，这就是所谓"通经断纬"的织法。古人形容缂丝"承空观之如雕镂之像"。旧时，《刻丝书画录》所说的"通经断纬"，即指此意。其成品的花纹，正反两面如一。

缂丝工艺采用"通经断纬"的织法，而一般锦的织法皆为"通经通纬"法，即纬线穿通织物的整个幅面（图2-3-4）。

图2-3-3 缂丝织物（一）

图2-3-4 缂丝工艺

51

缂丝有其专用的缂丝织机，这是一种简便的平纹木机（图2-3-5）。缂织时，先在织机上安装好经线，经线下衬画稿或书稿，织工透过经丝，用毛笔将画样的彩色图案描绘在经丝面上，然后再分别用长约10cm、装有各种丝线的舟形小梭依花纹图案分块缂织。

缂丝能自由变换色彩，因而特别适用于制作书画作品。缂织彩纬的织工须有一定的艺术造诣。缂丝织物的结构则遵循"细经粗纬""白经彩纬""直经曲纬"等原则，即：本色经细，彩色纬粗，以纬缂经，只显彩纬而不露经线等。由于彩纬充分覆盖于织物上部，织后不会因纬线收缩而影响画面花纹的效果。

缂丝是一项烦琐耗时的工艺，一般需要先按照图形画稿。织造的工人将画稿衬在生丝的经线下，根据图形，按照原稿的色彩，进行搭配，每一个过渡色，都需要不停地变换小色梭。绘画中颜色的过渡，在缂丝中就要分解成无数的色块，一点点地织造。而且，到现在为止，缂丝也没有办法通过自动机械进行加工，其色彩和细腻度，完全不是机器可以做到的。缂丝因为织造的方法使其天然就是双面的织品，正反面在剪去多余的线头以后，画面是完全一致的。图2-3-6为画稿示意图。

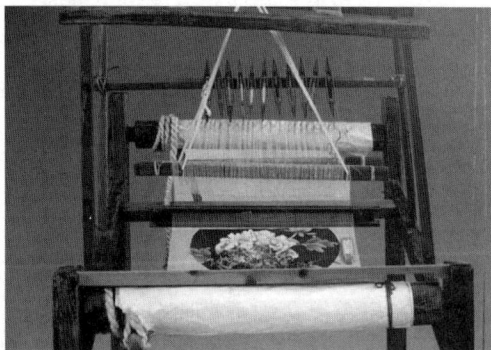

图2-3-5 缂丝织机

图2-3-6 画稿示意图

一般一个熟练的工人，一天也只能织出几寸缂丝，遇到花色细腻，纹理复杂的画面，可能一天只能织几厘米。难怪以前的古人感慨"一寸缂丝一寸金"，缂丝更有"织中圣品"之称。

缂丝技艺在宋代以后不断发展，直至清代，缂丝业中心已转移至苏州一带，工艺所用彩色纬丝多达6000种颜色，采用缂丝法临摹的名人书画，工艺精湛、形象逼真。缂丝制品至今仍然被作为高级工艺品生产、收藏。

苏州缂丝画也与杭州丝织画、永春纸织画、四川竹帘画并称为中国的"四大家织"。图2-3-7为缂丝织物。

2. 缂丝工艺特色

缂丝是一门古老的手工艺术（图2-3-8），它的织造工具是一台木机，拥有几十个装有各色纬线的竹形小梭子和一把竹制的拨子。织造时，艺人坐在木机前，按预先设计勾绘

图2-3-7 缂丝织物（二）

在经面上的图案，不停地换着梭子来回穿梭织纬，然后用拨子把纬线排紧。织造一幅作品，往往需要换数以万计的梭子，其耗时之长，功夫之深，织造之精，令人赞叹。

缂丝的工艺流程，一般包括16道工序：落经线、牵经线、套筘、弯结、嵌后轴经、拖经面、嵌前轴经、捎经面、挑交、打翻头、箸踏脚棒、扣经面、画样、配色线、摇线、修毛头。

缂丝的织造技法有：平缂、掼缂、勾缂、搭梭、结、短戗、包心戗、木梳戗、参和戗、凤尾戗、子母经、透缂、三蓝缂法、水墨缂法、三色金缂法、缂丝毛、缂绣混色法等，技法众多。但无论做什么缂丝品，结、掼、勾、戗这四个基本技法是绝对不可少的。

图2-3-8 缂丝织造图

3. 缂丝分类

由于制作工艺的不同，传统缂丝可细分为四大类："本缂丝""明缂丝""绗缂丝"和"引箔缂丝"。当今研发的缂丝品种有"紫峰缂丝""雕镂缂丝"和"丝绒缂丝"。它们特点各有千秋，"本缂丝"质地较为厚实，作品高雅尊贵，适合于装饰点缀。"明缂丝"雍容华贵，质地柔软、轻盈。"绗缂丝"质地柔软，间断图案，透气透光。"引箔缂丝"质地柔软，掺有特殊纸箔。"紫峰缂丝"材质轻薄，薄如蝉翼，图案若隐若现。"雕镂缂丝"具有窗棂效果，且极具观赏性。"丝绒缂丝"是丝绸工艺和缂丝工艺的结合品。

4. 缂丝作品的特点

（1）缂丝作品大多是一种集体创作的作品，判断这类作品价值的高低只能看其作品本身的工艺和艺术价值。

（2）缂丝的创作往往要花费很多时间，有时为了完成一件作品需要几个月乃至一年以上的时间。所以，一件缂丝作品的完成往往倾注着创作者大量的心血。

（3）缂丝作品具有很高的观赏性。许多缂丝作品既有平涂色块的平缂，也有展现构图造型的构缂、齐缂。缂丝作品一般立体感很强，加上缂丝作品的题材都是人们喜闻乐见的，故其艺术和观赏价值完全可以和名家书画相媲美，甚至有所超越。

（二）漳缎

漳缎起源于福建漳州，是一种以缎为底，绒经起花的全真丝提花绒织物，漳缎质地柔厚，花纹立体感强。

漳缎是中国古代绒类织物的代表作，始于明末清初的福建漳州，由两组经线和四组纬线交织而成，在织物结构上创新了原有的素绒织物，成为最具艺术特色的以缎纹为地、绒经起花结构的全真丝提花绒织物。制作漳缎使用的提花绒织机，是中国古代花楼机中机械功能最为完善、机构最为合理、技术工艺最为成熟的一种，并一直传承至今。漳缎有花素两类。素漳绒表面全部为绒圈，而花漳绒则将部分绒圈按花纹割断成绒毛，使之与未割的绒圈相间构成花纹。漳缎如图2-3-9所示。

漳缎地部光滑平整，花部绒毛突出，立体感极强，制成的服饰华贵而不张扬，非常适用于高端定制和蒙古族的民族服装。图2-3-10为漳缎织造图。

图2-3-9　漳缎

图2-3-10　漳缎织造图

图2-3-11　漳缎织物

漳缎，被誉为"丝绸上的浮雕"，它是古代绒类织物的代表作。

明末清初时，漳绒的织造技艺传到了江浙地区的官办织造局，而聪慧的苏州织造高手们将漳绒的织造方法和苏缎技术相结合，又融入了云锦的大提花图案风格，应用束综提花织机的提花技术，创新出一种以缎纹为地，绒经起花的全真丝色织提花绒织物——漳缎。它质地挺括，绒花饱满缜密，立体感极强，做成服饰华贵而不张扬。康熙帝颇为赞赏，下令苏州织造局发银督造，而且专供朝廷，不得私售。一直到鸦片战争前，苏州漳缎始终保持着全盛之势。漳缎织物如图2-3-11所示。

之后的漳缎发展几经起伏，现在，苏州生产漳缎者寥寥，其他地区也只有丹阳、海安等地有零星几家个体厂家生产漳缎。在工艺传承人和苏州丝绸博物馆（图2-3-12）的努力下，漳缎的理论、漳缎织机以及相关工艺得到复原完善。

丝绸博物馆的王晨（图2-3-13）从实践中慢慢摸索，先根据已经织出的图案画出意匠图，再根据之前的规格挑花本。凭借已有的理论知识、纹样设计的基础以及复制文物的经验，王晨最终成功复原出了花本，恢复了漳缎织机的运作。而在这个过程中，她对于漳缎的生产工艺、织机和织物品种之间的关系也有了进一步的认识，并上升到更深入的理论研究，形成论文，分两期发表在《丝绸》杂志上。

图2-3-12　丝绸博物馆中关于漳缎的介绍

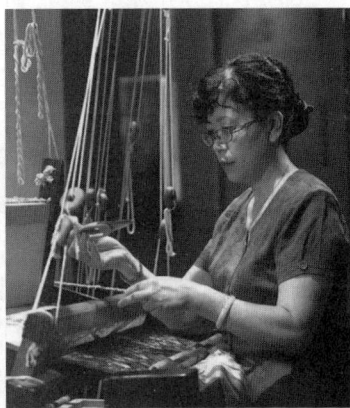

图2-3-13　丝绸博物馆的王晨

在理论知识的基础上，王晨开始了古漳缎的复制工作。第一件是"湖色缠枝牡丹纹漳缎"，它是多色起绒——即三种色彩同步起绒，还通过彩条工艺同时呈现五种色绒，不仅如此，更少见的是花纹处绒毛和绒圈同时呈现，其工艺复杂程度非同一般。王晨先在故宫博物院仔细观摩了原件，尽可能详细地分析、记录了文物的组织结构、经纬线密度、花纹循环尺寸、色彩等。回来后根据笔记反复琢磨，确定织物规格，又花了近3个月的时间才最终将意匠图定稿，再根据意匠图挑花本，由于工艺的繁复，花费了半年的时间才挑好，而制造漳缎织机更是用了1年的时间（图2-3-14）。

图2-3-14　漳缎织机

织机做好了，还需要将丝线染色，才能正式上机织造。这件织物的底色非常少见，原件又在故宫博物院的"深闺"之中，难以见面，所以王晨一开始的参照资料只能来源于图像，有色差也就显而易见了。染好、比对、作废、再染、再比对、再作废……前后染了3次，王晨才终于得到了想要的颜色。现在漳缎织机摆放在馆里，每天由两位织工操作，既向观众展示古老的漳缎织造技艺，也肩负着复制的任务。纯手工的织造每天只能完成4cm左右，要最终织完还有漫漫长路。"等织好后给故宫一段，我们馆里也要留一段作为藏品展出，因为这件漳缎的价值不一般，代价也不一般。"王晨笑着说。图2-3-15为复原后的苏州漳缎。

2012年，苏州漳缎被列为市级非物质文化遗产，2014年又被列为省级非物质文化遗产。但是漳缎的传承和保护还任重道远。2014年苏州国际创博会上用漳缎表现的书法技艺得到了大众的普遍认可（图2-3-16）。

图2-3-15　苏州漳缎

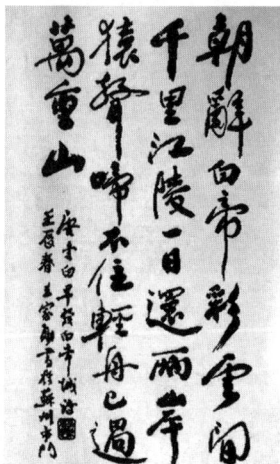

图2-3-16　用漳缎表现的书法技艺

在丹阳、海安出现了半机械化生产的漳缎，用机械代替人工，自然产量倍增，而且远销国内外，但质量还有待提高。对于漳缎的未来，丝绸博物馆的王晨认为，还是要保护与创新并举，走高端定制路线也许是进入社会生活的重要方式。

三、有梭织造工艺

中国是世界上四大文明古国之一，早在新石器时代就已经出现了原始织机。有梭织机问世距今已有约300年的历史，至今在世界织机总数中仍占大多数。有梭织机如图2-3-17所示。

1. 踏板织机

踏板织机（图2-3-18）是带有脚踏提综开口装置的织机的通称。它把原始的手提综片开口改为脚踏提综开口，使织工能腾出手来专门用于投梭打纬，大大提高了生产效率。踏板织机最先出现在中国，始于春秋战国时期，但有关踏板织机的确切图像记载直至东汉时期才在大量汉画石中得以呈现。

（a）有梭织机(一)　　　　　　　　　　（b）有梭织机(二)

图2-3-17　有梭织机

2. 提花机

为了使织机能反复有规律地织造出复杂的花纹，人们巧妙地发明了以综片和花本来储存纹样信息的方法，并发明了多综式织机和各类花本式提花机。提花机的基本概念是利用提花规律的储存来控制提花程序，使这些记忆信息得到循环使用。图2-3-19为复原的（汉墓）老官山提花机和国宝级文物"五星出东方利中国"锦。

图2-3-18　踏板织机　　　　　　　　　图2-3-19　提花机

3. 宋锦机

宋锦机沿袭了束综大花楼织机的形式，是一种以线制花本为特征的提花机，又称花楼机，如图2-3-20所示。该机需由两个人配合操作，一人按照花本编制的程序，坐在花楼上牵拉提沉衢线以完成开口动作，另一人投梭打纬。与多综提花机相比，束综提花机可织出大花纹循环的织物。

4. 杭罗织机

杭罗织机用于织造绞经织物，其开口结构特别复杂（图2-3-21）。其中综片分素综和绞

（a）正面

（b）侧面

图2-3-20　宋锦机

综两种，素综用于在织造过程中形成普通开口。织工织造时先提起素综，再提起绞综，织成绞经织物。宋代的杭罗织物有提花程序，而如今的杭罗主要展现经向或纬向的孔路特征，不再保留提花程序。

5. 绒织机

由于绒织物的经线有起绒经和地经的区别，起绒经的送经量一定会大于地经，因此，绒织机具有一些其他织机所不具备的部件，即起绒杆和送经装置。起绒杆使织物形成绒圈，它先以假织的形式被织入织物，然后抽出形成绒圈，或者经割绒后取出形成绒毛。绒织机如图2-3-22所示。

图2-3-21　杭罗织机

图2-3-22　绒织机

6. 云锦织机

云锦因其色泽光丽灿烂，美如天上云霞而得名。南京云锦被列为中国四大名锦之一，有"寸锦寸金"之称，元、明、清三朝均为皇家御用贡品。如今云锦还保持着传统的特色和独特的技艺，沿袭着传统的提花木机织造工艺，至今仍然无法用现代机器来替代。云锦织机如图2-3-23所示。

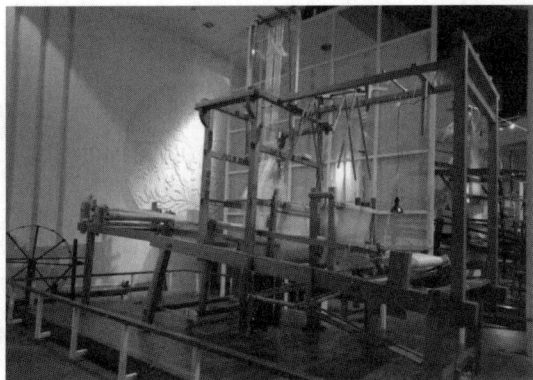

图2-3-23 云锦织机

7. 绫绢织机

绫绢织机是一种机身平直的束综提花机，可称为平式小花楼提花机。该机主要适于织造绫罗纱绸等轻薄型织物，是江南地区常见的提花机型。其使用水平机架是为了减轻叠助木的打筘力量。湖州双林镇所产绫绢素以质地柔软、色泽光亮著称，从唐代起便被列为贡品。这些绫绢是以当地的上好辑里丝为原料，由小花楼织机织造而成。绫绢织机如图2-3-24所示。

8. 少数民族织机

迄今为止，中国不仅出土了重要的汉代提花机模型，而且有列入人类非物质文化遗产代表作名录的"中国蚕桑丝织技艺"。在少数民族聚居地区有大量不同类型的织机遗存。这些织机是中国古代人类的智慧结晶。图2-3-25为一种少数民族织机。

图2-3-24 绫绢织机

图2-3-25 少数民族织机

四、无梭织造工艺

近年来，随着生产的迅速发展，有梭织机逐步暴露了它的弱点，如速度较低、品种适应性较差、噪声大、织造复杂织物较困难等。其主要原因是梭子引纬已经成为进一步提高织造水平的障碍，因此无梭织机便应运而生。无梭织机以其分量轻、振动小、噪声小、车速快、效率高等优点，迅速占领了织机市场。

无梭织机的引纬方式是多种多样的，有剑杆、喷射（喷气和喷水）、片梭等方式。

（一）剑杆织机

1844年无梭织机问世。柔性剑杆织机起始于1925年，20世纪50～60年代实现商品化生产，并逐步取得显著进步。目前，剑杆织机引纬率达到1500m/min以上。

20世纪末，电子计算机开始引入织机，微电子CAD-CAM体系得到广泛应用，使微电子技术、信息传递技术与织造技术形成完美的结合。许多电子装置及系统成为剑杆织机的组成部分，尤其是微电子技术在剑杆织机上的广泛应用，包括引纬技术等。一些引纬元件大幅改进，体积小巧、重量轻。由于微电子技术的广泛应用，使剑杆织机的速度及引纬率大大提高。在各种引纬等方式中，如片梭引纬、剑杆引纬、喷气引纬及喷水引纬等系统中，剑杆引纬速度较快。

剑杆织机引纬方法是用往复移动的剑状杆叉入或夹持纬纱，将机器外侧固定筒子上的纬纱引入梭口，剑杆的往复引纬动作很像体育中的击剑运动，剑杆织机因此而得名（图2-3-26）。

剑杆织机的形式很多，按剑杆的配置分为单剑杆织机、双剑杆织机和双层剑杆织机三种。

（1）单剑杆织机。单剑杆引纬系统中，织机仅于一侧配置一根比布幅宽的剑杆及其传剑机构。该剑杆负责将纬纱送入梭口至另一侧，或通过空剑杆伸入梭口到对侧握持纬纱后，在退剑过程中将纬纱拉入梭口完成引纬。

图2-3-26　剑杆织机

单剑杆织机引纬时，纬纱不经历梭口中央的交接过程，故不会发生纬纱交接失误以及因交接过程造成的纬纱张力峰值，剑头结构简单，但剑杆尺寸大，动程也大。单剑杆引纬仅适用于织造窄幅织物，因其机器速度低，占地面积大，所以多数被双剑杆所代替。

（2）双剑杆织机。双剑杆引纬时，在织机两侧都装有剑杆和相应的传剑机构，这两根剑杆分别称为送纬剑和接纬剑。引纬时，送纬剑和接纬剑由机器两侧向梭口中央运动，纬纱首先由送纬剑握持送至梭口中央，在梭口中央两剑相遇，然后送纬剑和接纬剑各自退回，在开始退回的过程中，纬纱由送纬剑转移到接纬剑上，由接纬剑将纬纱拉过梭口。

双剑杆引纬时，剑杆轻巧，结构紧凑，有利于实现织机的宽幅生产和高速运行。双剑杆织造时，梭口中央的纬纱交接技术现已十分成熟，一般不会出现失误，因此，剑杆织机目前广泛采用的是双剑杆引纬。

（3）双层剑杆织机。双层剑杆织机织造时，经纱形成上、下两个梭口，每一梭口中由一组剑杆完成引纬，上、下两组剑杆由同一传动源传动，用于双层织物的织造，如双面长绒织物（包括双层灯芯绒、丝绒、帆布织物等）。双层剑杆织机织造可显著提高织机的劳动生产率。

剑杆织机采用挠性或刚性剑杆和剑头组成引纬器，由剑头握持纬纱，在梭口中传递纬纱进行引纬。由于在引纬时纬纱受到剑头的握持作用，所以引纬稳定可靠，织机运转平稳。剑杆织机纬纱的选色性能好，选纬数最多可达16色，更换品种简单方便。其最大特点是织机的品种适应性广，可使用各种原料的纱线织制各类型织物，特别适合小批量、多品种的织物生产。剑杆织机除了适宜织造平纹和纹路织物外，其特点是换色方便，适宜多色纬织物，适用于色织、双层绒类织物、毛圈织物和装饰织物的生产。

剑杆织机是目前应用最为广泛的无梭织机，它除了具有无梭织机高速、高自动化程度、高效能生产等特点外，其积极引纬方式具有很强的品种适应性，能适应各类纱线的引纬，剑杆织机在多色纬织造方面也有着明显的优势，可以生产多达16色纬纱的色织产品。随着无梭织机取代有梭织机，剑杆织机成为机织物的主要生产机种。

（二）喷气织机

1914年美国人发明喷气织机，1950年捷克斯洛伐克生产第一台商用喷气织机，20世纪70年代喷气织机开始应用于工业生产。早期的喷气织机只能生产窄幅织物，织机速度低、织物质量差，只能生产单色的、简单的平纹织物。现代新型喷气织机的速度、自动监控水平、产品质量、品种适应性等都有了大幅度的提高，成为无梭织机中发展最快的机型。

目前，国外先进的喷气织机采用了大量的先进技术，特别是电子、微电子技术的运用，使喷气织机在保证产品质量的前提下，性能得到显著提高。国际著名的生产厂家主要是：日本津田驹、丰田，比利时必佳乐（PICANOL）、意大利意达（Itema）和德国多尼尔（Dornier）。我国自1982年首次由上海织布科研所引进了日本津田驹公司ZA200型喷气织机用于试织，1984年再次引进津田驹ZA203型喷气织机制造技术。

喷气织机是采用喷射气流牵引纬纱穿越梭口的无梭织机。其工作原理是利用空气作为引纬介质，以喷射出的压缩气流对纬纱产生摩擦牵引力进行牵引，将纬纱带过梭口，通过喷气产生的射流来达到引纬的目的。喷气织机如图2-3-27所示。

喷气织机最大的特点是车速快、劳

图2-3-27　喷气织机

动生产率高，适用于平纹和纹路织物、细特高密织物和批量大的织物的生产。这种引纬方式能使织机实现高速高产。在几种无梭织机中，喷气织机是车速最高的一种，由于引纬方式合理，入纬率较高，运转操作简便安全，具有品种适应性较广、物料消耗少、效率高、车速高、噪声低等优点，已成为最具发展潜力的新型织机之一。由于喷气织机采用气流引纬方式，其最大的缺点是能量消耗较高。

在喷气织机的发展过程中，已形成了单喷嘴引纬和主辅喷嘴接力引纬两大类型。在防止气流扩散方面也有两种方式：一种是管道片方式，另一种是异形筘方式。结合不同的引纬方式和防气流扩散方式，喷气织机形成了三种引纬形式：

（1）单喷嘴+管道片。该引纬形式完全靠一只喷嘴喷射气流来牵引纬纱，气流和纬纱是在若干片管道片组成的管道中行进的，从而显著减轻了气流扩散。

（2）主喷嘴+辅助喷嘴+管道片。前一种形式的喷气织机虽简单，但因气流在管道中仍不断衰减，织机筘幅只能到190cm。所以人们在筘座上增设了一系列辅助喷嘴，沿纬纱行进方向相继喷气，补充高速气流，实现接力引纬。

（3）主喷嘴+辅助喷嘴+异形筘。前两种形式的喷气织机每引入一纬，管道片需在引纬前穿过下层经纱进入梭口与主喷嘴对准，引纬结束后，需再穿过下层经纱退出梭口。由于管道片具有一定厚度，且为有效地防止气流扩散紧密排列，这就难以适应高经密织物的织造，加之为保证管道片能在打纬时退出梭口，筘座的动程较大，也不利于提高织机速度。于是人们将防气流扩散装置与钢筘合二为一，发明了异形筘。异形筘的筘槽与主喷嘴对准，引纬时，纬纱与气流沿筘槽前进。

由于这种引纬形式在宽幅生产、高速运行和品种适应性等方面的优势，故已被喷气织机广泛采用。

（三）喷水织机

喷水织机（图2-3-28）是一种高速无梭织机。它是采用水射流代替梭子，通过喷嘴将纬纱引入经丝梭口的一种新型织机。

喷水织机最早是由捷克斯洛伐克在1955年发明的，其幅宽仅为1050mm，最高车速接近400r/min。20世纪60年代，日本远洲公司引进捷克斯洛伐克专利并仿制生产，日产公司LW喷水织机公开发表。20世纪70年代，日本津田驹公司制成了ZW喷水织机，20世纪80年代日产和津田驹的成功运作，使喷水织机技术进一步成熟并广泛推广。

20世纪70年代，我国在有梭织机基础上成功研发出喷水织机。80年代，我国生产出幅宽为1600mm，车速约300r/min的喷水织机。1998年，国产喷水织机总量第一次超过了进口数量，达到2800多台。

喷水引纬按喷嘴数可分为单喷嘴引纬、双喷嘴引纬和多喷嘴引纬。

（1）单喷嘴引纬。单喷嘴引纬的织机上只

图2-3-28　喷水织机

有一支喷嘴，仅用于织一种纬纱的织物。国内外生产的织机多数都属于此类，如我国沈阳纺织机械厂生产的GD761型、日本津田驹的ZW200型、日本日产的LW41-4型和LW52-4型、捷克斯洛伐克的H124V型和H225型等。此类织机机构简单、造价低，但品种适应范围小。

（2）双喷嘴和多喷嘴引纬。双喷嘴和多喷嘴引纬的喷水织机上有两只或多只喷嘴，可用于两种纬纱混纬或多种纬纱织造。需要特别强调的是，多喷嘴喷水引纬不同于多喷嘴喷气引纬，喷水引纬的多喷嘴均为主喷嘴，需安装在织机同一位置上，在引入一纬时仅一只喷嘴起作用。双喷嘴和多喷嘴系统的喷水织机工作效率高、品种适应范围广。

喷水织机利用水作为引纬介质，以喷射水流对纬纱产生摩擦牵引力，使固定筒子上的纬纱引入梭口。喷水织机具有速度高、单位产量高等特点，主要适用于表面光滑的疏水性长丝化纤织物的生产。喷水引纬以单向流动的水作为引纬介质，这有利于织机高速运转。在几种无梭引纬织机中，喷水织机是车速最高的一种，适用于大批量、高速度、低成本的织物加工。

【拓展阅读】

喷水织机与喷气织机比较

1.喷水织机

喷水织机是采用喷射水柱牵引纬纱穿越梭口的。喷水引纬对纬纱的摩擦牵引力比喷气引纬大，扩散性小，适应表面光滑的合成纤维、玻璃纤维等长丝引纬的需要。同时，此引纬方式可以增加合成纤维的导电性能，有效地克服织造中产生的静电；此外喷射纬纱消耗的能量较少，噪声最小。

2.喷气织机

喷气织机是采用喷射气流牵引纬纱穿越梭口的。其工作原理是利用空气作为引纬介质，以喷射出的压缩气流对纬纱产生摩擦牵引力进行牵引，将纬纱带过梭口，通过喷气产生的射流来达到引纬的目的。这种引纬方式能使织机实现高速高产。在几种无梭织机中，喷气织机是车速最高的一种，由于引纬方式合理，入纬率较高，运转操作简便安全，具有品种适应性较广，物料消耗少，效率高、车速高、噪声低等优点，已成为最具发展前途的新型织机之一。由于喷气织机采用气流纬方式，其最大的缺点是能量消耗较高。

3.不同之处

首先，织物的品种适应性。喷气织机的品种适应性远比喷水织机强，喷水织机只能织造疏水性织物，如涤纶长丝类品种，但喷气织机没有这方面的限制。

其次，喷水织机存在水污染问题。发达国家由于环境保护要求，已基本不使用喷水织机，因为污水处理的成本很高。我国对喷水织机的环保节能提出了新的要求，绿色制造和可持续发展将推动喷水织机技术不断创新。

（四）片梭织机

1933年，德国人R.罗斯曼首先提出片梭引纬；1934年，瑞士苏尔泽公司研制出片梭织机，并于20世纪50年代初将其投入商业生产。20世纪70年代以来，片梭织机广泛采用储纬器、电子检测织机停台等装置以提高织机生产率；同时还成功采用机械、气压或直线感应电动机等方法实现投射一端或两端纬的单只片梭、往复引纬的片梭织机。

片梭织机引纬的方法是用片状夹纱器将固定筒子上的纬纱引入梭口，这个片状夹纱器称为片梭。按照织机使用片梭的数量，片梭织机分单片梭织机和多片梭织机两种类型。

由于单片梭织机需两侧投梭和供纬，加之片梭引纬后的转向也限制了织机速度的提高，故单片梭引纬技术目前还不够理想，使用极少。

瑞士苏尔寿公司的片梭织机属于多片梭织机，这种织机在织造过程中，多把片梭轮流引纬，仅在织机的一侧设有投梭机构和供纬装置，故属于单向引纬。引纬的片梭在投梭侧夹持纬纱后，依靠扭轴投梭机构的作用，让片梭高速通过由导梭片组成的通道，将纬纱引入梭口；片梭在对侧被制梭装置制停后，释放所夹持的纬纱头，然后被推到片梭输送链上，输送链从布面下将片梭返回到投梭侧，以进行下一轮引纬。

片梭织机具有引纬稳定、织物质量优、纬回丝少等优点，适用于多色纬织物、细密、厚密织物以及宽幅织物的生产。片梭织机如图2-3-29所示。

图2-3-29 片梭织机

片梭织机与一般有梭织机的不同处在于引纬、打纬与织边三个环节。

在引纬环节，片梭织机配备了投梭箱、扭轴投梭机构、导梭轨、接梭箱和片梭传送机构等部件。每台织机设有片梭若干只，顺序从织机的供纬侧将纬纱引入梭口。投梭的动力来自扭轴加扭时储存的弹性位能，剩余能量由油压缓冲器吸收。片梭沿导梭轨运动，它进入接梭箱被制动后，由梭口下方的传送机构送回原处。

在打纬方面，打纬采用共轭凸轮机构。当筘座前进时，导梭轨退出梭口移到布面下方，完成打纬动作；筘座后退静止时，导梭轨插入梭口，片梭沿导梭轨前进，将纬纱引入梭口。

在织边方面，片梭织机上应用了折入、绞经和中间织边装置，以灵活织制单幅、双幅或多幅织物。织制合成纤维织物时片梭织机则采用熔边装置使边部经纱固定。

片梭织机的引纬速度高，对织物品种的适应性强，可织制阔幅织物，机器噪声较低。片梭织机的主要特点如下：

（1）纬纱回丝少，纬纱回丝率0.1%～0.3%。有梭织机0.7%～1%，剑杆织机2.5%～3%，喷气、喷水织机介于有梭织机和剑杆织机之间（1.5%～2%）。

（2）织物质量高，废边纱少，甚至可以不用边纱。所有织机中只有片梭织机可控制纬纱张力。

（3）高入纬率。入纬率最高可达1450m/min（苏尔寿公司的P7300HP型片梭织机），近似于剑杆织机，低于喷水和喷气织机。

（4）积极引纬。织机的运转效率高。

（5）片梭织机因为宽幅低转速，机器整体磨损相对减小，使用寿命延长，可利用系数大，物料消耗少，且能耗低，只比喷水织机略高一点。

（6）多色选纬，可最多6色选纬。

（7）看台率较高，跟剑杆织机相近，比喷水、喷气织机看台数少一点。

（8）噪声90～92dB，比有梭织机少10dB左右。

（9）与其他织机相比，由于零件加工精密，片梭织机一次性投资大，价格昂贵，因此折旧费和贷款利息比其他无梭织机均高，投资风险大。

（10）易产生纬纱断头，尤其当纬纱是弱捻纱、低强力的纱时，断头较多。

片梭织机是现代电子技术与精密制造技术相结合的无梭织机，是高技术、高投入的机种。如何充分发挥其效能，是企业普遍关注的热点。片梭织机的产品开发思路，是扬长避短，向工艺精湛的精细织物和具有技术附加值的工业技术织物方向发展，向宽幅、多幅织物方向发展。目前提高性能、降低价格是提高片梭织机竞争力的关键所在。

【项目练习题】

1.什么是织造工艺？什么是生织？什么是熟织？

2.什么是缂丝？缂丝作品有哪些特点？

3.有梭丝织机的主要种类有哪些？分别有什么特点？

4.无梭织机的种类有哪些？其优点是什么？

5.剑杆织机的引纬方式是什么？

6.试比较一下喷气织机和喷水织机的异同点。

项目三　色彩经纬——丝绸技艺的染就绮色

【教学目标】

知识目标

1.掌握丝绸印花、染色、后整理工艺相关知识。

2.熟悉丝绸印染加工原理及方法。

3.了解丝绸印染工艺的基本流程。

能力目标

1.初步具备印染工艺设计及实施能力。

2.具备一定的分析与解决问题的能力。

3.初步具备丝绸印染产品质量评价能力。

素质目标

1.通过丝绸印花质量的控制，培养精益求精的工匠精神。

2.结合生态性染料和数码印花优势的学习，树立绿色生产理念。

3.在印花工艺实施过程中培养协作意识和能力。

任务1　设计印花工艺

【学习引入】

蚕丝织物通常称为丝绸。丝绸以桑蚕丝织物为主，柞蚕丝、木薯蚕丝等品种产量较少。下织机后的丝绸生坯面料含有较多的丝胶、灰分、人工色素等杂质，手感较硬，光泽差，除特殊情况外，往往不能直接用作服装或家纺面料。丝绸生坯织物经过练漂前处理后，杂质被去除，得到练白织物，再进一步经脱胶处理后的蚕丝织物俗称熟织物。练白绸可以直接用作服装面料，但更多的情况下要求进一步对织物进行印花、染色等加工，使织物获得绚丽的色彩和多样的花型，以提升面料的美观性。目前，带有花纹的面料主要通过机器印花的方式获得，也可通过扎染、蜡染等传统手工方式获得，如图3-1-1所示。

图3-1-1　机器印花织物（左）和扎染织物（右）

一、蚕丝织物直接印花工艺

（一）概述

蚕丝织物光泽柔和、质地光滑，手感柔软、身骨轻盈、吸湿亲肤，素有"纤维皇后""人体第二皮肤"之美称。现代社会，随着经济的发展和人们生活品位的提高，蚕丝因其独特的高品质，加上精湛的缫丝、织造、印染工艺，其制成的产品不仅是美丽、尊贵的象征，而是代表着一种品位、一种潮流、一种生活态度、一种积淀千年的文化。

蚕丝织物的印花产品比例明显多于染色和练白品种，这是因为织物印花后不仅能增加花色品种，而且可弥补练白绸易泛黄、过于通透，以及某些染色产品耐光色牢度和耐洗色牢度不理想的缺陷，从而提高产品的实用性能。

1. 蚕丝织物的印花特点

（1）品种多。常见印花织物品种有：双绉、乔其纱、东风纱、真丝缎、素绉缎、桑波缎、缎条绡、电力纺、斜纹绸等，但其批量一般较小。另外，还有大量绢纺织物以及真丝与黏胶、涤纶、棉、天丝等混纺的交织物，通常批量较大。蚕丝织物主要用作服饰、家纺和装饰等面料。

（2）套色多。蚕丝织物印花套色常在10套以上，并且多以浓艳色彩为主，给筛网印花分色、制版和印制带来了较高的成本。

（3）设备多。蚕丝织物印花产品因用途不同而批量差异较大，平网印花机、圆网印花机均有应用。近年来，数码印花机发展已经成熟，其产品开发和生产周期短，花型和色彩丰富，已广泛用于蚕丝织物的印花。

（4）工艺多。从工艺角度来看，蚕丝织物印花仍以直接印花为主，常用染料有弱酸性染料、中性染料和活性染料等。拔染印花工艺也广泛应用，并有渗透印花、渗化印花、浮雕印花，以及淋染、扎染、蜡染、手绘等工艺。

（5）质量高。蚕丝织物属高端纺织品，技术人员应严格控制每个染整工序的加工质量，保证最终产品的高品质。

2. 印花染料选择

蚕丝是蛋白质纤维，具有蛋白质的基本性质如耐酸不耐碱等。在制订印花工艺时，要注意蛋白质纤维较耐酸、不耐强碱、不耐氯漂等特性。

蚕丝织物印花应选择色光准确、水溶性好、色牢度较高的染料。常用的染料种类如下：

（1）活性染料。活性染料色谱齐全，色泽鲜艳，种类繁多；具有蒸化效率高（时间短）、水洗不易沾色、色牢度优良等优点，尤其是部分偶氮结构的酸性染料被禁用以来，活性染料在蚕丝上的应用更加广泛。目前，活性染料已经成为蚕丝织物印花的主要染料，尤其在印制中浅花色时。

（2）弱酸性染料。弱酸性染料色谱齐全，色泽鲜艳，固色率高，曾是蚕丝织物印花的主要染料。弱酸性染料耐洗色牢度较低，防缩抗皱整理时易出现水洗褪色、沾色、变旧等现象，服用后极易变旧；耐光色牢度差，特别是鲜艳的青莲、湖蓝、艳蓝等颜色；为提高色牢度，中深色需要洗后固色，工序麻烦，固色后大部分染料色泽变暗。因此，该类染料主要用于浓艳花色。

（3）中性染料。中性染料属于1∶2型金属络合染料，由一个金属原子和两个染料分子结合形成，因染料在近中性条件下上染，而被称为中性染料。各项牢度较好，但色谱不全，主要用于补充弱酸性染料的色谱，以印制中深花色见多，如姜黄、灰、棕、黑色等。中性染料是高档蚕丝织物印花的主要染料。但其生产过程中用到重金属，严重污染环境，这一缺点限制了其应用。中性染料对丝绸织物的直接性较高，因此印花水洗后处理时要采用性能优良的防沾污剂。

（4）直接染料。直接染料对丝绸有良好的上染性能，但不同品种的日晒牢度、水洗牢度差异较大。直接染料在丝绸印花中的应用以深色为主，可选择性能优良的品种补充弱酸性和中性染料的色谱，常用的如直接耐晒翠蓝GL、直接耐晒蓝RGL、直接耐晒黑G等。

（5）涂料。色牢度优良，工艺相容性较好，但印后织物手感发硬常用于共同印花和部分拔染印花工艺。

综上所述，蚕丝织物印花的主要采用活性染料或弱酸性、中性染料。其中弱酸性、中性、直接染料均采用近中性介质印花，染料电荷性质相同，与纤维的结合方式均为氢键和范德瓦耳斯力，可实现共同印花，甚至同浆印花。另外，涂料的应用也在增多。还原染料、可溶性还原染料甚至部分阳离子染料也有使用，但生产上较少见。

3. 印花设备选择

（1）印花设备。蚕丝织物印花订单品种多、批量小，且产品质地轻薄，不耐张力。因此，印花设备的选择必须满足低张力的要求。可选用的印花设备有：

①筛网印花机。筛网印花机分为平网印花机和圆网印花机。平网印花设备具有张力小、印制清晰度高的特点，适合小批量、多品种的订单生产。平网印花机按照自动化程度的高低可分为手工台板、小电车和全自动平网印花机；大批量蚕丝织物的印花也可用圆网印花机。

②数码印花机。数码印花机代表了现代印花技术发展的趋势，目前已经成为丝绸印花生产的主要设备，如著名的杭州丝绸基本都是数码印花产品。数码印花设备如图3-1-2所示，如同一台彩色打印机，只是打印介质是纺织面料。不同类型的染料墨水适用于印制不同纤维类型的面料。数码印花无须制版和调浆，花型产品更换快速，废浆量少，能轻松实现多种印花效果如渐变色，印制的图案层次丰富，并且借助智能化信息技术可以实现产品的个性化定制。

3-1　筛网
印花设备

图3-1-2　数码印花机及烘干装置

（2）蒸化、水洗设备。丝绸织物易变形、不耐张力，因此蒸化和水洗时应选择以松式加

工为主的设备。

蒸化是促进染料向纤维上扩散、上染，并完成固色的重要工序。在印花订单批量较大时，可选用长环蒸化机；批量小的印花订单，以圆筒蒸箱（立式圆筒蒸化机）加工为宜。

蒸化后的织物经过水洗可以去除浮色和残余助剂，恢复织物手感，同时可提高印花色牢度。水洗方式应根据织物组织和花型图案特点进行选择。通常，绉类及弹性织物宜选用绳状水洗机，其他织物可选用机身较短的平幅水洗联合机。对于绉类织物、深浓块面花型，可采用先平幅后绳状的水洗方式，条件允许的情况下应采用松式平幅水洗机。

水洗实质是一个传质过程，即在水洗过程中，原糊、浮色、助剂从织物内部扩散至织物表面，再跟织物表面分离，进入洗液。因此，水洗对产品质量影响很大，要求做到如下三点：

①保护内在质量。即水洗过程中，保证水洗效果的同时，避免影响织物的内在质量，如强力、色牢度、缩水率、密度、幅宽、重量等。

②防止白地沾污。通常弱酸性染料和中性染料的上染率很高，浮色较少。但往往浮色染料对纤维的亲和力较强，要防止再沾污。大部分活性染料对蚕丝的直接性较小，不易沾色，但如果有沾污，加强皂洗即可改善。

③高效节能减排。即提高净洗效果，尽可能缩短水洗时间，减少用水量。因此，要合理选择染料及其用量，合理制订印花工艺。

（3）烘干、拉幅设备。织物水洗后的烘干，多采用悬挂式烘燥机（短环烘燥机，松式）。

拉幅设备有针板式拉幅机和小布铗拉幅机两大类。前者可超喂，适用于弹性或绉类织物；其他织物可采用小布铗拉幅机，该设备采用开放式蒸汽排管给热、小布铗拉幅。织物拉幅后，手感会有明显改善。

蚕丝织物的缩水率较高，拉幅后应经过预缩联合机进行预缩整理。对于高档服用面料或特殊用途品种，还要进行无甲醛抗皱、柔软、增重等整理工序。

另外，真丝绸的化学—机械联合整理法得到发展。例如丝绒和起毛类织物的柔软蓬松整理，可取得良好效果。其整理工艺流程如下：

印染绒类真丝织物→浸轧柔软剂（柔软剂HT 15 g/L）→拉幅烘干→Airo打风→拉幅→双缩（经纬向自由松弛状态下收缩）→成品

此工艺能耗低，排放污水少。整理后织物绒毛更为细密、蓬松，质地柔软、厚实，悬垂性好，可用作高档丝绒睡衣。

（二）活性染料直接印花

近些年来，活性染料已经成为蚕丝织物印花的主要染料类型，有酸性和碱性两种色浆工艺，后者应用较多，并以一相法为主。染料与纤维以共价键和分子间作用力结合。真丝绸采用活性染料印花，可以有效提高得色量、提升力和色牢度，并能防止地色沾色，产品品质高。筛网印花印制前需要对图

3-2 活性染料汽蒸固色原理

3-3 蚕丝织物印花概述

3-4 磁棒印花打样

案进行分色、制版，并经仿色打样过程来确定色浆配方。

蚕丝织物印花的工艺流程与棉织物相同：

印花→烘干→蒸化→水洗→皂洗→水洗→烘干

1. 印花

（1）色浆配方（g）。

活性染料	x
尿素	5~6
防染盐S	1
8%海藻酸钠糊	50~60
小苏打	1.2~1.5
加水合成	100

（2）染料选择。随着国内外染料工业的迅速发展，活性基团的种类越来越多，为人们提供了更多的选择空间。常见的国产染料有K型、KD型、P型、M型、KN型等。

Cibacron FN、F、C三个类型的染料活性比K型强，它们与国产的K、KN型均有不同。F型为一氟均三嗪染料，KN型染料的双活性基团为一氯均三嗪和乙烯砜基（相当于国产M型）。乙烯砜活性强，对碱很敏感，一氯均三嗪活性较低，需要较多的碱或较长的时间进行固着。因此，难以找到平衡两种活性基正常发色的条件。Cibacron FN型由乙烯砜基、一氟均三嗪双活性基团组成，由于一氟均三嗪的活性比一氯均三嗪强，接近于乙烯砜基，在相同的应用条件下，两种活性基团都能得到较充分的利用，比国产M型重现性好、固色率高（90%）、活性强、净洗性好。另外，Cibacron P型染料对纤维亲和力低，浮色清洗容易，可获得良好的耐洗牢度及较好的白地，是被推广应用的印花染料系列。

实际上，目前国内印花应用最多的是M型、BPS型染料，K型染料用于补充色谱或调整色光。

（3）助剂用量。因真丝绸吸纳水分能力有限，尿素用量不可过多，一般约为6%。小苏打用量也不宜过多，M型和BPS型染料印花时，其用量为1.2%~1.5%。

（4）原糊选择。常用糊料中海藻酸钠用于活性染料印花时给色量较高，抱水性好，但触变性小，曳丝性大，平网印花易拖刀。因此，低黏度的海藻酸钠更适宜，也可与乳化糊等混合使用。

3-5 原糊制备

2. 蒸化

活性染料印花蒸化可采用长环蒸化机（102~105℃，6~10min）。要根据织物厚薄和花色深浅合理确定蒸化时间。适当延长蒸化时间有利于染料的充分固着。

3. 水洗

平幅水洗工艺同棉织物。绳状皂洗工艺：皂洗剂3~5g/L，95℃，6~10min。但水洗后不可用醋酸（简称HAc）处理来增加织物的丝鸣感，以防共价键不耐酸，导致色萎。

另外，活性染料可方便地用于丝/黏和丝/棉交织绸类织物印花。活性染料对两种纤维的上染率略有不同，虽然在染色过程中比较明显，但对印花过程影响不大，尤其适合于印中

浅花色。只是要注意这两类织物的前处理工艺是不同的。丝/黏交织绸的前处理任务主要是真丝脱胶；丝/棉交织绸前处理时，既要蚕丝脱胶又要棉纤除去天然杂质，需要兼顾两方面因素。

（三）弱酸性、中性染料直接印花

印花工艺流程：

印花→烘干→蒸化→后处理

1. 调浆

生产常用色浆配方（g）。

M糊	100
染料	x
尿素	5 ~ 8
水	25

操作：将弱酸性染料或中性染料与尿素混合，用少量水溶解（如溶解太慢可用热水），然后加到原糊中，搅拌均匀待用。如用不同类别染料拼色，应分开溶解后再进行拼混。

质控要点：

（1）染料最高用量。生产发现，染料的用量并不完全与织物的色彩浓艳呈正比例关系，轻薄的蚕丝织物对染料的吸收量是有一定限度的，称为染料的最高用量。掌握染料的最高用量，不仅可以降低染料成本，而且能减少浮色、减轻水洗和排污脱色的负担。

染料最高用量的测试方法：先将某一染料制成不同浓度的印花色浆；然后在相同条件下对同一织物分别进行印花、蒸化和后处理；最后测试其色牢度。染料达到一定色牢度时的最高浓度为该染料的最高用量。这是较为简便的测试方法，应用中还要结合得色的对样情况来确定。印花中常用弱酸性染料、中性染料及直接染料的最高用量一般不超过色浆总量的2%。

（2）助溶吸湿剂。平网印花原糊用量多，水的用量少，因此，助溶吸湿剂是不可缺少的，如尿素等。同时，因真丝绸质地轻薄，尿素的用量也不宜过多，否则会引起花纹渗化影响印花效果。尿素的一般用量为5%，对蒸化湿度要求高的织物可增加到8%。

（3）原糊。糊料的选择主要取决于染料、助剂种类、印花方式和织物特点。

①对于弱酸性染料或中性染料印花，由于色浆中只有染料和助剂尿素，阴离子型、非离子型糊料均可选用。

②热台板印花时，可多给浆以保证花色鲜艳度，原糊的结构黏度较大为宜；冷台板印花时，易产生压糊和框子印，因此，原糊的渗透性要好，浆层要薄；原糊要求刮印容易，不能拖刀。

③蚕丝织物轻薄且吸浆少，为防渗化，原糊含固量应适当提高，但黏度不可过高。同时要求原糊必须具有良好的抱水性和易洗性，以保证花型清晰度和织物手感。

由此可见，蚕丝织物平网印花应选择与染化料相容性好、触变性较大、黏度不高、抱水性好、易洗的原糊。生产中常用混合糊料，如醚化淀粉与醚化种子胶的混合物M糊。

2. 印花

在蚕丝织物的平网印花作业中，可根据加工批量采用半自动平网印花机（小电车）或全自动平网印花机。花版目数以120目应用最多。其中橡胶斜口刮刀是标准配置。印花时，通常精细花纹仅需刮涂1次，一般块面刮涂2次。要求收浆干净。

如果采用手工印花，则需要根据花型特点合理选用橡胶刮刀的刀口类型。精细花纹用斜口刀（快口刀），大块面花型用大圆口刀，一般块面用小圆口刀。当刀口磨损或变形时，要及时进行打磨。近年来，为了提高刮刀的耐用性，出现了聚氨酯材料的刮刀，有平口刀和斜口刀之分，在衣片、丝巾等小尺寸印花产品上有所应用。

3. 蒸化

针对印花品种多、批量少的订单特点，最常用的蒸化设备是圆筒蒸箱，蒸化后的丝织物得色饱满，色牢度较高。其蒸化工艺为：

挂绸：3~8匹，S形吊钩或星形架、衬布圈蒸。

表压：0.075~0.085MPa（110~115℃）。

时间：30min。

开足米字管，大排5min，小排微常开。

湿度对花色的鲜艳度和得色量影响较大。增加蒸化湿度的方法有以下几种：

（1）蒸前喷雾给湿。对于重绉类织物或大块面浓艳花色，为了使染料充分发色，可在蒸化前，用给湿机对织物反面喷雾给湿。

（2）适当增加色浆中助溶剂的用量。

（3）合理选用进汽方式。开启底汽，升温快，湿度大；夹层汽只给热不给湿；米字管给湿均匀，可以保温，湿度较小。进汽方式要根据蒸化需要合理选择使用。

圆筒蒸箱蒸化，采用饱和蒸汽作热源，升温快，箱内相对湿度大，水溶性染料发色充分，得色浓艳。要特别注意防止渗化、水渍和水滴。另外，因米字管布设在蒸箱底部，织物蒸化时因上下湿度不同易引起织物左右色差。如果色差明显，可将织物掉头再蒸一次来改善。

大批量生产时，通常采用长环蒸化机蒸化，饱和汽蒸参数设定为102~105℃，35min。

4. 后处理

常用水洗方式是绳状水洗和松式平幅水洗。蚕丝织物印花后的水洗特点：低张力、温水洗（40~45℃）、需固色（中深色）。

（1）绳状水洗。它适用于绉类、有弹性织物。水洗工艺流程：

冷水上绸→防沾污洗→温洗（40~50℃）×2→水洗（10min）→40℃（固色、柔软、增白）→脱水→开幅→针铗拉幅→预缩→挂码→成品检验

防沾污洗：防沾污剂0.5~1g/L，20~25℃，30min。

固色：环保固色剂0.5~1.0g/L，40~45℃，20~30min。当用直接染料印花时，常把固色工序安排在温水洗之前，以减轻水洗掉色现象。

柔软：有机硅柔软剂0.5~1.0g/L和分散剂WA1~2g/L处理15~20min。

增白：增白剂WS 0.3%~0.5%，45℃，15~20min。增白温度过高时，易出现泛黄现象。绳状水洗浴比1:（30~50）。如图案为清淡小花的丝织物，可在固色前增白。

（2）松式平幅水洗。它适用于缎类等不耐折皱织物。丝绸平幅水洗应采用松式平幅水洗

机，或采用丝绸专用的槽数较少（4~6槽）的平幅水洗机。车速为12~15m/min。后者水洗不充分时，可进行两遍。工艺流程：

上绸→冷流水→防沾污剂（40~45℃）→皂洗（40~50℃，煮练剂0.5kg/槽）→水洗×2→固色、柔软→呢毯烘干→布铗拉幅→预缩→挂码→成品检验

3-6 蚕丝织物印花工艺

（四）特殊印花

1. 渗透印花

渗透印花是使织物获得正反面花型、色泽基本一致效果的印花方法。渗透印花工艺宜印制丝巾、裙料、夏衣、手帕等。

（1）印花原理。利用较薄色浆的渗透作用，透过织物纤维间隙，上染纤维后，得到正反面相近的印花效果。其工艺要点是色浆组成，尤其是原糊和助剂的合理选用。

（2）质控要点。

①织物以结构疏松、稀薄的品种为宜，如轻薄型的乔其纱、东风纱、电力纺、双绉、蝉翼纱等。

②适当增大坯绸脱胶率，脱胶要完全、均匀。

③选用渗透性和抱水性好的原糊、染料，适当加入渗透剂，提高渗透效果。

④在允许条件下尽量调薄色浆，增大刮印压力。

（3）色浆配方（g）。

渗透性原糊	100
弱酸性染料	x
尿素	4~6
渗透剂WA-KB	2~3
加水	20~30

①渗透印花要求原糊具有良好的渗透性能、含固量低、适当的黏度、一定的抗渗化能力。实验证明，醚化度在0.8~0.9的羧甲基纤维素（CMC），用量为CMC：H_2O=1：（30~40）效果较好。在使用时为提高印花清晰度和浓艳度，可混入约20%的高给色量原糊。

②渗透剂WA-KB是松节油与鲸脑油磺化物的混合物，黄棕色液体，为强力润湿剂，有良好的扩散力和乳化力。在渗透印花中起渗透、消泡和匀染作用。

③染料的渗透性要好，用量要大于直接印花工艺。

渗透性较好的染料：酸性艳蓝6B、酸性艳蓝G、酸性艳蓝5GM、酸性（普拉）黄PR、酸性（普拉）艳红10B、酸性黄5GLS、酸性艳绿8GM、直接耐晒翠蓝GL。

渗透性一般的染料：直接深棕M、直接枣红GB、直接橙S、直接绿B。

蒸化、后处理同常规直接印花工艺。

2. 渗化印花

渗化印花是采用低黏度色浆加入大量渗透剂，获得花纹边缘浓淡梯度效果的印花方法。尤其对于满地花型，花色间的相互渗化，会产生色泽层次复杂、浓淡色彩自然的风格。其在裙料、丝巾及装饰品中应用较多。

色浆配方（g）：

渗化原糊	100
染料	x
渗透剂JFC	7
平平加O	3
甘油	3
消泡剂SI（1：5）	2～3

渗化原糊要求原糊的抱水性要小，可选用羧甲基淀粉：羧甲基纤维素＝7：3的混合糊料，其中加入6%尿素，可获得较好的渗化印花效果。

其他工序同常规直接印花工艺。

3. 浮雕印花

浮雕印花是将一套花色制成两块花版，印花时，用涂料白和深色色浆错开约1mm进行印制，形成深色、复色、白色三种层次花色的重叠效果，因此，又称为立体印花。

浮雕印花只是制版和印制定位不同，其他与常规直接印花工艺保持一致。

二、蚕丝织物防拔染印花工艺

蚕丝织物的防拔染印花产品较多，如拔染印花、拔印印花等较常见，另外还有少数防染印花产品及蜡染产品，与直接印花产品风格迥异。拔染印花深地浅花，花纹精细，轮廓清晰，地色丰满、均净，无正反面之分；拔印印花深花细茎，茎花精致、清晰，有立体感，可实现少套多色的印花效果；蜡染则能得到具有自然冰纹的图案，是传统印染艺术在真丝上的延续。真丝拔染印花效果如图3-1-3所示。

图3-1-3 真丝拔染印花效果

（一）拔染印花概述

蚕丝织物的拔染印花效果比较容易实现，工艺方法较多。较常用的是选择具有可拔性的弱酸性染料或直接染料染地色，用酸性或中性介质使用的还原剂作拔染剂，再选择耐拔染剂的染料进行色拔印花，即可实现拔染印花效果。染料要求及拔染剂种类如下。

1. 地色染料

地色染料应具有可拔性，即易被拔染剂还原、破坏，并且分解物易于洗除。常用的是单偶氮结构为主的弱酸性染料和直接染料。

2. 色拔染料

色拔染料即花色染料，应具有良好的耐拔性，与拔染剂同浆印花后，在地色被破坏的花纹处能够正常着色。多为耐还原剂的弱酸性或中性染料，母体结构以蒽醌、多偶氮结构、三芳甲烷等为主。此外，涂料也是不错的选择，具有耐拔和遮盖的双重作用，且对拔染剂的还原能力要求不高；色浆中加入1.5%的柔软剂，可获得较好的手感。

3. 拔染剂

目前，蚕丝织物常用的拔染剂均为还原剂，如二氧化硫脲、RODIX氯化亚锡、德科林（雕白锌）、雕白块和雕白钙等。

二氧化硫脲属环保型拔染剂，需要在碱性介质中才有还原性，但还原能力太强，耐拔染料极少。

RODIX是由意大利引进（杭州传化生产）的稳定型还原剂混合物，有较高的色浆稳定。其色浆可放置4~5天、印花后织物放置1~2天后汽蒸也不会影响拔染效果或色光，且汽蒸时无腐蚀性气体放出，是理想的真丝绸拔染剂。

目前生产上常用的是氯化亚锡；在拔白、色拔方面表现较好的是德科林；对于深地色如黑色、咖啡、藏青、酱红等，一般采用德科林、雕白块作拔染剂。

4. 拔染印花原理

蚕丝织物还原剂法拔染印花原理与棉布类似，即在偶氮结构染料染色的织物上，用含有还原剂的拔染浆印花后，在蒸化过程中，花纹处的地色染料受还原剂的作用其偶氮基结构被破坏，分解为两个可洗除的芳胺类化合物而消色。用拔白浆印花得拔白效果；如果在拔染浆中加入耐拔染料，可得色拔印花效果。其反应式为：

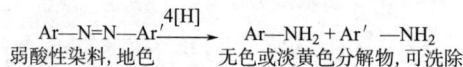

$$Ar{-}N{=}N{-}Ar' \xrightarrow{4[H]} Ar{-}NH_2 + Ar'{-}NH_2$$

$$\text{弱酸性染料，地色} \qquad \text{无色或淡黄色分解物，可洗除}$$

（二）氯化亚锡拔染印花工艺

工艺流程：

染地色→烘干→印拔染浆→烘干→汽蒸→冷洗→防染盐S洗→温洗→固色→水洗→烘干

1. 染地色

用可拔的弱酸性染料、直接染料染蚕丝织物，但不要固色，以防难拔。真丝绸染地色工艺举例如下。

12103双绉 Thies真丝双管溢流染色机染深蓝。

工艺处方：

直接湖蓝5B	670g
Coomassie藏青C	185g

| 有机硅消泡剂 | 200g |
| 醋酸 | 6000mL |

工艺参数：织物长度225m×225m，织物转速160m/min，喷嘴压力50kPa（0.5bar），液量1500L。

注意事项：30℃自动间歇性加入化好的染化料，时间15min。接着，以1.5℃/min升温至90℃。续染25min（75℃开始加醋酸，在25min内自动均匀加入6000mL）。染色完毕后，以2℃/min降温至70℃，自动水洗15min。然后，换液洗20min。

2. **拔染浆**

工艺处方：

	拔白	色拔
8% M糊	100g	100g
耐拔染料	—	x
尿素	—	5g
沸水	25mL	25mL
冰醋酸	2mL	2mL
草酸（1:3）	0~2mL	0~2mL
氯化亚锡	2~6g	2~12g

助剂作用：

（1）尿素。除有助溶、吸湿作用外，还具一定的吸酸作用，可减轻氯化亚锡蒸化中对纤维的损伤有帮助作用。

（2）醋酸。用于调节色浆pH在弱酸性，抑制氯化亚锡水解，提高其还原力。

（3）草酸。用于络合Fe^{3+}等金属离子，防止染料色萎。花色较深时及中性染料不能加。

（4）氯化亚锡。用作拔染剂，其用量视地色深浅来定。一般地，浅地2%~4%、中地5%~6%、藏青7%、黑8%~12%，具体用量要通过试验决定。同样地色情况下，其用量拔白＞色拔。如果用于拔白，以中浅地色为宜，深地色拔不净。

3. **汽蒸**

根据印花产品批量，常用蒸化设备有圆筒蒸箱和长环蒸化机。

圆筒蒸箱：0.08MPa，15~16min（包含大排汽5min）小排汽2转。适于小批量加工。

长环蒸化机：102~105℃，12~14m/min，加水器要有水。适于较大批量加工。

4. **水洗**

如果印花产品地色较深，可将水洗过程执行2遍。对于深地色的绸类织物，为了减小织物所受张力，最好采用先平幅后绳状的水洗方式。

防染盐S洗：防染盐S1~1.5g/L，40℃，或用适量的过硼酸钠，以防浮雕。适于如卡普仑桃红BS、普拉红10B等地色产品的水洗。

固色：环保固色剂2~4g/L，40℃左右处理。只有深地色花样需要固色。

（三）德科林拔染印花工艺

德科林因还原能力较氯化亚锡强，因此主要用于氯化亚锡较难实现的鲜艳地色拔染印花，如艳蓝6B、蓝G、蓝6GM、艳绿3GM和直接翠蓝GL等。

1. **拔染浆配方（g）**

	拔白	色拔
M糊	100	100
耐拔染料	—	x
尿素	—	5
古立辛A	—	1
德科林	15	10
冷水	25	25

拔染浆说明：

（1）古立辛A（Glyezin A）的吸湿能力较强，对环境湿度对其影响较小。而德科林的吸湿性小，此浆中加入古立辛A，有助于色拔染料的发色。

（2）遇难拔地色时，可加大德科林的用量。如活性染料黑地色的拔白配方（g）：

10% Indalca CS–16糊	100
雷可福PAT	1
德科林	20
温水	20

糊料Indalca CS-16为意大利生产的一种醚化种子胶，适宜使用黏度为1000mPa·s。雷可福PAT为增白剂，提高拔白效果。

2. **蒸化**

蒸化工艺条件：0.07MPa，开足米字管，汽蒸16min（含大排汽5min）。或选用长环蒸化机。

（四）雕白块拔染印花工艺

雕白块拔染印花有两种不同介质，色拔染料种类不同。在中性介质拔染时，用耐拔的弱酸性染料或中性染料着色，但耐拔染料品种不多，以拔白为主；在碱性介质中拔染时，用还原染料着色，没有酸蚀之忧，且色谱较全、色泽鲜艳、牢度优良。拔白、色拔均可。

1. **中性介质拔染印花**

雕白块拔染印花应用逐渐增多，主要用于深地色，尤其黑地色拔白。色拔染料较难选择。

（1）色浆配方（g）。

	拔白	色拔
8% M糊	100	100
耐拔染料	—	x
尿素	3	5
水	20	25
防染盐S	—	2
雕白块	8～12	8～12

（2）调浆。先将防染盐S加入原糊中，使之充分溶解；再将尿素与染料加入少量水

调成浆状后，加入热水调匀、加热充分溶解后倒入原糊中调匀；用前将拔染剂加入色浆中，待充分溶解，刮色标，色光对准后再印花。如果染料不易溶解，可酌加扩散剂NNO改善。

德科林和雕白块的拔染浆印花后应立即烘干和蒸化，否则会因潮解而丧失拔染作用。

（3）汽蒸。汽蒸升温速度要快，否则会降低拔染剂的利用率。

①长环蒸化机蒸化。温度102～108℃，速度15m/min。

②圆筒蒸箱蒸化。压力0.08MPa，时间10～15min。底汽预热，织物吊入后夹层汽和米字管同时进汽，以加快升温速度。

（4）水洗同氯化亚锡拔染工艺，但一般不易沾色。

2. 碱性介质拔染印花

为了改善酸性介质使用拔染剂对设备和纤维的不良影响，人们研究了雕白粉碱性介质拔染印花工艺。质控要点：一要控制好碱剂用量，二要筛选好着色染料。

值得注意的是，有些还原染料，尤其黄、橙、红色系还原染料，具有光敏脆损性，不可用于对日晒敏感的蚕丝织物。光敏脆损性是指织物被某些还原染料着色后，在日光照射下，染料颜色不变，但纤维逐渐发生脆化损坏的现象。原因是这些还原染料将日光中的能量转移到纤维上，造成纤维分子链断裂或交联。

（1）拔染印花工艺流程：

蚕丝织物染地色→印拔染浆→蒸化→水洗→整理

（2）拔染浆配方。

雕印基本浆配方（g）：

海藻酸钠糊	70
甘油	5
碳酸钾	6
加水合成	100

拔染浆配方（g）：

	拔白	色拔
还原染料浆状液	—	x
雕印基本浆	65～70	65
乳化糊A	5～10	10
雕白粉	8～10	8～10
加水合成	100	100

（3）质控要点。真丝绸雕白粉碱性拔染印花的工艺控制要点如下。

①碱剂的最高用量。在碱性基本浆中碳酸钾的最大用量为6%，这样，在色拔浆中的碳酸钾的用量控制在4.2%左右。碱剂不可过量，以防影响纤维强力。

②拔染剂的用量。拔染浆中雕白粉的用量最低8%，最高10%，即可满足还原染料还原隐色酸的需要和破坏地色染料的发色基团的需要，同时使真丝纤维免受损伤。

③各工序间隔时间要短。印花、蒸化、水洗、烘干工序之间不要停留时间过长，一般停

留时间控制在8 h以内，以免产生疵品。

④拔染浆不可久存。拔染浆3天内用完，超过3天需重新测定雕白度方可使用。

（五）拔印印花工艺

1. 深花细茎

印制深花细茎时，可先印可拔色浆（地花色浆），再印拔染浆，则在拔染花纹处的地花染料就不能正常着色，从而达到深花细茎的拔印目的。

质控要点：

（1）热台板印花，先印可拔浆再印拔染浆，拔染花纹轮廓清晰。

（2）蒸化时间按直接印花制订。因可拔的地花染料与色拔染料都需要上染纤维。采用圆筒蒸箱 0.09 MPa，30 min（含大排汽2min），开足米字管，底汽2转，小排汽2转。也可用长环式蒸化机，加水器中要有水。由此法蒸化，深花色得色均匀，眼圈不明显。

（3）后处理过程中注意防浮雕和沾色。

2. 少套多色

少套多色是通过合理选择地、花两类染料，使其色浆叠印，在重叠处印得鲜艳漂亮的第三色的印花方法，从而实现少套多色的特殊效果，如图3-1-4所示。当绿色与红色叠印时，利用少套多色工艺，可得到鲜艳的第三色青莲色，如图3-1-4（a）所示；而直接印花工艺，重叠处得到的是黑色，如图3-1-4（b）所示。

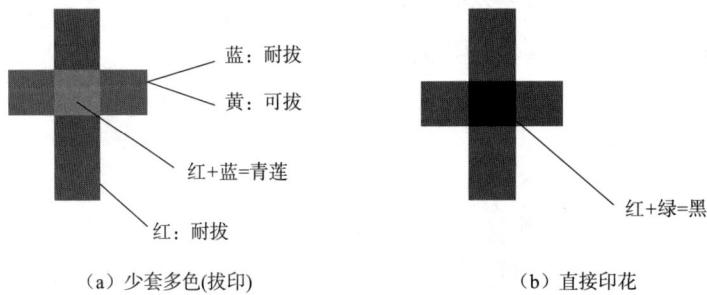

蓝：耐拔
黄：可拔
红+蓝=青莲
红：耐拔

红+绿=黑

（a）少套多色(拔印)　　　　　　　（b）直接印花

图3-1-4　拔印印花在少套多色中的应用示例

少套多色实际为一种特殊的拔印印花工艺。其地花绿色为耐拔的蓝色染料与可拔的黄色染料拼色而成，色拔染料为红色。蒸化后，红花与绿花叠印处［图3-1-4（a）的十字中间部分］，耐拔蓝与耐拔红拼色成鲜艳的青莲色。即两个花版，得到了三种花色，并且第三色是鲜艳的二拼色。

因此，少套多色的质控要点，是地花色浆中的染料必须由可拔和耐拔两种染料拼色而成，与之叠印的另一染料必须耐拔，在两花色重叠处，得到鲜艳的二拼色。

实际生产中，还可将两种不同拔染性质的色浆进行碰印，则在两花接触处不会出现第三色或露白现象（两色描稿时可放心借线；印花时，拔染浆在前，可拔浆在后）。此工艺可明显节省地色染料，工艺操作简单。尤其是在花色面积较大时，更显优势。

（六）防染印花工艺

蚕丝织物质地太薄，防染印花较难实现，但可进行物理防染和化学防染。其中，物理防染较易实现，如扎染、蜡染，只是手工操作，效率低、花色不够丰富；化学防染法还在探究中，其中防染印花（防浆印花）已取得一些成果。

1. 物理防染法

除扎染和蜡染外，物理防染剂的品种不多，国内曾引进日本防白浆#502，主要成分为活性炭。活性炭颗粒大小是经过筛选的，印花后在水洗过程中较易去除，经生产试用证明其防白效果尚好。

2. 化学防染法

用于蚕丝织物的化学防染剂，目前主要依赖于进口，如日本的尤尼斯通系列产品中的UnistouE-3000，属阳离子高分子吸附性树脂，它用作酸性染料、金属络合染料的防白剂；Unistou Mc-3也属高分子吸附性树脂，用作酸性染料、直接染料的色防剂，在色防浆中的用量要高达85%，否则不能较好地阻止地色染料在花纹处沾色。但色防染料可选范围较窄，给色量较低。

瑞士山道士公司出品的塞伍通WS（Thioton WS）是蚕丝织物较好的色防浆料，其色防染料选择范围较广，但防白效果不够理想。其防印印花色浆配方见表3-1-1。

表3-1-1 Thioton WS的防印印花色浆配方

单位：g

色浆组成	防白浆	色防浆	地色罩印浆
酸性染料	—	x	y
尿素	100	100	50
助溶剂	50	50	—
水/mL	200	200	200
酒石酸	20	20	—
塞伍通WS	625	600	—
消泡剂	10	10	5
分散剂	—	—	20
8% IndalcaPA-30	—	—	450
总量	1000	1000	1000

调浆操作：染料用沸水溶解后加入尿素和助溶剂，降温到60℃以下，边搅拌边倒入塞伍通WS防染浆中，最后加入消泡剂。温度高于60℃时，防染浆会结块。

印花时，先印防染浆，烘干后再罩印大面积的地色浆。后面的蒸化、水洗等后处理同直接印花工艺。

三、蚕丝织物扎染工艺

扎染，民间又称为"绞缬""染缬"，有些地方称为"疙瘩花""撮花布"，是一种古老的防染技术。扎染是按照预先设计好的纹样，用以绳线为主的工具，对织物进行缝、系、捆绑，扎牢后进行浸染，最后拆除扎线的染色方法。人们通常把留白处称为花，染色处称为地。

扎染作品具有花纹自然活泼、朴实清新，风格随意、洒脱、变化无穷的特点。扎染生产设备简单，但是工艺烦琐复杂，染色时间、捆绑力度和扎法均会影响得色效果。目前，许多国家和地区仍保留着这一传统工艺，中国云南白族有悠久的扎染历史。部分企业结合现代人工智能技术，通过机器学习将扎染图案建立数据库，并进行再设计，通过数码印花设备生产出的具有扎染风格的面料，这类面料深受时尚界喜爱。

（一）扎染材料准备

1. 面料准备

扎染面料的选择一般从面料自身的吸水性、染色性、厚度，以及图案设计要求和染料的选择等几个方面考虑。传统的扎染面料以天然纤维（如棉、麻、丝、毛等）为主，人造纤维由于其染色性能与天然纤维相似，也可用作扎染面料。不同的面料在染色后呈现不同的图案和纹理效果。丝织物以桑蚕丝织物为主，织物手感细腻、光泽柔和、吸水性和显色性高，是非常适合扎染工艺的面料。

2. 染料选择

扎染染料来源包括天然染料和合成染料两类，古代扎染主要使用天然染料如植物染料、矿物染料；常用于丝绸扎染的合成染料有直接染料、活性染料、弱酸性和中性染料。

直接染料可染棉、麻、丝、毛，染色时加入盐、阳离子固色剂等助剂，价格低廉，使用简单，便于续缸，是最适合扎染工艺的染料，但织物的色牢度不佳。

活性染料具有色泽鲜艳、品种齐全、易渗透、过渡效果好的特点，常与直接染料搭配用于扎染。活性染料染纤维素时需用碱固色，由于一浴法不可续缸染，可以采用两浴法续缸染色。活性染料染丝、毛纤维可以采用碱固色和酸浴染色两种工艺，后者易于控制质量。

弱酸性、中性染料可以染丝织物，用醋酸、阳离子固色剂作助剂，应用简单，便于续缸，色牢度较好，染料不易渗透，过渡效果差。

3. 扎染工具准备

扎染缝、扎工具：线（强力好）、绳（强力好，粗细效果不同）、橡皮筋、针、板（不热变形，不怕水、不浸色）、固体球、棒等。

扎染染色工具：铝锅等敞口器皿（便于观察染色效果）、加热工具（最好可调控温度）。

（二）一般工艺流程

扎染作品的一般工艺流程：

构思设计→缝扎→浸水处理→（脱水→局部上色→脱水）染色→（再次绑扎→再次染色）→（保温）→水洗→拆线绳→水洗→固色→整理

重点工序说明：

（1）构思设计。构思设计图案布局，色彩效果，扎与染的方法。

（2）浸水与脱水。可以不浸湿，脱水程度灵活掌握。

（3）局部上色。产生多色效果方法之一。

（4）染色。一般浸染、恒温、时间短。

（5）再次扎、染。产生多色效果方法之一。

（6）保温。保证渗透、提高色牢度。

（7）水洗。拆绳前后都要水洗，特别是深色。

（8）固色。最好在拆绳前后固色两次，保证色牢度和清晰度，特别是浓色。

（三）质量控制

1. 基本要求

扎染作品分单色、多色两类。通常单色产品的质量基本指标有色牢度、匀染性、色差三项。多色扎染产品的质量基本要求有色泽（主色、层次效果）、匀染性（局部）、色牢度、图案效果（图形留白、色泽层次）。

2. 影响扎染质量的因素

一般在染色过程中，染色配方影响色泽、牢度、匀染性等，染色温度控制影响色泽、牢度、匀染，搅拌、染液循环影响匀染性，染色时间影响色泽和牢度。

扎染因作品和工艺的复杂性使得影响染色质量的关键因素较多。

（1）设计、扎法。主要影响作品的图案整体效果。

（2）配方。染料选择与用量不仅影响色泽、牢度、匀染性，而且影响图案效果。

（3）促染剂影响图案效果和染色温度、时间和染色方法。助剂多，上染快，易留白过多。因此，不要润色效果可多加促染剂；难以留白的（如缝扎）可多加促染剂；染深浓色可多加促染剂。

（4）染前带水量影响图案效果和染色时间。需要带水量大的情况，如缝扎、织物结构疏松、染料渗透性好、染液浓度大、需促染剂量大、吸水强的织物（如绉类）、图案留白要求多、清晰度要求高；相反，过渡色要求明显的带水量要少。

（5）染色温度影响色牢度和图案效果。一浴法，直接高温染色；两浴法，分低温吸附、高温渗透固色两阶段。浓度大、难留白扎选一浴法；浓度小、移染差的扎染选两浴法。

（6）染色时间影响图案效果和色牢度。要控制吸附、渗透、固色时间。调整吸附上色时间可控制色调效果、图案效果；渗透、固色时间（高温固色及保温时间）在保证效果的前提下提高织物的色牢度。

（7）多色作品的制作方法也影响扎染质量：一是先扎染浅色，再扎染深色。此法较麻烦，但拼色效果丰富，整体效果自然活泼。二是先根据构思效果进行局部撒色、描画色、沾色等，然后扎染。

多色作品质量影响图案效果，大浓度、不宜留白的扎法少搅拌；不同扎法用不同硅胶板式。

（8）水洗影响图案留白效果和色牢度。解绳前热水洗、水洗净、解绳后视情况水洗。

（9）固色处理影响色牢度。应根据染料类别决定是否固色，根据色浓度决定固色剂用量。

（四）扎结方法

扎结是扎染作品制作的关键步骤。扎结方法很多，常用的基本扎结方法有捆绑法、缝扎法和夹扎法。

1. 捆绑法

捆绑法又名抓扎法。依据一定规则用手抓捏织物并用细绳捆绑的扎结方法，其特点是效率高，作品图案变化万千、色彩丰富。捆绑法又分为随意抓扎、几何形状抓扎、叠扎等。

（1）随意抓扎。方法：干布或湿布在平台上经均匀乱折或按一定方向折后用绳捆扎。特点：最为简单，色彩丰富，图案效果千变万化。质控要点：

①织物褶皱状态要匀，扎后整体形状、大小要适当，绳的密度和紧度要适当，且与布团大小相匹配。

②染色时间控制主要与布团大小、绳的密度和紧度带水量、染液浓度有关。

（2）几何形状抓扎。如圆、椭圆、菱形、方形、叶形、花边等形状。特点：图案形状规律性强，易于控制。方法：

①扎圆：确定圆心和半径后可以直接抓扎，也可以折后捏扎。

②扎椭圆形和叶形：一般一折两层后捏扎。

③扎方形：一般两折四层后捏扎。

④扎花边：一般两折四层后捏扎。

质控要点：

①图案、布局要规律。

②布折大小要抓均匀；绳距和松紧控制影响图案效果，要灵活处理；打结要牢，要防止扎绳松开。

③染色时间控制合理。

（3）叠扎法。方法：一般先根据厚薄大小对折几次，再扇形折叠，然后用绳捆扎，如图3-1-5所示。特点：规律图案，容易控制效果。质控要点：

①扇形折叠以保证染色效果均匀，要折叠整齐以保证图案规整。

②绳距和紧度对效果影响非常大，要适当控制。

③染色时的浴比及搅拌方式对匀染和图案效果非常重要。

图3-1-5所示为一种叠扎法及染后效果。

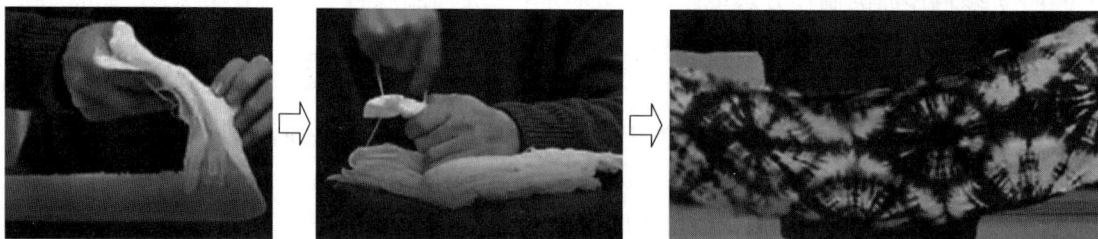

图3-1-5　三角叠扎及染后效果

练习：50cm×50cm纯棉布1～3块，按老师讲解及演示课堂练习基本扎法，课后制作一块体现三种捆绑法的作品备染。

2. 缝扎法

根据设计要求，用线、针做工具对织物采取不同的缝法进行缝制打结的扎结方法。其作品具有图案精细清晰、效果独特的特点。其制作效率低，常常要提前构图，需要一定的绘画基础，达到预期效果的难度要比捆绑法大一些。

缝扎扎结的关键要素是线的牢度、粗细、长度，走针的针距及行距，拉线时机、紧度和绕线圈数、紧度。缝扎扎结又分以下几种方法：

（1）平缝法。方法：行针走线一上一下。其适用于花、鸟、人物、几何图案、花边等多种图案的扎染。质控要点：针距大小和匀度、拉绳紧度、是否缠绕。可分为描线缝、满地缝、绕线缝三种方法。

①描线缝。即先在织物描线再沿线平缝。注意：线的长度要保证到两个端点及上述要点。

练习：自行设计一简单图形，双层或四层缝扎，为了表现针距对染后效果的影响，可设计不同针距缝扎，如针距可设计为3～5mm、8～10mm、10～12mm。

②满地缝。即多行线平缝。注意：同时注意针距和行距。

练习：自行设计一简单图形，面积为5cm×10cm，单层或双层，针距与行距协调一致，为3～5mm、8～10mm、10～12mm。

③绕线缝。方法是平缝后拉线、在根部和非缝部绕线或绳。注意：缝和扎相结合，要预测效果。

练习：自行设计一简单图形，双层或四层缝扎，针距为8～10mm，绕线1～3圈。

（2）绕缝法。方法：把布对折，沿对折处在同一面进针。质控要点：针距和边距以及拉线紧度，另外线不要太细。

练习：自行设计一简单图形，一折或两折绕缝，针距、边距分别为8～10mm、12～15mm。

综合练习：课后缝扎一块棉布，尺寸50cm×50cm，要求体现至少三种缝扎方法，备染。

3. 夹扎法

夹扎又称夹缬法。是将织物扇形折叠后，再用一定形状的板片等材料将织物夹紧的扎结方法。其作品图案精美、规整，具有四方连续的特点，制作效率高，作品幅宽受到一定限制。

夹扎的关键要素为织物的折叠方式、折叠效果及夹扎材料。操作步骤如下：

（1）叠布。方法：扇形叠法，叠成方形或三角形等形状。要点：扇形叠法，叠得整齐，层数要适中。

（2）夹板。方法：按设想用一定形状的两块板片或其他材料夹在叠好的布的一定位置，然后通过绳缠绕、线缝或其他方法将两块夹扎材料固定。质控要点：选择的夹扎材料受湿热不能变形，放置位置要合适，固定尽可能紧。

练习：课堂采用纸张练习折叠，最后折叠50cm×50cm纯棉布进行夹扎备染。

（五）染色

1. 单色扎染

织物扎结后的染色通常采用浸染方式，其染色时间、温度、染化料种类及浓度、染色搅拌操作、浴比、水洗、固色等都是染色的关键因素，另外，织物的入染状态也是染色的关键因素。并且这些因素的控制要求与常规染色大不相同，染前要根据织物特点及扎法特点，参照如下原则确定染色工艺。

（1）染料及用量确定。染料根据纤维类别及图案要求选择，染料用量要考虑织物可染部分的质量/面积进行计算，计算用量要略高于普通染色用量。

（2）促染剂及用量确定。是否选用促染剂及促染剂用量依据染料性能及图案特征要求而定。

（3）织物染前带水量确定。织物染前带水量的确定主要依据织物组织特征、扎法、图案要求而定。

（4）染色方法选择、染色温度控制曲线制定。扎染染色应该选择浸染，单件织物的中、浓色染色一般选择一浴染色，特淡色或多件续缸染色一般采用两浴染色。

（5）浴比确定。扎染的浴比视扎法而定，一般在1∶（15～30）。

（6）染色时间确定。扎染染色时间要综合考虑色泽、图案、色牢度、效果，常常采用染后保温来提高渗透效果。

2. **多色扎染**

多色扎染一般有如下几种方法。

（1）利用染料性能达到多色效果。渗透、移染性能差别较大的染料同浴拼色可以达到一浴多色的效果。一般采用直接性小的浅色染料（如黄色）与直接性大的深色染料（如红色或蓝色）同浴染色可得到此效果。

（2）一扎多浴多步染色达到多色效果。两浴拼色也可以达到多色效果。第一浴为浅色且织物带水量小，染色时间可以较短，第二浴染深色。

（3）多步扎染达到多色染色效果。经一次扎染后，再扎绳或部分拆绳后再扎绳染后再次染色，也可以进行第三次扎染，得到色彩丰富的扎染作品。多次染色的次序是先浅色后深色。

（4）局部上色后浸染达到多色效果。织物扎后或扎前采用染液或涂料局部上色后浸染，可以得到多色扎染产品。此法可以得到色彩最为丰富的扎染效果。局部上色方法有洒色、针管打色、沾色、手绘等多种方法。

| 3-7 辫结法扎染 | 3-8 卷绕技法 | 3-9 三角叠扎技法 | 3-10 铁夹夹扎技法 |

【拓展阅读】

案例一　真丝素绉缎活性染料直接印花

真丝素绉缎。品号14654素绉缎；规格2/22.2/24.4dtex×2/22.2/24.4dtex　26捻/cm（2S、2Z）桑蚕丝，密度经纬130×53根/10cm，克重71g/m^2（16.5姆米），幅宽114cm；供货数量2000m，时装面料。

（1）织物名称：真丝素绉缎（经丝无捻，纬丝强捻2S、2Z排列）。

（2）印花工艺种类：活性染料—相法直接印花。

（3）印花设备种类：平网印花机。

（4）排版顺序：1蓝黑。

（5）地色要求：无特别要求。

（6）印染加工工艺流程：

验绸→生坯退卷→缝头→星形架挂绸→圆筒练箱预处理→初练→热水洗→复练→热水洗→温水洗→冷水出桶→整体脱钩→轧水打卷→呢毯整理→小布铗拉幅→印花→烘干→汽蒸→平洗→多辊筒烘燥→布铗拉幅→联合预缩→挂码→成品检验

（7）印花色浆配方（g）：

BPS藏青	3.3
BPS金黄	1.7
BPS红	1.4
尿素	8
防染盐S	1
小苏打	1.8
8%海藻酸钠糊	50

（8）蒸化设备与条件。长环蒸化机，102~105℃，7min。

（9）水洗设备与工艺。平幅水洗机车速12~15m/min。执行活性染料常规水洗工艺。

（10）其他说明。

①小布铗拉幅以饱和蒸汽为加热介质，布铗较小。

②水洗后烘燥采用卧式多辊筒烘燥机，具有双变频恒张力特点。

③联合预缩机由呢毯预缩机与振荡预缩机两大部分联合构成，可使织物缩水率降至4%以下。

案例二　真丝绉类织物酸性染料直接印花

真丝顺纡绉。数量5000m，裙装面料。17姆米。其印花工艺内容如下：

（1）织物名称：真丝顺纡绉（经丝无捻，纬丝单向强捻丝）。

（2）印花工艺种类：弱酸性染料直接印花。

（3）印花设备种类：平网印花机。

（4）排版顺序：1黑—2深绿—3灰—4绿—5浅蓝—6黄—7橙—8浅绿—9浅米。

（5）地色要求：无特别要求。

（6）整个印染加工工艺流程：

验绸→练前准备（退卷、码折、钉襻）→预处理→初练→热水洗→复练→热洗→冷洗→离心脱水→针铗拉幅→印花→汽蒸→绳洗→脱水→开幅→针铗拉幅→挂码→成品检验

（7）印花色浆。以弱酸性印花染料为主，中性染料补充色谱。其色浆配方见表3-1-2。

表3-1-2　真丝顺纡绉酸性染料印花色浆配方　　　　　　　　　　单位：g

序号	色称	染料配方						尿素	水	原糊
		染料名称	用量	染料名称	用量	染料名称	用量			
1	黑	中性黑BL	2					5	25	100
2	深绿	黄5GN	0.8	青G	0.3	元WA	0.12	5	25	100
3	灰	元MR	0.15	青G	0.01	黄5GN	0.015	5	25	100
4	绿	黄5GN	0.36	翠蓝5GM	0.06	青G	0.05	5	25	100
5	浅蓝	青G	0.03	元WA	0.03			5	25	100
6	黄	橙GSN	0.01	黄5GN	0.7			5	25	100
7	橙	橙GSN	1.5	红MF	0.25	棕SBL	0.08	5	25	100
8	浅绿	黄5GN	0.18	翠蓝5GM	0.04	青G	0.02	5	25	100
9	浅米	棕SBL	0.015	黄5GN	0.02	橙GSN	0.003	5	25	100

注　原糊为8%真丝糊料TG-12（醚化种子胶与醚化淀粉混合糊料，也称M糊料）。

（8）蒸化设备与条件。圆筒蒸箱，压力0.08MPa，时间30min。底层汽：大排5min，小排微开。

（9）水洗设备与工艺。绳状水洗机，水洗工艺如下：

冷水上绸→清洗→温洗（40～45℃）→热水洗（45～50℃）→清洗→40℃（固色、柔软）

（10）其他说明。该织物为绉类组织，有弹性，整个染整加工过程要松式进行，以防影响织物绉效应，并引起缩水率增大。

【实验操作】

实验一　蚕丝织物印花实验

（一）实验要求

实验任务：制作真丝绸的直接印花作品。

要求：直接印花作品花色鲜艳、轮廓清楚、地色白净、手感柔软。活性、弱酸性（中性）染料作品各一件。

注意事项：

（1）真丝绸直接印花时，首选活性染料、弱酸性染料或中性染料。作品花色可以单一，可以拼色。工艺控制较易，注意染料的最高用量及色浆黏度。

（2）实验方案需经老师审批后方可实施。

（二）实验准备

（1）仪器：常规实验仪器，印花台板、花版、刮刀、电子台秤、汽蒸箱、数显恒温水浴锅、电磁炉、电熨斗等。

（2）药品：酸性染料、中性染料、活性染料、直接染料若干（任选），8%M糊、8%海藻酸钠糊、冰醋酸、1∶3草酸溶液、尿素、防染盐S、小苏打、防污皂洗剂，精密pH试纸等。

（3）织物：真丝脱胶练白绸4块。

（三）参考工艺

1. 工艺流程

（1）活性染料印花：

印花→烘干→汽蒸（100℃，6.5min）→冷流水冲洗→防沾皂洗（95～100℃，5min）→热水洗（60～80℃，5min）→冷洗→熨干

（2）弱酸性（中性）染料印花：

印花→烘干→汽蒸（100℃，25min）→冷流水冲洗→温洗（40～45℃，10min）→防沾皂洗（45～50℃，5min）→冷洗→熨干

2. 色浆配方

蚕丝织物印花工艺的色浆配方见表3-1-3。

表3-1-3 蚕丝织物印花工艺的色浆配方　　　　　　　　　　　　　单位：g

色浆组成	活性染料 直接印花色浆	弱酸性、中性 染料直接印花色浆
8%原糊	60	100
尿素	6	3～5
染料	x	x
防染盐S	1	——
小苏打	1～1.5	——
水	加水合成100	25

注　活性染料印花的原糊常用海藻酸钠，其他如酸性染料印花的原糊常用M糊。

（四）注意事项

（1）每块织物用浆按20～30g计算色浆配方。水量不可在调浆前全部加完，要留部分调整色浆黏度。

（2）印花刮印2次，给浆要匀，收效要净。印后双手揭绸（防止绸样搭色），及时烘干。

（3）实验过程中，要保持色浆杯的外壁和底部、印花台面、花版背面以及手掌干净，以防污染绸样。

（4）绸样蒸化后冷水洗时，要把浮色洗掉后再升温洗。

（五）结果与分析

从有无渗化、白地沾色、花型效果、色牢度等几方面进行评价，分析质量问题产生的原因及解决措施。

实验二 蚕丝织物扎染实验

（一）实验要求

配色：单色或多色自选，工艺自定，教师检查后染色。

染色工艺：自行设计，经教师检查后实施。

工艺内容：染色方法、浴比、染液配方、温度时间控制、搅拌要求、水洗固色工艺，其他注意事项。

（二）染色方案举例

织物：总重200g，采用随意扎法，染色面积占50%，染色织物重约100g。

浴比：1∶20。

配方：直接耐翠兰1%+直接湖蓝5B 2%。

工艺流程及条件：

称量织物→配制染液→升温至90℃以上→染色（12～15min，同时搅拌）→出锅沥水保温（10min）→流水洗净浮色→解绳水洗固色→晾干整平→保存待评

质控要点：

（1）时间要灵活掌握，主要看颜色深度及图案渗透效果。

（2）搅拌要适当、及时。

（三）实验报告内容

（1）实验名称：捆绑扎法实验。

（2）实验目的：掌握捆绑扎法的捆扎及染色技能。

（3）实验材料：纯棉织物、绳、夹子等。

（4）实验仪器：（要求写全）。

（5）实验步骤：（要求步骤清晰）。

（6）染色工艺：色浆配方、染色工艺流程及工艺条件（带水量、温度、时间、染色方法等）。

（7）实验结果分析与反思总结，包括是否达到实验目的、作品整体效果评价、作品效果与质量分析、实验教训及经验收获。

【项目练习题】

一、解释专业术语

渗透印花、渗化印花、浮雕印花、扎染、蜡染。

二、填空题

1.真丝绸的印花特点是_____、_____、_____、_____、_____。

2.真丝绸印花的首选酸性类染料是_____和_____，常用_____染料补充色谱。

3.真丝绸常用印花机有_____、_____和_____。

4.手工台板常用刮刀种类有_____、_____和_____；机械刮印的刀口是_____。

5.目前生产上真丝绸常用拔染剂是_____、_____和_____。

6.真丝绸印花最常用的蒸化设备是_____，其蒸化条件是_____；当加工批量较大时，可用_____，其蒸化条件是_____。

7.真丝绸印花后的水洗特点是_____、_____、_____；水洗要求是_____、_____、_____。

8.弱酸性染料印花的主要缺陷是_____、_____和_____。

9.活性染料用于真丝绸印花的主要优点是_____、_____和_____。

三、判断题

1.真丝绸印花具有小批量、多品种特点。（　　）

2.真丝绸最适宜的印花方式是平网印花。（　　）

3.直接染料广泛用于真丝绸印花。（　　）

4.真丝绸活性染料地色不可拔。（　　）

5.真丝绸印花应选择触变性大的原糊。（　　）

6.活性染料真丝绸直接印花的蒸化、水洗工艺与酸性染料的相同。（　　）

四、简答题

1.渗透印花与渗化印花产品的风格有什么不同?

2.浮雕印花是如何使花型获得立体感的?

3.真丝绸印花的工艺特点有哪些?

4.写出真丝素绉缎的直接印花工艺。

任务2　设计染色工艺

【学习引入】

与印花工艺相比，染色工艺相对简单一些，无须图案设计、制版等工序。染色加工产品的质量要求主要是获得色彩均匀、坚牢、鲜艳的染色效果，如图3-2-1所示。丝绸织物在织造时为了辨别捻向、区分丝线批次通常会使用人工色素，另外蚕丝纤维外层丝胶中也含有一些天然杂质，这些杂质、色素等会影响后续染整加工。因此丝织物下织机后，在进行染色或印花前需经过脱胶处理。经脱胶后丝织物手感柔软，并且展现出柔和的自然光泽。通常，经过脱胶处理后的蚕丝织物称为熟织物。

某丝绸印染企业化验室接到一批加工订单，该订单加工的面料是真丝双绉，要求将其染成红色，耐皂洗和摩擦色牢度在3级以上。作为化验室工艺员，试进行来样分析，设计出该批丝织物的染色工艺，并通过小样染色实验实施工艺。

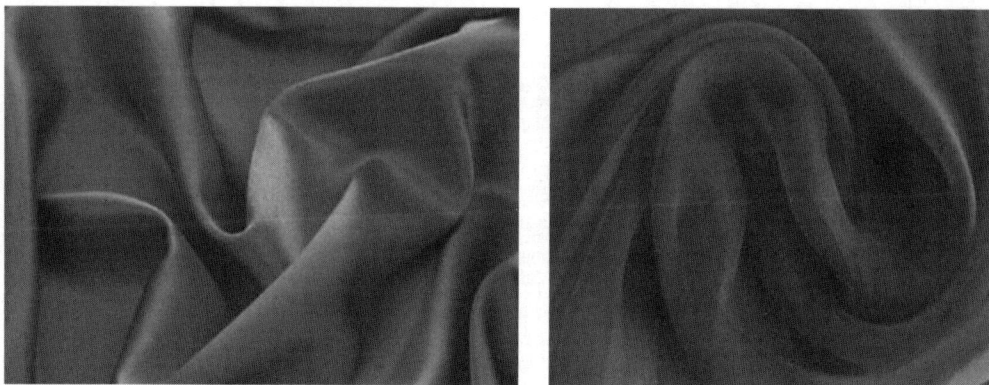

图3-2-1　蚕丝织物染色产品

一、酸性染料染色

酸性染料是含有酸性基团的水溶性染料。酸性染料是蚕丝织物染色的常用染料，由于染色时多在酸性条件下进行，被称为酸性染料，如图3-2-2所示。酸性染料具有染色方便，得色浓艳的特点，但是酸性染料在应用中也有缺点，主要表现为染色水洗牢度不好，不同母体结构酸性染料的日晒牢度差异大，染后需固色处理，这使得酸性染料的应用受到一定限制。

酸性染料根据染色时染色浴pH的不同，分为强酸性染料、弱酸性染料和中性浴酸性染料。其中强酸性染料分子小，匀染性好，色泽鲜艳，但与丝纤维的亲和力低，且湿处理色牢度较差，因此，在蚕丝织物染色时很少使用。弱酸性染料相对分子质量大，与蚕丝纤维的亲和力较高，可在弱酸性浴或中性浴中染色，蚕丝织物染色常用这类染料。

（一）染色机理

蚕丝纤维属于蛋白质纤维，在大分子侧链和分子末端有酸性的羧基（—COOH）和碱性

图3-2-2　酸性染料

的氨基（—NH$_2$）存在，具有两性性质。桑蚕丝纤维的等电点为3.5～5.2。在等电点以下的酸性溶液中，纤维呈阳荷性，与阴荷性的酸性染料之间以离子键结合。

弱酸性染料相对分子质量较大，与纤维亲和力较高。在弱酸浴中pH一般控制在4～6，pH接近蚕丝纤维等电点，部分染料可以通过离子键与纤维结合，也有部分染料因染液中H$^+$浓度不足而以氢键和范德瓦耳斯力上染纤维。当染料在中性浴中染色时，染液的pH控制在6～7，这时，蚕丝纤维大分子接近中性，染料分子主要以氢键和范德瓦耳斯力上染纤维。

（二）染色工艺因素分析

弱酸性染料上染蚕丝纤维的过程会受到染色温度、时间、助剂、浴比等因素的影响，如染色时间不足，会造成染料未充分上染而造成染料的浪费。酸性染料对蚕丝、羊毛和锦纶等织物染色时的工艺参数大致相同，其作用原理类似。具体参数的设定通常需通过实验来确定。

1. 染色温度

染色温度是影响染色速率和染色效果的重要因素。染料分子结构复杂，在溶液中分子聚集倾向大。升高染色温度，可以降低染料的聚集度，同时可提高纤维膨化度，有利于染料上染纤维。但温度过高，织物长时间沸染，会造成丝纤维损伤，影响产品质量，所以染色温度一般控制在95℃左右，保持"沸而不腾"。

2. 染色时间

纤维膨化、染料分子扩散进入纤维内部，都需要一定的时间，扩散速度慢的染料，更需要足够的时间扩散、渗透及移染。但是，染色时间过长，会使生产效率下降，织物长时间高温浸渍，对已脱胶的蚕丝造成损伤。所以染色时间一般控制在60min左右即可。

3. 染液pH

蚕丝纤维在酸性介质中能抑制羧基电离或增加正电荷。酸性越强，纤维与酸性染料阴离子间的静电引力越大，酸性染料的上染就越快。因此，酸在上染过程中起促染作用。为了提高染料的上染百分率，并控制一定的染色速率，达到匀染的目的，生产上要根据酸性染料的结构，即按照染料亲和力的大小调整染色pH。对分子结构相对较简单的弱酸性染料，一一般可用冰醋酸调节染液pH到4～6。冰醋酸不宜在染色开始时加入，否则也会因上染过快产生染色不匀。对一些分子结构复杂、扩散性较差的弱酸性染料，最好在中性浴染色，用醋酸铵盐调节染液至6～7，因为某些结构复杂的染料即使在弱酸浴中染色，也会因上染过快而染色不匀。对一些匀染性差的弱酸性染料，可通过在染液中加缓染剂来提高匀染效果；也可先中性浴染色，再逐步加酸，以提高上染百分率。总之，染液pH应随染料亲和力的增加而提高。

4. 电解质的影响

弱酸性染料在弱酸浴或中性浴中染色时，由于染液pH高于或在等电点附近，纤维上主要带负电荷，染料与蚕丝纤维间以静电斥力为主，染料主要是以氢键和范德瓦耳斯力与纤维结合，所以加入电解质（如食盐、元明粉等），能减弱纤维对染料阴离子的斥力作用，促使染料上染，尤其是中性浴染色时，电解质的促染作用更为明显。为了防止上染过快而造成染色不匀，电解质的使用宜在染色过程中分次加入。另外，加入过多的电解质，会使蚕丝织物的手感变硬，所以，应适当控制电解质的投入量。

5. 染色浴比的影响

染色浴比的大小，因所用染色设备而异。如卷染机加工浴比较小，一般为1：（3～5）；绳染机浴比较大，一般为1：（30～50），而星形架染色浴比则更大。一般，浴比小，上染率高；浴比大，得色均匀，但残留在染液中的染料较多，上染率低。因而在实际生产中，大浴比染色往往都采用"连桶"续用，这样可以充分利用染化料。但在"连桶"生产中，必须掌握残液中染料和助剂的残留量，尤其是几种染料拼色的时候，要确定恰当的染料补加量，方能使原液染色和"连桶"染色的织物色光一致。"连桶"的次数也有一定限度，因为连桶次数越多，残液中的染化料浓度越复杂，极不易掌握。但如果染黑色，则较易掌握，"连桶"次数可适当多些。

6. 坯绸质量

坯绸质量是指坯绸前处理质量，它对蚕丝染色绸的色泽鲜艳度和匀染效果的影响不可忽视。蚕丝坯绸脱胶程度要均匀一致，若脱胶不匀或不充分，则易产生染色不匀，且染色绸的手感、光泽也差。为了克服蚕丝染色绸的"灰伤"疵病，除了合理选择设备和工艺外，还应控制染色坯绸的脱胶率。染色坯绸的脱胶率控制在21%左右为宜，稍低于练白绸（约23%）。因为在高温染色时，坯绸中的丝胶还可以进一步脱除。坯绸上保留部分丝胶可保护丝素，防止丝素擦伤，产生绒毛。实际生产中，一般通过目测、手摸的方式确定脱胶程度。具体脱胶率的控制依据织物品种、设备等来确定。例如，卷染机加工时，坯绸先脱胶，脱胶完成后，织物不下机直接染色，脱胶程度以织物白度、柔软程度、均匀度等指标来定性判定。由于脱胶时织物承受张力，产生伸长，裁取脱胶前后同样块面大小的织物测得的脱胶率在27%左右。另外，提高坯绸的白度，一般白度控制在80%以上。坯绸白度高，可使染色时得色更加明亮、艳丽。

7. 水质的影响

染色用水质量是决定染色质量的重要因素之一。水质是水的硬度、浊度、酸碱度等各种指标的综合反映，这里只将硬度这一重要指标对染色的影响进行分析。水质硬度过高，易使染料生成难溶性的钙盐或镁盐，染色时不仅浪费染化料，且易造成色斑、色块，引起色泽萎暗。如果水质不稳定，用水硬度忽高忽低，染色绸在不同批次之间极易产生色差。由于Ca^{2+}、Mg^{2+}离子的促染效果比Na^+离子显著，染浅色极易产生色花、刀口印。染色用水宜用软水，如果水质达不到要求，可在水中加入软水剂（如纯碱或六偏磷酸钠）来降低水的硬度。

（三）酸性染料的染色方法

丝绸染色设备最重要的特点是低张力、少摩擦，常用的有卷染机、普通绳染机、溢流染色机、方形架、星形架等。卷染机染色浴比小，不易产生灰伤，但存在张力较大等问题，一般只适合于平纹、斜纹、缎类等轻薄型织物。方形架、星形架存在染色浴比大、自动化程度低的问题，方形架适合加工不耐压力和张力的纯蚕丝织物，星形架适合用于加工紧密厚实的真丝织物和不能受压的绒类织物。另外，采用经轴染色机在染色加工时，织物不动，避免了灰伤疵病，且染色浴比小、自动化程度高，电力纺、重绉、乔其、素绉缎等均适用。

1. 卷染工艺

九霞缎妃色染色示例

（1）工艺流程。

织物上卷→前处理→染色→后处理→上轴

（2）工艺处方。

卡普仑桃红BS	0.14%（owf）
平平加O	0.5g/L
冰醋酸	0.5mL/L
浴比	1∶（3~5）

（3）操作说明。

①织物上卷，布边要整齐，否则易造成染色不匀。采用的机头布要干净。卷染机的张力控制要适当（即制动装置的螺丝不宜过紧或过松），辊筒表面要平整光滑，防止产生色差或皱印。

②前处理。染色前，织物先在冷水中交卷一次，然后加入平平加O（1g/L）在95~98℃温度下交卷两次。其目的是清洁织物，扩散钙、镁皂，使纤维均匀湿润和膨化，促进染料的吸附、扩散和渗透。

③卡普仑桃红BS适宜于弱酸浴染色，故选用冰醋酸调节pH。染色时，先将平平加O和染料配成染液，织物于95℃条件下共染10道。第4、5道时加入冰醋酸，染色结束放去染液。

④后处理。分别用60℃和50℃的热水各水洗一次，以洗除织物表面的浮色和残留助剂，以获得鲜艳色泽，提高水洗、摩擦等染色牢度。

弱酸性染料在酸性介质中可使真丝纤维染色，而对纤维素纤维则不上色或很少沾色。人们利用弱酸性染料的这种性能，对真丝和纤维素纤维交织的提花织物进行染色而得到两种色泽，产生"双色效应"。因纤维素纤维提花不上色（呈白色），产生"闪银"现象。也可采用直接染料，在中性浴中使纤维素纤维染成黄色，而对真丝尽量不上色，产生"闪金"现象。

软缎被面玫红染色示例

染色处方:

(1) 卡普仑桃红BS   1.1%(owf)

　　平平加O   0.5g/L

　　冰醋酸   3mL/L

　　浴比   1∶(3~5)

(2) 卡普仑桃红BS   0.14%(owf)

　　平平加O   0.5g/L

　　冰醋酸   0.5mL/L

　　浴比   1∶(3~5)

织物先在1g/L的平平加O溶液(200L,100℃)中,走2道,然后染色(浴量为150L,加入平平加O和染料,100℃下染3道,在第4、5、6道分次加入稀醋酸,然后在100℃续染13道)。染后先进行酸洗(平平加O 0.5g/L,冰醋酸1ml/L,浴量340L,80℃)2道,后在60℃、50℃清水中各走1道。水洗应充分,要洗净纤维素纤维上的沾色,最后用固色剂固色处理。

浅蓝色16姆米素绉缎染色示例

(1) 工艺流程。

冷水洗→染色(40~90℃,车速75m/min,pH 4.5~5,浴比1∶3)→水洗(60℃×2道,冷水×2道)→酸洗(冷水×2道,pH 4.5~5)→出缸

(2) 工艺处方。

阿白格SET   0.5 g/L

兰纳洒脱红2B   0.075%

兰纳洒脱黄2R-GR   0.275%

兰纳洒脱兰2R   0.65%

醋酸   200mL

(3) 助剂。

①阿白格SET。在丝绸酸性染料染色时起匀染作用,可提高染料扩散力和匀染性。

②醋酸。调节染液pH。

(4) 操作说明。

①织物入槽。根据织物品种,确定每槽加工数量,每档放置一匹织物,把织物的头尾相接。

②前处理。织物在常温冷水中运转2道,然后把水放掉,再用40℃水运转2道。

③染色。将阿白格SET在冷水中溶解,加入染槽,运转2道,然后加入化好的染料溶液。车速85m/min,40℃×2道,50℃×1道,60℃×1道,70℃×1道,80℃×4道,90℃×6道(醋酸在90℃×2道后加入染槽)。

④后处理。水洗(60℃×2道,50℃×2道,冷水×2道),加入1g/L醋酸冷水运行5道后出缸。

2.方形架染色工艺

真丝果绿被面染色示例

（1）工艺流程。

织物S形折码→穿针、挂钩、上架→进槽前处理→染色→后处理→出槽、脱水

（2）染色处方（中性浴染色）。

	清水桶	连桶补加量
柴林湖蓝5GM（owf）	3%	2.1%
普拉黄R（owf）	0.85%	0.66%
平平加O	0.2g/L	0.04g/L
食盐	1.0g/L	0.6g/L
浴比	1：（100~200）	

（3）操作说明。

①因为方形架染槽的长度为1.2m，所以染前必须重新将精练后坯绸进行S形码尺。码尺后穿针，沿幅宽的一边在每间隔0.24m左右处穿针，每匹绸穿4~5根针，穿针的目的是便于挂钩。穿针不能穿入绸身，挂钩必须均匀。幅宽的另一边穿2根针，用2只挂架，并用绳子固定在两边框架上，防止织物浮起、起皱，织物平幅挂钩后，便能上架染色。

②前处理。织物染前，先在50℃左右的平平加O（0.2g/L）的溶液中浸泡15min，防止织物高温染色时，因收缩而拉破边。

③染色。将染料和平平加O配成染液，织物于80℃染色20min，然后坯绸吊起，将染液加热至沸，坯绸下槽操作20min后吊起织物，加入食盐溶液，保温100℃，坯绸下槽续染30min。

④后处理。先以45℃清水洗，然后在40℃的固色液中浸渍，固色30min，最后冷水清洗。

3.星形架染色工艺

（1）工艺流程。

挂绸→吊架入槽→浸渍（45~50℃）→染色→水洗（50~60℃）→出槽、下绸

（2）染色处方（中性浴染色）。

浅色	0.5%~1%
中色	1%~4%
深色	4%~10%
匀染剂O	0.2%

弱酸性染料中性浴染色上染率较低，但有利于染色均匀及连桶染色。如要获得较高的上染率，可加酸或中性盐。为防止染色不匀，可在中途分次加入酸剂，最好用弱酸盐如醋酸铵、硫酸铵等。在高温下，醋酸铵逐步分解释放出醋酸，促进染料上染，由于酸剂是缓慢释放的，有助于匀染。一些匀染性差、扩散慢的弱酸性染料染色时，可使用匀染剂，如平平加O等表面活性剂，它们既有润湿、渗透作用，又可与染料暂时结合，然后缓慢释放出染料单分子，达到匀染、缓染的目的。同时平平加O还能与已染在纤维上的染料结合，使深色部分的染料分子溶于水中，再在浅色处重新上染，起到"移染"作用。不过，平平加O的用量要适当控制，用量过多会产生"剥色"作用，使得色变淡。

4. 绳染机染色工艺

以真丝乔其橘红色染色为例说明。

（1）工艺流程。

织物入槽→前处理→染色→后处理→出槽

（2）染色处方（中性浴染色）。

普拉橘黄R	1.8%（owf）
卡普仑桃红BS	0.14%（owf）
平平加O	0.3g/L
食盐	0.5g/L
浴比	1∶30

（3）操作说明。

①织物入槽。根据织物品种，确定每槽加工数量，每档放置一匹织物，把织物的头尾相接。进绸时，应防止织物绕到椭圆辊上。

②前处理。织物在50℃的温水中运转10min，然后将水排出。

③染色。织物先在清水中运转，并逐步加入平平加O及染料溶液，接着，染液升温至80℃并加入食盐溶液，继续升温至95℃，染色30min，共染90min。

④后处理。先以流动冷水冲洗一次，再用40℃温水和冷水洗。水洗后，织物在45~50℃的固色液中固色30min，以提高染色织物的湿牢度。

（四）固色后处理

在真丝纤维上染色的酸性染料，需要在染色后用固色剂进行固色处理，以增加染色绸的耐皂洗色牢度。

1. 丝绸常用的固色剂及其性能

（1）固色剂Y。固色剂Y（俗称白固色剂）是双氰双胺甲醛树脂初缩体的醋酸盐溶液，外观为透明无色黏稠液体，带正电荷，能与染料阴离子生成难溶的络合物，而且能在纤维表面形成一层树脂薄膜，从而进一步提高织物的耐水洗色牢度。

（2）固色剂M。固色剂Y加醋酸铜即为固色剂M，外观呈浅蓝色，故称蓝固色剂。某些直接染料经铜盐处理后，会提高色牢度，尤其是耐日晒牢度，但是经铜盐处理，有时会使染料色光改变，故一般仅用于深色固色。

固色剂Y和固色剂M均为含甲醛的固色剂，经处理后的织物会不断释出游离甲醛，使得它们的应用受到限制。国内正在开发无甲醛固色剂，如固色剂WFF-1、固色剂F等均已上市。

（3）固色交联剂DE。固色交联剂DE为铵盐型的阳离子固色剂，它的分子中含有多个反应性基团——环氧基，它能与纤维上的羟基反应生成共价键，同时，又能与染料分子中的氨基、酰胺基等反应交联。此外，它还能自行交联与染料生成难溶的色淀，所以，固色效果较好。但一旦固色后，不能剥除。

（4）丝绸固色剂3A。固色剂3A系无甲醛固色剂，为多聚胺缩合物，属阳荷性表面活性剂，外形为淡黄色粉末，溶液呈中性，固色效果良好，可达4~5级，且有柔软作用。专用于丝绸固色。

2. **固色方法及工艺**

（1）固色剂Y的固色工艺。

固色剂Y　　　　　　　　　5～20g/L（视色泽浓淡而定）

HAc　　　　　　　　　　　1～3mL/L

平平加O　　　　　　　　　1～3 g/L

pH　　　　　　　　　　　　5.5～6

温度　　　　　　　　　　　55～65℃

时间　　　　　　　　　　　20～30min

液量：根据具体染色设备而定，固色处理后，可不经水洗即烘干，有时为了改善丝织物的手感，也可以冷水清洗一次后烘干。

（2）固色剂3A的固色工艺。

固色剂3A　　　　　　　　　2%～8%（owf）

冰醋酸　　　　　　　　　　0.2g/L（owf）

平平加O　　　　　　　　　0.15～20g/L（owf）

温度　　　　　　　　　　　50～60℃

时间　　　　　　　　　　　20～30min

浴比　　　　　　　　　　　根据具体染色设备而定

（五）染色中应注意的问题

（1）一般来说，弱酸性染料对蚕丝纤维的亲和力较高，不宜用强酸促染。匀染性好的，可分别选用醋酸、醋酸铵促染。匀染性能差的，采用中性浴（须加入匀染剂）染色，以达到匀染的目的。

（2）尽量不以中性盐电解质作为促染剂，以免影响真丝织物的光泽与手感。不用中性盐作促染剂的另一优点是有利于固色处理，因为中性盐中的硫酸根与固色剂容易产生沉淀，而造成白雾疵病。

（3）染色的升温过程直接影响上染速率和产品质量。为了避免染色不匀，始染温度不宜太高，可控制在80℃左右，然后逐渐升温。真丝织物比较轻薄，对光泽要求高，故不能长时间沸染，最高染色温度最好控制在95℃左右。染色结束前，还可适当降温，以提高上染百分率。染液沸腾时，坯绸不能下槽，以防冲击坯绸造成灰伤。

（4）采用方形架、星形架等染色时，由于浴比大，染化料用量大，在染色中，一般采用连缸染色的方法。若只有一缸任务的，可采取浅色逐步加深的方法，操作时要特别注意每批的色差。

（5）弱酸性染料的色牢度一般较差，通常需固色处理。

（6）特殊深色织物（如墨绿等）的染色温度，以90℃温度为宜，可确保其色牢度和匀染性。

（7）真丝/黏胶丝交织物"闪银"工艺，所选择的染料应尽可能对黏胶丝不沾色。染色后，应充分水洗，洗净黏胶丝上的沾色，以免白花不白。

二、直接染料染色

直接染料通常是指具有磺酸基（—SO₃H）或羧基（—COOH）等水溶性基团，对纤维素纤维具有较大亲和力，能直接在中性介质中染色，也能对丝、毛、维纶等纤维染色的染料。直接染料因其具有直接性，能直接上染纤维，无须媒染剂处理。

直接染料还具有类似酸性染料的结构，可在弱酸性条件下（某些经过选择的染料还可以在中性介质中）对蚕丝纤维上染。直接染料色谱齐全、价格便宜、使用简便。但直接染料分子中含有水溶性基团，上染后容易落色，因而水洗牢度不高，耐日晒色牢度也不够理想。虽然后来又发展了耐日晒色牢度在5级以上的直接耐晒染料，但色泽不够鲜艳。直接染料因其染色牢度差，在棉印染上已被还原染料、活性染料所取代。然而丝织物的染色牢度要求与棉布不同，表现在牢度检验方法上，丝织物的皂洗牢度检验以（40±1）℃为标准。某些牢度较好的直接染料，已能满足要求（皂洗牢度3级为合格）。同时，黏胶纤维的吸附性能特别强，在相同条件下，黏胶纤维织物耐皂洗色牢度的原样褪色程度会比棉纤维高0.5~1级。为此，直接染料在丝绸印染厂的应用广，耗量大，是目前黏胶纤维织物、黏胶纤维与棉纱交织物染色的主要染料。它在真丝织物上的应用主要是补充酸性染料色谱的不足，尤其是深色色谱，如深棕、墨绿、黑色等色泽。

（一）直接染料染色机理

直接染料染色过程与酸性染料一样，同样也有吸附、扩散、固着三个过程。直接染料在蚕丝等蛋白质纤维上的染色原理与弱酸浴或中性浴染色的酸性染料相似。除了在酸性介质中部分染料能生成离子键结合外，直接染料分子中存在着羟基、氨基、偶氮基等基团，蚕丝纤维中也存在着能形成氢键的基团（如—OH、—NH等），两者可以氢键形式结合。同时，直接染料分子呈线型，共平面性较好，有较长的共轭系统，与蚕丝纤维存在着范德瓦耳斯力的结合，从而使直接染料上染蚕丝纤维。

（二）直接染料染色工艺

蚕丝织物用直接染料染色，可以单独应用，也可以与酸性染料拼混染色。染色时，一般多采用中性浴。用直接染料染色的蚕丝织物，无论其色泽、鲜艳度、手感，往往不及酸性染料染色的织物。因此，直接染料用于真丝织物染色，一是用来与酸性染料拼色，调节色光；二是只应用于少数品种，主要是深色，如直接黑BN、翠蓝GL、绿B等。

下面以蚕丝电力纺黑色方形架浸染为例，说明直接染料染真丝绸的工艺。

（1）工艺流程。

织物S形码尺→穿针挂钩上架→进槽前处理→染色→过槽水洗→固色处理→水洗→织物出槽下架

（2）工艺处方。

①染色处方。

	清水桶	续桶（1）	续桶（2）
直接黑BN（owf）	18%	9%	7.2%
平平加O	0.25g/L	0.20g/L	0.10g/L
食盐	8g/L	0.7g/L	0.7g/L

②固色处方。

	清水桶	续桶（1）	续桶（2）
固色剂Y（owf）	25%	12%	9%
平平加O	0.04g/L	50g/L	50g/L
冰醋酸	0.1mL/L	100mL/L	100mL/L

（3）操作说明。

①前处理。织物在清水桶（平平加O，0.4g/L）、续桶（1）加0.014g/L、续桶（2）加0.007g/L的溶液中，于温度50℃下浸渍5min，以使纤维充分润湿和均匀膨化，并清除织物上残留的杂质。

②染色时，将染料和平平加O配成染液升温至100℃，织物在此温度下浸染60min，并于染色中途分批加入食盐溶液促染。为了防止染液浓度或蒸汽加热不匀造成染色不匀，织物在入染时以及加盐促染后，特别应注意上下吊动操作。

③后处理和固色。染色结束后，分别以温水（70～50℃）及冷水水洗各5min，而后于50℃浸渍固色液处理20min。

（三）染色中应注意的问题

（1）染色时，元明粉、食盐等电解质，对染色具有促染作用。促染剂应在中途加入，以免由于染色初染率的提高而造成色花。

（2）直接染料易聚集，且大部分直接染料都能与硬水中的钙、镁离子络合形成不溶性的沉淀，对硬水十分敏感。因此，染色时须采用软水。如水质硬度过高，可加软水剂（如六偏磷酸钠）去除钙、镁离子。

（3）染色时，加入元明粉、食盐等电解质应适量，以免过量的电解质造成染料聚集，导致盐析（即染料从染液中析出的现象），析出的染料沉积在织物上，会形成浮色，影响染色牢度，同时造成色点、色块等疵病。

（4）不需要固色的织物，染色完成后一定要多洗几道冷水，使织物完全冷却，否则易产生松板印。

三、中性络合染料染色

中性络合染料，是一种具有特殊结构的酸性含媒染料，它是金属络合染料的一种。金属络合染料分两大类：一类是一个染料分子与一个金属原子络合，称1∶1型酸性金属络合染料。这类染料与强酸性染料性能相似，所以又称酸性络合染料，一般用于羊毛染色，很少用于丝绸。另一类染料是两个染料分子与一个金属原子络合，称1∶2型酸性金属络合染料。这类染料的性能和染色方法与弱酸性染料相似，可在弱酸浴或中性浴中，对丝绸进行染色，所以又称中性络合染料，简称中性染料。

（一）中性络合染料染色特点和染色机理

中性络合染料大多不含水溶性的磺酸（或羧酸）基团，仅含不电离的亲水基团，如磺酰胺甲基（—SO_2NHCH_3）、磺酰甲基（—SO_2CH_3）等。所以，染料的亲水性小，溶解度差，但中性络合染料的相对分子质量大，湿处理牢度和上染百分率较各类酸性染料都有明显提高。

在配制染液时，可先用温水将染料调成薄浆状，再用热水或沸水稀释至染料完全溶解，一般无须沸煮。由于染液呈胶体状，如放置时间过长，将发生沉淀，因此应随用随配。

中性络合染料可以在中性或近似中性的染浴中对真丝绸染色，染色机理与中性浴酸性染料染色相似，染料与纤维的结合主要是氢键和范德瓦耳斯力。由于相对分子质量较大，对纤维亲和力较高，初染速率较快，而且染后染料的移染性很差，所以需注意控制染液pH接近中性的范围。加入食盐或元明粉能起促染作用，但为了匀染起见，常加入匀染剂平平加O，其用量为0.1~0.5g/L。中性络合染料的始染温度不宜太高，一般为40~50℃，且升温必须缓慢，才能使染色均匀。中性络合染料的各项牢度均较酸性染料好，尤其是耐日晒色牢度更好，一般染后不需固色处理。但是由于它有金属络合，色泽不及酸性染料艳亮，而且色谱不全，所以这类染料主要应用于深浓色，尤其是染灰、黑色。目前，蚕丝织物用中性络合染料染色，常与弱酸性染料（少数也与直接染料或活性染料）拼混使用，以改善其色光偏暗的不足。染色方法与中性浴染色的弱酸性染料基本一致，根据织物组织规格的不同，分别选用绳染或卷染。

（二）中性染料染色工艺

1. 11210电力纺咖啡色卷染机染色示例

（1）工艺流程。

织物上卷→前处理→染色→后处理→上轴

（2）染色处方。

中性棕RL	3.2%（owf）
中性灰2BL	0.7%（owf）
普拉黄R	0.4%（owf）
平平加O	0.2g/L

（3）操作说明。

①织物冷水上卷，于60~65℃交卷水洗2道，后以室温酸洗（HAc 0.4~0.5ml/L）2道。

②染色。织物在50℃开始染色，染色4道后升温至85℃，续染4道，再升温至95~98℃保温染色4道。

③后处理。染色结束后，在60℃水中洗1道、冷水洗2道。为提高深色品种的湿处理牢度，可在固色液中于40℃下洗4道，最后室温水洗1道，冷水上卷。

固色液处方：

固色剂Y	6.5%（owf）
平平加O	0.02g/L
HAc	0.1ml/L

2. 12107双绉藏青色绳染机染色示例

（1）工艺流程。

配绸→进槽前处理→染色→后处理→出槽

（2）染色处方。

中性元BL	1.4%（owf）

弱酸性藏青5R	1.2%（owf）
弱酸性藏青GR	1.6%（owf）
平平加O	0.2g/L

（3）操作说明。

①首先织物进槽后，在助剂溶液（雷米邦A 0.5g/L，柔软剂33N 0.8g/L）中运转10min，使绸身柔软、润滑、渗透均匀。

②染色。织物在30℃开始染色，60min内升温于95℃，在此温度下，染色50min。

③后处理。染色结束后，水洗三次（65℃、50℃、室温水）各10min，如果要提高染色牢度，可进行固色处理。

（三）染色中应注意的问题

（1）中性染料染真丝织物，应严格控制染液的pH，否则，易造成染色不匀。

（2）染色时，一般不加中性盐促染，因染料易聚集，而发生盐析，如要加盐促染，须严格控制其用量，不能超过10%。

（3）严格控制染色的始染温度、升温速度和染色温度，一般始染温度不宜过高，升温速度必须缓慢。

（4）为了提高染色的匀染效果，一般在染液中加入匀染剂（如平平加O等）。

四、活性染料染色

长期以来，蚕丝织物印染一直以弱酸性染料及部分中性染料为主，少数采用直接染料。酸性染料色泽鲜艳，但牢度差，特别是染中、深色时更差，为此染后要用固色剂处理，不但工序麻烦，而且固色后色光往往变暗，手感也变差。中性染料的染色牢度虽较好，但颜色不够鲜艳，且由于重金属残余对人体和环境的不利影响，使其应用受到限制。直接染料的色泽鲜艳度和染色牢度一般不够理想。为了提高蚕丝织物的鲜艳度和染色牢度，活性染料在蛋白质纤维织物的染色中应用越来越多。

为适应新时代绿色生产要求及Oeko-Tex Standard 100标准要求，活性染料发展的重点：

（1）低盐、高溶解度、高固色率型活性染料。

（2）新型杂环母体结构活性染料，提高染色鲜艳度。

（3）提高商品化技术，丰富染料商品剂型，扩大适用范围。

（4）代替媒染染料的低成本毛用活性染料和适应数码印染技术的活性染料。

（5）适用多组分混纺面料全流程工艺染色的活性染料。

（一）活性染料的特点

活性染料是一类能溶于水并含有活性基团，染色时活性基团能与纤维上的活泼基团（如—OH、—NH$_2$）发生化学反应，与纤维间形成共价键结合的染料。

活性染料色泽鲜艳、匀染性好、染色牢度优良、色谱齐全、价格便宜、应用方便，应用中主要缺点是染色时需要加入大量中性盐促染，活性基易水解，固色率不够高等。

我国生产的活性染料类型有X型、K型、KN型、M型、KD型和P型等，它们的活性基类型及固色条件见表3-2-1。

表3-2-1　国产活性染料的活性基类型及固色条件

名称	类型	固色条件	备注
二氯均三嗪型	X型	弱碱性pH=10.5，室温	普通型、冷固型
乙烯砜型	KN型	pH与X型相仿，60℃	热固型
一氯均三嗪型	K型	较强碱性，90℃以上	热固型
双活性基	M型	与KN型相仿	
	KD型	与K型相仿	
磷酸酯基	P型	弱酸性条件下借双氰胺催化作用在高温下固着	

除此以外，适用于蚕丝染色的活性染料还有三氯嘧啶和二氟一氯嘧啶型以及α-溴代丙烯酰胺基型等。

（二）活性染料染色机理

蚕丝纤维耐碱性较差，而活性染料的固色需要在碱性条件下进行，如果工艺条件控制不当，很容易对蚕丝造成损伤。所以在生产中，活性染料染蚕丝一般采用在酸性浴中染色或中性浴染色、碱浴固色的方法，而不用碱性浴染色。

1. **酸性浴染色**

活性染料在酸性浴中能很好地对蚕丝纤维染色，甚至能与酸性染料同浴拼色，其染色机理一般认为与酸性染料在酸性染浴中上染蚕丝纤维的机理相同，即染料和蚕丝纤维是以离子键结合，而在弱酸性浴中染色，除离子键外，同时还有氢键、范德瓦耳斯力结合。在这种情况下，活性染料酸性浴染色可看作将活性染料当作酸性染料来使用。但由于蚕丝纤维上的氨基等基团的亲核性比纤维素纤维上的羟基强，故和活性染料的亲核反应较易发生，所以，在中性浴或弱酸性浴中，蚕丝纤维也能与活性染料形成一部分的共价键结合。

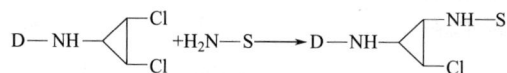

$$D-NH-\!\!\!<\!\!\!\begin{smallmatrix}Cl\\Cl\end{smallmatrix} +H_2N-S \longrightarrow D-NH-\!\!\!<\!\!\!\begin{smallmatrix}NH-S\\Cl\end{smallmatrix}$$

2. **中性浴染色、碱浴固色**

在中性浴染液中染色，活性染料与弱酸性染料上染纤维机理是一样的，都是依靠染料对纤维的亲和力上染，同时蚕丝纤维上的氨基与活性染料的活性基反应可形成共价键结合。为了使染料与纤维有更多的共价键结合，提高染料固着率和染色牢度，在中性浴染色后，再在染液中加入碱剂固色。随着染液碱性的提高，染料与纤维间的固色反应逐渐加快进行。

（三）活性染料染色工艺

1. **酸性浴染色工艺**

活性染料以酸浴法染色，染后得色浓，色泽较鲜艳，但固色率较低，湿处理牢度较差。酸浴法适于真丝/黏胶丝提花交织物花纹留白的染色，因为中性浴或碱性浴条件都会使黏胶丝的花纹沾色或染色。活性染料染色时，一般采用HAc调节染液至弱酸性即pH在4～6之间。此时，虽然丝纤维在等电点以上，纤维上带负电荷，与染料阴离子之间有排斥力，但染料对纤维的亲和力能克服排斥力而使染料逐步上染。加入中性盐可促染，提高活性染料的上染百分率，但中性盐加入量超过一定值时，上染率反而逐渐下降，因此需控制中性盐的加入量和加盐时间。在弱酸浴中染色时，可适当提高染色温度来提高上染率。以80~90℃染色，所得结果最好，具体要视染料性能而定。

玫瑰红闪白真丝/黏胶丝交织花软缎卷染机染色工艺示例

（1）工艺流程。

织物上卷→前处理→染色→酸洗→水洗→皂煮→水洗→上轴

（2）染色处方。

活性艳红X-3B（owf）	2.5%
冰醋酸	5ml/L
染液量	150L

（3）操作说明。

①前处理。染前织物先经稀HAc溶液（2mL/L）处理2道，以除去织物上残留的丝胶及可能存在的碱剂，避免产生染色不匀，然后以冷水洗1道。

②染色。于30℃始染，先染4道，接着升温至100℃，在5、6道分别加入一半稀释的HAc溶液促染，并使沾染在人造丝上的染料逐渐转移到真丝上，加完HAc后，续染6道，末道剪样对色。

③酸洗。染色结束后，放去染液，用稀HAc溶液（HAc 1g/L，平平加O 0.5g/L）于100℃处理1道，主要是使人造丝上的沾色充分转移到真丝上。

④皂煮。用净洗剂209（或LS）1g/L、纯碱0.5g/L，在95℃皂煮4道，以除去浮色，提高染色牢度。

⑤水洗。皂煮后，用70℃、50℃的热水各水洗2道，最后，冷水上轴。

2. 中性浴染色、碱浴固色工艺

活性染料在酸性浴中染色的上染率虽较高，但固着率一般不高，色牢度也较差，而在中性浴中上染在碱浴中固着的方法，可使染料键合增多，固着率较高，染后有较好的色牢度。

中性浴染色、碱浴固色是采用一浴二步法，即活性染料先按直接染料或弱酸性染料的染色工艺操作，加中性盐促染，染色后期在染液中加入碱剂固着。染色工艺举例如下。

绢绸玫红色卷染示例

（1）工艺流程。

织物上卷→前处理→染色（中性染色、碱浴固色）→水洗→皂煮→水洗→上轴

（2）染色处方。

活性艳红X-7B	2.0%（owf）
活性青莲X-2R	1.2%（owf）
元明粉	60g/L
纯碱	2g/L
液量	150L

（3）操作说明。

①前处理。同酸性浴法。

②染色。先以少量冷水将染料调成浆状，再以温水溶解，在染缸内放入100L的清水，加入已溶解好的染料溶液及元明粉，在室温下开始染色，先染6道，在第7道时加入纯碱溶液，使染料与纤维充分键合，染色及固着共12道。

③皂煮。染色结束后，先用冷水冲洗1道，以去除织物上的浮色及残留的助剂等。然后，以雷米邦A（3g/L）于90～100℃下皂煮4道，充分去除浮色，以提高色牢度。

④水洗。皂煮后，在100℃水中洗2道，80℃、70℃热水中各洗1道，最后冷水上轴。

真丝/人造丝交织物留香绉染大红闪金绳染机染色示例

（1）工艺流程。

织物进槽→缝头（二匹一接）→前处理→染色→水洗、固色→水洗→出槽

（2）染色处方。

活性艳红X–3B	2.6%（owf）
直接黄RW	0.48%（owf）
元明粉	15%（owf）
209洗涤剂	0.2g/L

（3）固色液处方。

固色剂Y	10%（owf）
冰醋酸	1mL/L
平平加O	0.1g/L

（4）操作说明。

①前处理。织物进槽后，在放有清水的绳染机中走一圈，以防织物缠结，并润湿织物。

②染色。把溶解好的助剂和染料加入绳染机中，织物自室温开始染色并逐步升温，在1h左右升至95℃，在此温度下，染50min左右，再降温至70℃，染一定时间，使直接染料上染人造丝，剪样对色。

③水洗。染毕，高温出水1次（95℃），再逐步降温出水2次（分别为70℃和室温水），以洗除浮色。

④固色。用固色剂Y固色处理，温度为45℃，处理时间20min，以提高染色牢度。

⑤水洗。冷水洗涤1次即可，出槽。

22姆米素绉缎金色卷染机染色示例

（1）工艺流程。

热水洗→80℃染色（车速75m/min，pH为9～10.5，浴比1∶3）→冷水洗→热水洗→冷水洗→酸洗→出缸

（2）工艺处方。

匀染剂RL	2g/L
永光活性红LX	0.15%
永光活性黄LX	0.85%
永光活性蓝LX	0.25%
元明粉	30g/L

小苏打   5g/L

酸洗处方：

醋酸   1g/L

（3）助剂用途。

匀染剂RL：增强染料扩散力，提高染料匀染性。

元明粉：促染。

小苏打：丝绸固色。

醋酸：调节pH。

设备：电脑双频常温卷染机。

（4）操作说明。

①织物入槽。根据织物品种确定每槽的加工量，每档放置一匹织物，把织物的头尾相接。

②前处理。织物在80℃的水中运转2道，然后把水放掉。

③染色。用冷水化好匀染剂RL，将匀染剂加入染槽，80℃运转2道，然后加入化好的染料溶液。车速85m/min，元明粉在3、4、5道分3次加入，小苏打2h后加入。80℃运转3.5h，放液。50℃下水洗2道。

④后处理。90℃水洗2道，80℃水洗2道，60℃水洗1道，冷水水洗2道。加入1g/L醋酸，冷水运行5道后出缸。

（四）染色中应注意的问题

（1）活性染料属于阴离子型染料，故染色时可以与阴离子型或非离子型表面活性剂同浴使用，而不能与阳离子型表面活性剂同浴使用。

（2）由于活性染料容易水解，利用率较低，所以，活性染料（特别是一些活性较高的类型）染色时大多采用浴比较小的卷染机染色。

（3）活性染料的相对分子质量较小，结构中都含磺酸基，所以水溶性较好，对硬水有较高的稳定性。溶解个别溶解性较差的染料时可用温水化料并适当加些尿素助溶。

（4）加入中性盐促染时，可在染色开始时一次性加入，因为活性染料的直接性较小，这样加中性盐的方法不会产生色点。

（5）活性染料耐洗、耐摩擦色牢度较好，染毕要进行高温皂洗，充分洗除织物表面的浮色，保证染色牢度。

（6）由于染料对纤维的亲和力较小，酸浴法染色一般加冰醋酸促染，中性浴染色一般加元明粉或食盐促染。

（7）如采用绳染机染色，染色时要选择直接性较高的活性染料。

（8）用活性染料对真丝/人造丝交织物闪白染色时，为防止沾色，染后必须充分水洗。

五、真丝织物染色常见疵病分析

染色质量评价指标包括色牢度、色差、匀染性和颜色鲜艳度，这些指标不合格时会出现不同情况的染色疵病。

在真丝织物染色操作中，由于工艺条件控制不当、染色设备操作不当等原因，很容易使染色产品产生疵病而降低产品等级，甚至浪费织物。所以，生产技术人员必须熟悉一些常见疵病的产生原因，采取必要措施加以克服，设法提高染色产品的质量。各种染色设备易产生的疵点类别、产生原因和防止措施分析如下。

1. **卷染机染色常见疵病分析**

（1）搭头印。该疵病表现为绸匹表面出现不规则色差、压痕或印记。

产生原因：导绸过短；导绸与染色物的色泽相差太大；导绸与染色物的质地不一；轴瓦过紧，张力过大；缝接处太宽太厚，布卷上辊筒后布面受压不均匀。

防止措施：导绸要具有一定长度；导绸和染色物的色泽相差不能太大；导绸和染色物质地要统一；适当调节张力，一般以织物不松弛、不垂为宜；缝头不能太宽，一般在1cm左右。

（2）深浅头。该疵病表现为绸匹两端整幅色泽有深浅。

产生原因：导绸不清洁；高温染料染色时辊筒温度低，调头快；染液的初始浓度太高；某些染料染色时，没有加罩，水分蒸发过多；导绸上的染液卷上辊筒后被压出，渗入绸匹头布造成深头。

防止措施：保持导绸清洁；染色前，要预热辊筒，调头速度要慢些；染色性能不一的染料，可分开加料（注意按染料的性能依次加入染液）；某些染料染色时要加罩；导绸和染色物的质地要统一。

（3）深浅边。该疵病表现为边口色泽与中间色泽不一。

产生原因：织物边口不齐；染料选择不当；绷架弧度太大；织物边口与中间的pH不一；织物边口与中间有温差；染色时应加罩的不加罩。

防止措施：上卷时织物边口要齐（三齐：量齐、缝齐、打齐）；选择上染温度相近的染料拼色；绷架弧度不能太大；加强前处理，使整个绸面酸碱度一致；用加罩卷染机染色。

（4）皱条。该疵病表现为经向有直皱印。

产生原因：缝头不平挺；打卷不够平挺、整齐；沸染时，蒸汽开得太大。

防止措施：沸染时，蒸汽不能开得太大，防止冲皱；保持绷架水平；机器经常要维修加油，保持运转均匀；做好机缸的清洁工作。

（5）纬斜。该疵病表现为丝绸织物纬线偏离与经线垂直的状态。

产生原因：织物上卷时，幅面左右经向松紧不同，运转时张力不均匀；沸染时，蒸汽冲击太大。

防止措施：织物上卷，左右松紧要均匀；染色时，机缸底部的蒸汽不能开得太大。

（6）松板印。该疵病特点为布面呈树木锯开后年轮纹状。

产生原因：织物上卷时，张力过大，温度过高，组织越紧密的平纹织物和色泽越深的织物，越易得松板印。

防止措施：织物上卷时，张力不宜过大，宜冷水上卷。

（7）色点。该疵病表现为绸面出现无规则的深色小点。

产生原因：染料浓度高，没有充分溶解；电解质用量太多；阴、阳离子反应产生沉淀；染缸不清洁，没有及时清洗；染料颗粒飞扬沾污坏绸。

防止措施：染料应充分溶解后方能入缸或用筛子筛过方能使用；促染剂应在中途分批

加入；阴、阳离子型染料或助剂不能同浴；保持设备清洁，及时清洗；染料需溶解（或调成浆）后进车间，防止染料飞扬。

（8）色差。该疵病特点是卷与卷之间色泽有差异。

产生原因：工艺条件控制不一；活性染料染毕未充分去除浮色；没有严格核样；坯绸性能上的差异。

防止措施：严格控制工艺条件；活性染料染毕需充分水洗；染色中必须对所染织物进行核样，核样时光源等条件保持一致；坯绸要撕头编号做吸色试验，提前检验坯绸性能并进行分批。

（9）色花。该疵病表现为布面色泽深浅不匀。

产生原因：染色出水水位过小；促染剂加得太快；中途加染料或促染剂时，没有降温。

防止措施：控制好染液量，染色出水水位不能过小；促染剂一定要中途分批加入（除活性染料外），避免染料上染过快；中途加染料或促染剂时，一定要先关闭蒸汽，降温后再加入。

（10）头子皱。该疵病表现为卷轴两端和坯绸两头起皱，造成深浅不一的条皱。

产生原因：导绸和坯绸收缩不一；织物幅宽不匀，缝头时硬接头；导绸过硬。

防止措施：选用相同质地的导绸和坯绸；缝头要挺直整齐，幅宽差异较大的，不能硬接头；避免导绸过硬，经常泡洗；干导绸和湿导绸缝头时，要将导绸浸湿。

（11）耐摩擦色牢度差。该疵病表现为深色耐摩擦色牢度在3级以下，摩擦沾色严重。

产生原因：染料选择不合理；染色道数少，水洗不充分。

防止措施：染深色时应选用染料助剂，如渗透剂等；严格控制工艺条件，染色道数要足，防止表面浮色；固色前后水洗适当；适当加入柔软剂，使织物润滑。

（12）双色品种沾色。该疵病表现为双色间相互沾污如白花不白，金花不黄。

产生原因：高温浓盐浴长时间染色；蒸汽冲击；打卷架不光滑，速度太快；手势太重。

防止措施：染色时不剧烈沸腾，用盐量和染色时间要适当；蒸汽不能强烈冲击；打卷架要光滑，手势要轻，车速要适当。

2. 绳染机染色常见疵病分析

（1）灰伤。该疵病特点是织物表面有微细的绒毛。

产生原因：染色设备内壁粗糙不光滑；坯绸进绳染机后，匹与匹之间相互堆积挤压，以致开车起步时，坯绸之间的摩擦太大，造成擦伤；染色温度过高，时间过长；染色浴比过小，染色织物过量，织物之间长时间互相摩擦；机械开幅产生摩擦。

防止措施：染色设备内壁要光滑；坯绸要揉好进槽，以免匹与匹之间的堆积、挤压；要严格控制工艺条件；染色浴比不能过小，要适当；染色后，采用手工开幅；练染液中加抗灰伤剂或丝素保护剂。

（2）皱印、拖刹印。该疵病特点为织物的经向呈现不规则的细皱条。

产生原因：染色织物过量，过分挤压；高温染色时间过长；染色过程中，织物缠绕打结；染色浴比过小；退浆用料太少，前处理时间太短。

防止措施：染色织物不宜过量；要严格控制工艺条件；染色中及时检查运转情况，避免织物缠绕打结；染色浴比要适当；严格控制前处理工艺条件。

（3）色柳。该疵病主要表现为经向条花。

产生原因：拼色染料选用不合理；染色升温过快。

防止措施：选择染色性能相近的染料拼色；染料加入后，要逐步升温。

（4）色花。该疵病表现为色泽深浅不匀。

产生原因：促染剂加得太快；中途加染料、促染剂时没有降温，加醋酸时没有稀释；染色升温过快；染料加入后，未及时搅匀。

防止措施：促染剂一定要中途分批加入（除活性染料外）；中途加染料、促染剂一定要关闭蒸汽，降温后加入；染色升温不宜过快；染化料要边加边搅匀。

（5）色点、色渍。该疵病表现为织物表面有色泽深浅不匀的点或块状斑点。

产生原因：染料浓度过高，电解质用量过多；染色后水洗不充分；阴、阳离子反应产生沉淀；机械设备的清洁工作未做好；染料未充分溶解；染料颗粒飞扬沾污织物。

防止措施：溶解的染料溶液倒入染槽时，桶下的不溶物不能加入染槽，促染剂应中途分批加入；酸性染料染色时，一定要充分水洗去除浮色后方能固色；阴、阳离子型助剂或染料不能同浴使用；做好染色设备的清洁工作；染色前确保染料充分溶解；染料称取后，须先将其溶解（或成浆）后方能出称料间。

（6）色差。该疵病表现为匹与匹之间有色泽差异。

产生原因：坯绸染色性能不同；染料、助剂用量不一致；工艺操作不规范、不一致；水质、蒸汽压力、温度等条件不稳定。

防止措施：加强坯绸分档工作；严格按照染色处方配料；严格执行工艺操作规程；水质不好可加软水剂，对蒸汽压力、温度等条件做好监测，勤观察，勤对样。

（7）霉点。该疵病特点为绸面有色泽深浅不一、光泽发暗的斑点。

产生原因：精练待染织物放置过久。

防止措施：精练后的织物要缩短堆放时间，及时进入下道工序加工。

3. 方形架染色常见疵病分析

（1）灰伤。该疵病表现为织物表面有不均匀绒毛，布面发灰。

产生原因：起吊操作次数太多，动作太快；染液沸腾冲击绸面；坯绸脱胶过度。

防止措施：起吊操作次数要适当，动作要缓和；染液沸腾后，略开蒸汽保温，保持染液微沸；坯绸脱胶要适当。

（2）刀口印。该疵病特点为织物的纬向有深色或浅色色条。

产生原因：起吊操作的次数太少；染料上染太快；方形架变形。

防止措施：在不引起灰伤的前提下，增加起吊次数；选择初染率较低，匀染性较好的染料；方形架要保持平整。

（3）色差。该疵病表现为匹与匹之间色泽不一致。

产生原因：在不同时间、不同光线下核对色光，产生误差；添加染化料不当。

防止措施：规范对色方法，采用同一光源对色；合理添加染化料，尤其在补加料时要进行合理估算。

3-11 丝绸
染色

【实验操作】

真丝织物弱酸性染料染色实验

（一）实验目的

（1）掌握弱酸性染料染色原理。

（2）学会酸性染料染色工艺操作方法。

（3）了解酸、电解质在弱酸性染料染色中的作用。

（二）实验准备

（1）仪器设备：烧杯、搅拌棒、钢制染杯、量筒、吸量管、温度计、电子天平、pH试纸、电热恒温水浴锅、药匙。

（2）实验药品：弱酸性染料、硫酸、醋酸。

（3）实验材料：脱胶后蚕丝织物4块，每块重1g。

（4）染料母液制备：2g/L。

（三）实验原理

弱酸性染料结构较复杂，在水中电离呈阴离子状态、与纤维间的分子间作用力较大。染色时用酸调节pH在4～6之间，蚕丝等电点是3.5～5.2，此时，纤维上带负电或呈电中性，染料主要以分子间氢键和范德瓦耳斯力上染纤维。此时，中性电解质（如元明粉）的加入起到促染作用。

（四）工艺方案（参考）

工艺处方见表3-2-2。

表3-2-2 工艺处方

工艺处方	1#	2#	3#	4#
弱酸性染料/（owf，%）	2	2	2	2
冰醋酸/（mL/L）	—	2.5	5	2.5
元明粉/（g/L）	—	—	—	1.5
浴比	1：100			

升温工艺曲线：

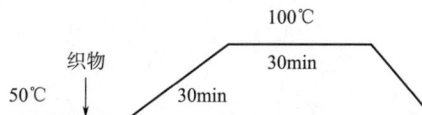

（五）实验步骤

（1）打开水浴锅电源，设置始染温度为50℃。将待染试样放于水浴中润湿。

（2）根据实验方案处方，分别配制4份染液，并放置于水浴锅中加热。

（3）用pH试纸测定各染液的pH。

（4）将事先润湿的丝织物取出，挤干水分后，分别投入4份染液，按照升温曲线过程进行染色。

（5）染后取出织物，用清水冲洗，晾干。

（六）注意事项

（1）实验过程中，注意不时用搅拌棒搅拌，避免被染试样浮出液面，保证染色均匀。

（2）实验中，染杯可以加盖表面皿或水浴锅盖，防止染液蒸发。

（七）实验报告

试样粘贴于表3-2-3，并分析实验结果。

表3-2-3　实验结果记录表

试样	1#	2#	3#	4#
贴样				
结果分析				

【项目练习题】

一、填空题

1.织物染色质量的评价指标主要有_____、_____和_____等。

2.弱酸性染料染真丝绸时，温度一般控制在_____，不能沸染，否则会_____；染色时加入醋酸起_____作用，为保证匀染，一般_____加入。

3.M型活性染料属于_____类型的活性染料，其固色条件一般是_____。

4.中性络合染料在蚕丝纤维上固着主要靠_____结合力，该类染料分子质量较_____，移染性较_____，对真丝绸染色时加入中性盐起到_____作用。

5.活性染料酸浴法染色一般采用_____来调节pH，此法用于真丝和黏胶丝提花交织物花纹留白的染色时，对_____纤维基本不上色。

二、简答题

1.弱酸性染料对丝绸进行染色时，尽量不用中性盐做促染剂的原因是什么？

2.弱酸性染料染真丝绸时，水质硬度过高会有哪些不利影响？

任务3 设计后整理工艺

【学习引入】

经过练、染、印加工后，蚕丝织物尺寸稳定性和表面平整度都较差，有的还会出现丝缕歪斜不正的现象，影响产品质量，因此丝织物必须经过整理后方能出厂。

随着人们生活水平的日益提高，对丝织品的性能要求越来越高，新型产品不断涌现，许多性能需要通过后整理加工实现。丝织物整理不仅是通过物理作用提高织物的外观质量，还是通过化学作用赋予织物一些特殊性质，提高织物的内在质量的加工。

一、后整理目的与方法

（一）蚕丝织物后整理的目的

（1）改善织物的外观和手感。改善织物的光泽，提高织物表面平整度，使织物具有自然柔和的光泽，光滑柔软的手感，洁白轻盈的外观。

（2）使织物规格化。织物在练、染、印过程中，难免受到张力的作用，使尺寸稳定性下降，幅宽不整齐。通过预缩、拉幅整理后，可使丝织物幅宽整齐划一、尺寸稳定，具有规定的缩水率。特别是经过汽蒸和呢毯整理机后，可以使织物在加工时受到影响的光泽和风格得到恢复。

（3）赋予织物一些特殊功能，提高织物的附加值。通过各种化学整理可以赋予织物抗皱、防缩、增重、防水、防静电、抗泛黄、阻燃等性能，图3-3-1为丝绸的抗皱整理效果。同样，也可利用化学整理和机械整理相结合的方式如桃皮绒整理，提高真丝绸的附加值。

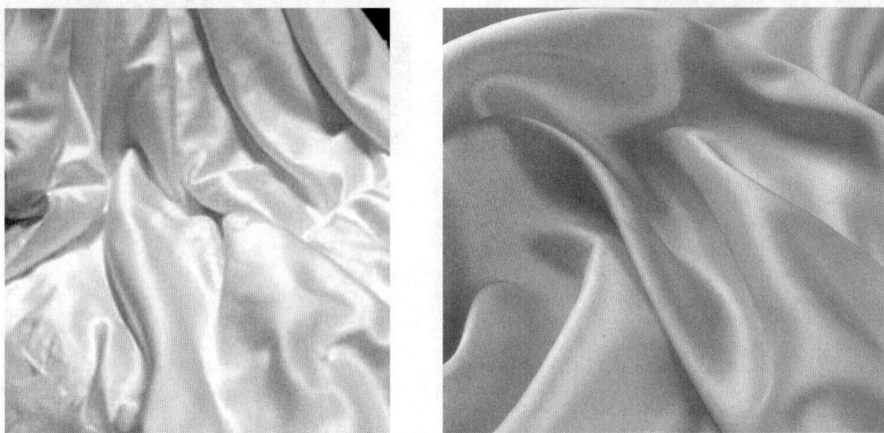

图3-3-1 丝绸的抗皱整理效果

（二）蚕丝织物后整理的方法

为了达到整理效果，可采用多种整理方法。整理方法的分类，按工艺性质可分为机械整理、化学整理；按整理效果可分为暂时性整理和耐久性整理。

丝织物整理主要是以机械整理为主，即利用填充剂、水分、热能、压力或机械的作用，来达到整理的目的，整理后可充分体现真丝绸所固有的优良品质。除此之外，化学整理也在不断进步并应用于丝织物整理，以进一步提高织物的服用性能。丝织物经整理后，要求表面平整、尺寸稳定、缩水率小、手感柔软、光泽柔和，能保持丝织物的优良品质。

【拓展阅读】

丝绸之路上的蚕丝织物整理

丝绸之路是古代东西方之间的重要贸易和文化交流通道，蚕丝织物在其中扮演了重要角色，图3-3-2为甘肃地区出土的丝绸之路地图丝巾。丝绸之路上的蚕丝织物整理技术，融合了东西方的文化和技艺，形成了独特的整理风格。

丝绸之路上的蚕丝织物整理注重保持天然蚕丝的质地和光泽，采用传统的染色、印花和刺绣等工艺，使织物具有丰富的色彩和图案，如图3-3-3所示。同时，还注重织物的柔软性和舒适性，以满足穿着者的需求。

丝绸之路上的蚕丝织物整理技术对后世产生了深远的影响，不仅促进了东西方文化的交流，还为蚕丝织物的发展奠定了基础。

图3-3-2　甘肃地区出土丝绸之路地图丝巾　　　　图3-3-3　丝绸之路服饰图案

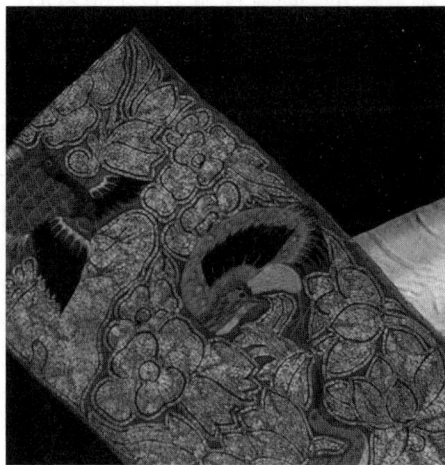

二、丝织物的一般机械整理

（一）脱水

水洗后的织物上带有大量水分。脱水主要是去除织物上留存的水分和毛细管孔隙中的水分（即自由水）。可采用轧水、离心脱水和真空吸水等方法进行。

1. 轧水

轧水是让织物通过一对软、硬轧辊组成的轧点，轧去织物中多余的水分，而达到去水又不损伤绸面的目的，适宜于缎类等不耐折皱的织物。真丝织物的轧水通常是和打卷连在一起的。

轧水机主要是由一个长方形不锈钢槽、一对轧液辊和几根小导辊、扩幅辊、打卷辊等组成。织物先放在盛有清水的长方形槽内,然后通过几根小导辊同时进行拉幅,使织物平整地进入轧液辊,轧去水分后,再通过扩幅辊进行打卷。

轧水时织物缝头边缘要对齐,缝头两端要缝来回线,线缝要平直,织物表面要平整,以免产生头端褶皱。操作工在操作时,需将织物均匀拉伸并轻轻往前送,同时注意防止纬斜。

2. 离心脱水

离心脱水是利用高速旋转时产生的离心力将织物上的水去除。操作离心脱水机时,织物要均匀堆放在转笼的四周,织物纬向平折,不能对折,不能装载过量。一般适用于乔其、双绉及提花类织物的脱水。

3. 真空吸水

吸水器内抽真空,当织物通过吸水器的吸水缝时,织物上的自由水被抽吸掉。在丝绸染整厂,真空吸水装置往往设在烘干机的前部。对一些不耐轧又不能皱折的湿织物,如斜纹绸、电力纺等,则适宜用真空吸水机脱水。

【拓展阅读】
离心力故事:离心力与地球自转的关系

一项简单的实验来证明离心力与地球自转之间的关系。实验材料包括一个容器、水和一些小颗粒物质(如沙子或小珠了)。将容器装满水后,轻轻地将一些小颗粒物质放入其中。接下来,旋转容器,模拟地球的自转。

当开始旋转容器时,会发现小颗粒物质会受到一个向外的力,使其向容器的边缘移动,这个力就是离心力。离心力的大小与物体到旋转中心的距离成正比,也就是说,距离旋转中心越远的物体所受到的离心力越大。

这一实验结果有助于理解地球自转的原理。地球作为一个旋转体,也会产生类似的离心力。这也是为什么人们能够在地球上感受到一定的离心力,例如在赤道上物体比在极地上轻。

除了这个简单实验外,还有其他一些观测实验可以进一步证明地球自转的存在。图3-3-4为19世纪法国科学家傅科为证明地球自转所做的实验。用一根长达67m的钢丝吊着一个重28kg的摆锤,摆锤顶端带有钢笔,并观测记录它的摆动轨迹。可以发现,钟摆每次摆动都会稍稍偏离原轨迹并发生旋转。实际上这是因为房屋在缓缓移动,准确地说是悬挂摆线的顶点在自转。

图3-3-4 19世纪地球自转实验

(二)烘干

脱水后,织物上仍含有被纤维吸附的结合水,必须通过烘干,借助热能汽化的方式加以去除。染整生产过程中所用的烘干设备，根据被烘织物蒸发水分所需热能的传递方式不同，可分为烘筒烘干机、热风烘干机和红外线烘干机三种。由于红外线烘干机的烘干温度高，烘干时织物易变形，而真丝织物比较娇嫩，不能承受过大的张力，烘燥不宜过急、过度。因此，目前丝绸染整厂常用烘筒烘干机和热风烘干机两类。

1. **烘筒烘干机**

丝绸染整厂最普遍使用的烘干设备是单辊筒烘干机，其结构图和实物图如图3-3-5和图3-3-6所示。它是靠一只内通蒸汽的金属辊筒（铁或不锈钢制）来烘干织物的。由于织物直接接触经蒸汽加热的金属辊筒，并受上轧辊的压力作用，所以织物在烘干的同时，也达到了熨平的目的，有些工厂将其称为平光机。在该机前后部位都安装有伸缩板式扩幅辊，扩幅力较大，而且织物越潮湿，经向拉得越紧，扩幅力也越大，可使织物平整无皱地烘干并进行打卷，也起到拉幅定形作用。有的厂还在机前加装真空吸水机，以提高烘燥效率。

单辊筒烘干机结构简单、使用方便、占地面积小，所加工的织物平挺光滑。主要适用于电力纺、洋纺等薄型织物。缺点是紧式加工，产品手感发硬，并易产生极光，有时一次烘不平，还需再烘1~2次。为此，很多丝绸染整厂，将一台真空吸水机加上两台单辊筒烘干机和一台小呢毯整理机，组成"三合一"呢毯整理机。其目的是提高效率，可以一次烘干，改善成品的手感和光泽。但在紧式加工方面没有大的改善。"三合一"呢毯整理机广泛用于电力纺、双绉、花绉缎、素绉缎、和服绸等较厚织物的烘干整理。烘筒蒸汽压力为0.2~0.3Mpa，车速为25m/min。

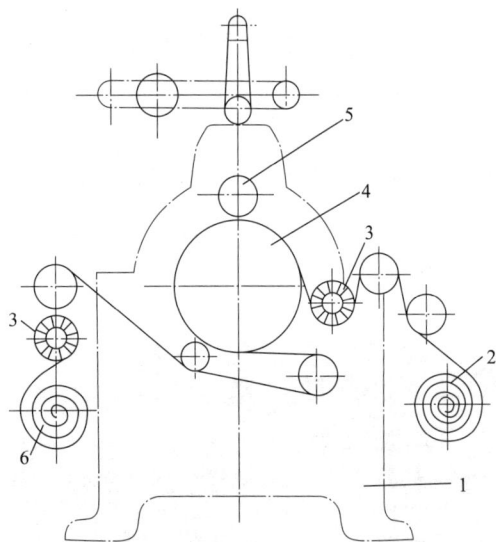

图3-3-5　单辊筒烘干机结构
1—机架　2—进布卷　3—伸缩板扩幅器
4—烘燥滚筒　5—上压辊　6—出布卷

图3-3-6　单辊筒烘干机实物图

2. **热风烘干机**

热风烘干机是借热空气传热给被烘织物以去除水分。所以在干燥过程中，空气除带走被干燥织物的水分外，还必须提供使织物水分汽化所需的热量。因此，需先将空气经加热器加热，然后把热空气送入烘房内加热织物。根据织物在烘房内的状态不同，热风烘干机有悬挂式、针铗链式、圆网式、气垫式等多种形式。针、铗链式热风烘干机常用于烘干、拉幅（定幅）整理，现丝绸染整厂常用的烘干装置多为悬挂式和气垫式热风烘干机。

（1）悬挂式热风烘干机。如国产Q241型，就是专为丝绸烘干设计的，结构图如图3-3-7所示，实物图如图3-3-8所示。其外形为一个高大的长方体，四周用石棉及铁板隔热保温，机身的一边有4台直立式鼓风机，热风从机顶吹入，机顶下方为一排挂绸用的耐高温导布辊。织物从机前上方进入烘房时，由其本身与导辊循环链之间的速度差，借助织物自重和吹风口的风力，自动地在相邻两导布辊间形成一定长度的布环而悬挂在导布辊上，并随循环链缓缓地向烘房出口处移动。布环的长度约1.5～2m，属于长环悬挂式热风烘干机。热风循环路线为自上而下，然后自烘房下方吸出，经蒸汽加热器循环回用。因为在烘干过程中，织物是自然悬挂在导布辊上的，所以织物所受张力很小，这是该机的最大优点。该机特别适宜于表面有凹凸形花纹及绉类织物的烘干使用。

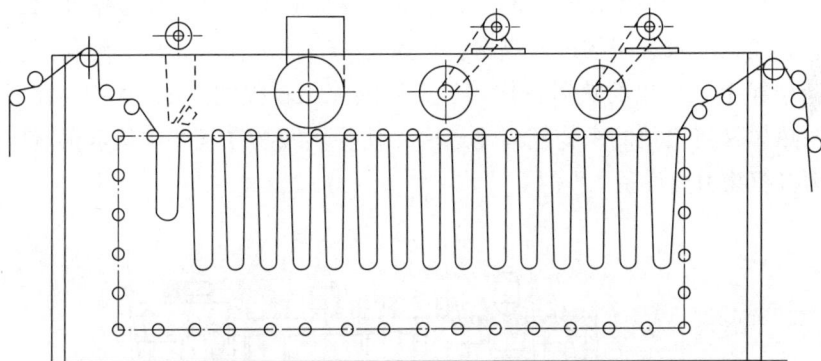

图3-3-7　国产Q241型烘干机结构图

图3-3-8　国产Q241型烘干机实物图

（2）圆网烘干机。该机也是一种松式热风烘干机。织物平摊无张力地进入烘房，包绕在圆网上通过。利用离心式风机的抽吸作用，使热风透过织物间隙循环。其结构如图3-3-9

所示。此机烘干效率高、绸面平、适应性强,适用于绉类及花纹织物的烘干。

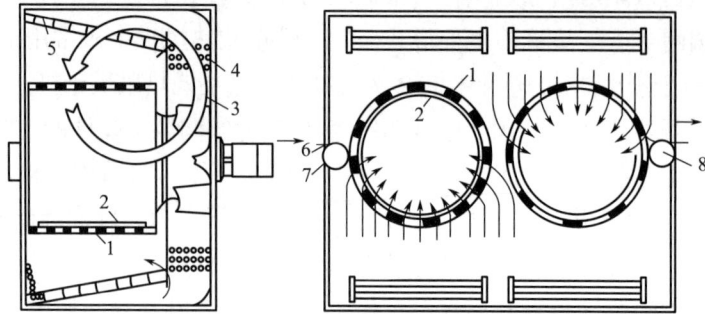

图3-3-9 圆网烘干机

1—圆网 2—密封板 3—离心风机 4—加热器 5—导流板 6—织物 7—喂入辊 8—输出辊

(3)松式无张力气垫式烘燥机。国产的有ZMD421型,其结构如图3-3-10所示。该机主要是由进布装置、烘房、热风循环系统、输送网、落布装置等几部分组成。平幅织物由进布架引入,经喂布辊将织物平摊在输送网上,进布机架上设有旋钮可调整喂布量,使织物完全达到松式进布。输送网载着织物进入烘房。热风房内有热风循环系统,错位式排列的上下风嘴均固定在稳压箱上,喷出的热风较均匀。上风嘴喷出较强的热风,将织物压到输送网上;下喷嘴喷出的热风又将松弛的织物托离输送网,使受烘织物在气垫中呈波浪状向前行进,然后由落布机构将织物引离设备。

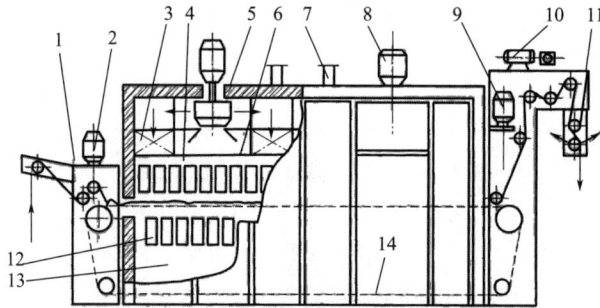

(a)结构图

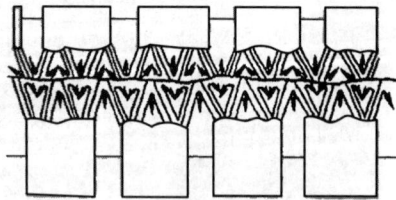

(b)喷嘴喷风示意图

图3-3-10 松式无张力气垫式烘燥机

1—进绸机架 2—进绸电动机 3—加热器 4—上稳压箱 5—循环风机
6—上风嘴 7—排气口 8—风机电动机 9—输送网电动机 10—出绸电动机
11—出绸装置 12—下风嘴 13—下稳压器 14—输送网

烘干工艺:织物在烘燥过程中呈松式状态,且不断受到热风的搓揉作用,应力得到松弛。用气垫烘燥机烘燥后的织物手感丰满、柔软，缩水率小，尺寸稳定。

①工艺流程。

平幅落布→超喂→烘燥→平幅进布

②工艺条件。

车速	15～35m/min
超喂	5%～6%
温度	100～110℃
风速调节角	30°～90°

车速、风量根据织物的含湿量、组织规格、后道工序要求而定，超喂量要根据织物在烘房内形成的波浪大小加以适当控制，温度要根据织物的厚薄而确定。

（三）拉幅

丝织物在染整加工过程中，受到许多机械作用，往往引起织物经向伸长、纬向收缩、幅宽不均匀，有的还会出现纬斜现象。拉幅（定幅）整理是利用纤维在湿、热状态下的可塑性，将织物用机械作用力缓缓拉宽至规定的尺寸，同时调整经、纬线在织物中的状态，从而得到规格整齐划一、幅宽稳定的织物。拉幅机有普通布铗拉幅机，布铗热风拉幅机，针板热风拉幅机及针板、布铗链拉幅定形两用机。

（1）普通布铗拉幅机。普通布铗拉幅机是将织物在干燥状态下通过吸边器进入布铗。普通布铗拉幅机如图3-3-11所示。进绸部分的布铗门幅较窄，待布铗将绸边咬住后，再慢慢将门幅拉开至规定尺寸。

普通布铗拉幅机虽结构简单，但烘干效果不好，一般适用于干拉或含湿率很小的织物拉幅。常与单辊筒烘燥机和松式烘燥设备联用。

图3-3-11　普通布铗拉幅机

（2）布铗热风拉幅机。布铗热风拉幅机分拉幅和烘干两大部分，拉幅机构主要由布铗链、链轨和调幅机构以及开铗装置等组成；烘干是在热烘房内进行的，布铗热风拉幅机如图3-3-12所示。

织物在热风拉幅机上拉幅，幅宽不宜拉得过度，否则落水后易收缩，并易将织物拉破。一般幅宽控制在成品所需要求。烘房温度为100～120℃。

（3）针板热风拉幅机。针板热风拉幅机的机械结构基本同于布铗热风拉幅机，它们的最大区别是以针板代替布铗。针板热风拉幅机如图3-3-13所示。进布口针板的上方装有转动的毛刷辊，由它将织物的布边压刺到针板的钢针上，织物随针链移动前进，使幅宽伸展。到出布口时，由装在织物下方的毛刷辊把织物从钢针上顶下，而针板则循着轨道由下方回机前继续工作。另外，该机还增设有超喂装置，在拉幅过程中减少了经纱张力，有利于扩幅。该机实质上还起到了预缩作用。超喂率要根据拉幅的大小和缩水率要求而定。

（4）针板、布铗链拉幅定形两用机。该机将布铗和针板集于一机，可根据加工织物的情况而选择使用。热风房内的温度也可根据需要进行调节。

图3-3-12　布铗热风拉幅机　　　　　　　图3-3-13　针板热风拉幅机

（四）机械防缩整理

丝织物在染整加工过程中，由于受到较大的拉伸作用，经洗涤后会发生一定的收缩，织物收缩的百分率称为缩水率。真丝绸染整成品的缩水率一般要求在5%以下。

1. 织物产生缩水的原因

（1）在染整加工中，织物受到拉伸而伸长，经烘燥后冷却，形态被暂时固定下来，纤维内存在内应力。织物润湿后，在内应力的作用下产生收缩。

（2）织物织缩的改变是引起织物缩水的主要原因。纤维润湿后发生膨化，大多数纤维的膨化是各向异性的，即一般直径膨化程度比长度方向大。织物织造时，经、纬纱是互相弯曲交错的。当经（纬）纱润湿后，纬（经）纱吸水膨化变粗，但经（纬）纱长度增加不明显，要保持经（纬）纱原有的弯曲程度，只有通过减小纬（经）纱间的距离，使织物缩短。

（3）织物组织结构、所用原材料的性质等因素，与织物缩水有很大关系。

2. 防缩整理设备

针对织物产生缩水的原因和丝织物的特点，丝绸印染厂降低缩水率的措施主要是在练、染、印、整各工序加工过程中尽量采用张力小或无张力的设备，减小织物伸长。另外，采用机械预缩的方法，改善织物中经向纱线的织缩状态，使织物的纬密和经向织缩增加到一定程度，使织物具有松弛的结构。即丝织物在成品出厂前，让其原来存在的潜在收缩应力，预先释放。例如可将织物落水或给湿，让它在湿热状态下回缩，然后松式烘干，目前采用的针铗超喂拉幅烘干机和松式气垫式烘干机就是这种预缩方式。对于缩水率要求较高的织物，还可采用针、铗链拉幅定形两用机（图3-3-14）、汽熨整理机（即蒸绸机，图3-3-15）和汽蒸预缩机（图3-3-16）等几种。

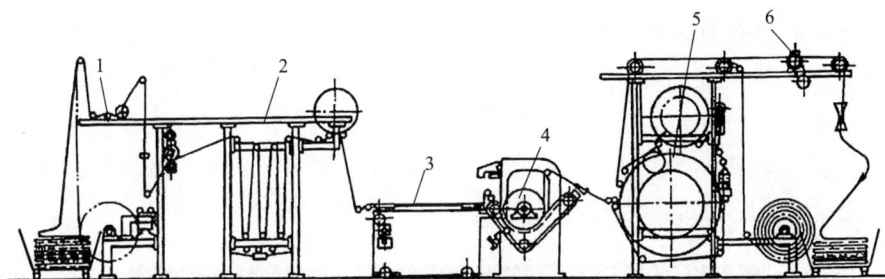

图3-3-14 针、铗链拉幅定形两用机
1—进绸架 2—给湿装置 3—小布辊 4—橡毯 5—落绸装置 6—定形装置

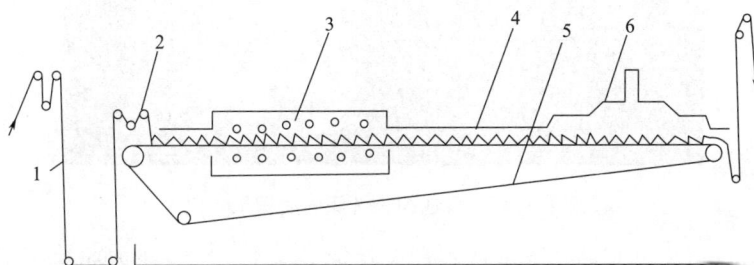

图3-3-15 汽熨整理机
1—织物 2—超喂调节辊 3—蒸汽区给湿区 4—烘燥区 5—松弛传送带 6—冷却区

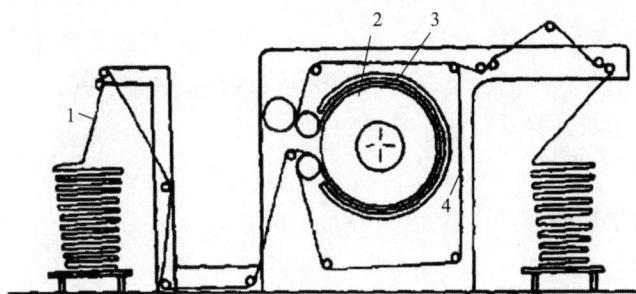

图3-3-16 汽蒸预缩机
1—织物 2—蒸呢辊 3—全幅无缝毛毡套筒 4—全幅无缝包布

【拓展阅读】

为什么有些衣服会缩水

衣服的缩水现象是一件令人头痛的事。例如，当制作衣服时选用的衬布或缝线缩水率较大时，做成的衣服经水洗后就会导致布面起皱、变形；而如果布面缩水率过大，则会导致衣服因缩水而变小。

衣服缩水的原因有多种，关键在于织物纤维的结构和性质。例如，羊毛织物较易缩水，而且缩水后很难再复原，这是由于羊毛纤维的鳞片间相对运动时，正向和逆向摩擦系数不同。所以，羊毛织物可选用干洗法作洗涤处理，平时应勤晒、勤拍。如要水洗的话，则应选用有防缩水作用的丝毛洗涤剂或羊毛织物专用洗涤剂。棉布、黏胶纤维布的缩水，则与其本身植物纤维的亲水性有关。这些纤维分子的排列较为松散，分子间孔隙较大，水分子易进入。一旦浸入水中，纤维会从经向（垂直于纤维的方向）上发生膨胀，即纤维会变粗，但其长度反而缩短。这类织物浸洗时会变厚变硬，干燥后则会明显发生收缩现象。这是棉布和黏胶纤维布缩水率大于化纤布的主要原因，如图3-3-17所示。

图3-3-17　普通织物洗涤前后缩水变化

衣服缩水的另一个主要原因是在织物生产过程中形成的。织物在纺丝、织布、印染等过程中，其纤维纱线要受到一系列的机械作用，从而产生变形。这些变形在干燥状态时还是较为稳定的。可是在洗涤过程中，纤维和纱线受到湿、热的作用，变形部分就会急速复原，于是产生了织物的缩水现象。

织物纤维的种类不同，其缩水程度也不一样。通常，黏胶纤维（人造棉）缩水率可达10%，棉、麻织物通常为3%～5%，而涤纶、丙纶织物的缩水率仅为0.5%～1%。由此可见，合成纤维的缩水性要比亲水性纤维织物小得多。

三、丝织物的化学整理

（一）柔软整理

真丝绸本身比较柔软，但在练、染、印等各道工艺加工后，手感往往变得僵硬和粗糙，所以仍需用机械或化学的方法来加以改善。

机械柔软整理是利用机械的方法，在张力作用下将织物多次揉搓，破坏织物的硬挺性，使织物恢复至适当的柔软度。柔绸机有螺旋式和纽扣式两种。另外，使用超喂拉幅整理、呢毯整理以及汽蒸预缩机整理，对改善织物的手感都能起到一定的作用。

化学柔软整理主要是利用柔软剂减少织物纱线间、纤维间的摩擦力，减少织物与人体间的摩擦力，借以提高织物的柔软度。真丝织物使用的柔软剂主要有非有机硅和有机硅两类。非有机硅类的柔软剂大都为具有长链脂肪烃的化合物，常用的有反应型的柔软剂VS.两性型柔软剂D3和非离子型柔软剂33N等。有机硅类柔软剂有柔软剂NTF-3、柔软剂IM、202含氢甲基硅油乳液和821硅油乳液等。真丝织物进行柔软整理时，先浸轧柔软整理液，然后在一定温度条件下进行拉幅烘干即可。

丝织物化学柔软整理工艺举例如下。

工艺流程：

浸轧→烘干（120~130℃）→拉幅定型（100~110℃），车速30~35m/min

工艺处方：柔软剂A100g/L；柔软剂B25g/L。

【拓展阅读】

柔软整理机器介绍

意大利的AIRO-1000柔软整理机，又称气流式织物整理机，如图3-3-18所示。该设备可进行一般机械柔软整理，也可进行化学柔软整理。该机由处理槽、水平导绸框架、垂直导绸翼、主滚筒、进绸口、文丘里管、栅格、热交换器、鼓风机、过滤系统、液压系统、出绸辊的防护玻璃门等组成。

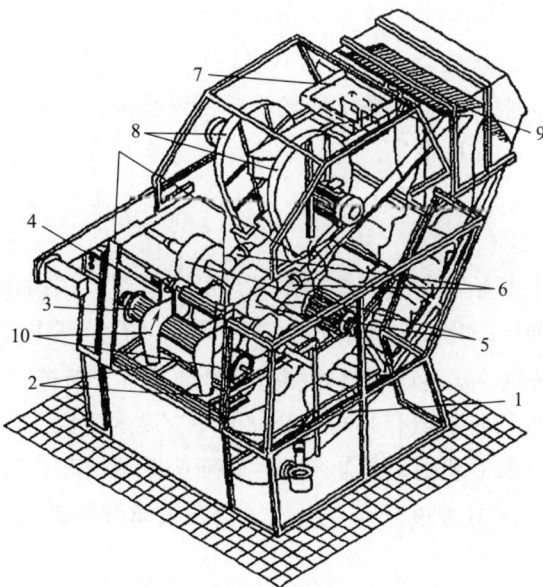

图3-3-18　AIRO-1000柔软整理机
1—处理槽　2—水平导绸框架　3—叶形导绸辊　4—垂直导绸翼　5—大导绸辊
6—文丘里管　7—热交换器　8—鼓风机　9—栅格　10—织物

（二）增重整理

蚕丝织物经脱胶后失重20%~25%。为了弥补这些失去的重量，改善真丝织物的抗皱性、悬垂性，可通过化学填充的方法即增重整理来实现。目前，增重整理主要用于真丝领带和女士高级上衣等厚织物。通过增重整理不仅可以弥补重量损失，还能使手感丰满，赋予织物洗可穿性能。增重方法有锡增重、丹宁增重、丝素溶液增重和合成树脂增重等。国内外使用较多的仍旧是具有悠久历史的锡增重。

【拓展阅读】

增重整理工序

锡增重用氯化锡（$SnCl_4$）进行，由以下四道工序构成。

（1）氯化锡处理。使氯化锡为蚕丝纤维所吸附、扩散、渗入纤维内部，并产生一定程度水解。

（2）磷酸盐处理。使蚕丝吸附的氯化锡固着。

$$Sn(OH)_4+Na_2HPO_4 \rightarrow Sn(OH)_2HPO_4+2NaOH$$

上述两道工序根据增重量的要求，可反复进行。

（3）硅酸盐处理。使锡增重物稳定化。

$$Sn(OH)_2HPO_4+Na_2SiO_3 =\!=\!= Sn(SiO_2)HPO_4+2NaOH$$

（4）皂洗。去除未反应的物质。

增重整理工艺

$SnCl_4 \cdot 5H_2O$处理（375g/L，30℃，30min）→冷水洗→$NaHPO_4 \cdot 12H_2O$处理（50g/L，60℃，20min）→冷水洗→重复上述工艺→泡花碱处理（100g/L，60℃，15min）→冷水洗→皂洗（1g/L皂片+Na_2CO_3 1g/L，80℃，15min）→冷水洗→烘干

丝织物经上述锡增重一次处理后，增重率达19%～20%，若重复一次，增重率可达40%左右。对绞丝增重，同样也能达到上述要求。增重后的织物成品挺括、手感丰满、悬垂性有所提高。但染料的上染百分率有所下降，色光偏暗，强力有所下降，且对光敏感，容易加速脆损，所以要避免增重过度。

（三）拒水整理

近年来，国际市场上开始流行真丝绸拒水整理的新面料，国内将拒水整理和砂洗整理相结合加工的真丝绸，整理后织物集砂洗和拒水于一体，具有手感丰满、柔软、悬垂性好、不易折皱、具有洗可穿的特点，这是国内真丝绸拒水整理的重大新进展。

（1）拒水原理。拒水和防水虽有共同之处，但却有质的区别。经防水整理的织物基本上不透水，也不透气，而拒水整理则只是使疏水性物质吸附或沉积在纤维上，保持经纬纱之间的孔隙，故经处理过的丝绸可透过空气和水汽，会在蚕丝纤维表面上生成一层拒水性薄膜，产生拒水效应。

（2）拒水剂。丝织物拒水整理常用的拒水剂有防水剂CR、氟系拒水剂GA、有机硅型拒水剂等。而以有机硅型拒水剂应用最广。有机硅拒水剂是以硅氧链为骨架，有甲基或乙基等非极性基团作为拒水基团，以氢或羟基等为反应基，能与纤维结合或吸附在纤维表面。若与适当的交联剂和催化剂（如醋酸锌、锆盐等）拼用，线型有机硅分子可形成网状结构，可提高耐洗性。经有机硅拒水剂整理的真丝绸除有显著的防水效果外，手感柔软、滑爽、耐水洗、干洗、耐磨性、缝纫性显著改善，且耐日晒、夜露和微生物侵蚀。

（3）拒水整理流程。真丝绸拒水整理和砂洗整理结合加工的整理工艺流程如下。

精练→染色→砂洗柔软→二浸二轧拒水剂（轧液率75%）→烘干（105～110℃ 5min→高温焙烘160℃，4～5min）→码尺→成品出厂

【拓展阅读】

亲水、拒水纤维的辨别

在拒水整理中可将液体的表面张力看作常数。水滴与织物表面形成的夹角θ，如图3-3-19所示。若$0° < \theta < 90°$，则液滴部分润湿该固体表面θ越大，润湿性越差；若$\theta > 90°$，则不能润湿固体表面，液滴在固体表面上成珠状；若$\theta = 0°$，则液滴在固体表面扩散（铺展），固体被液滴完全润湿。

接触角θ越大越有利于水滴滚动。织物拒水性能可通过水滴在倾斜或粗糙的固体表面形成的接触角来表征。

后退接触角越大，水滴就越容易从表面脱离，即防水性能越好。纤维种类不同，其接触角也不同。其中棉和黏胶纤维与水的接触角较小，称为亲水性纤维；合成纤维与水的接触角均较大，故称为疏水性纤维，而聚丙烯腈纤维是例外。在纤维中，一般吸湿性和膨润性小的，其接触角较大。

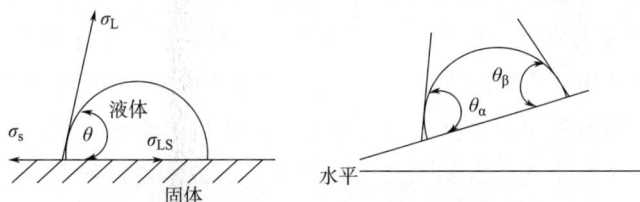

图3-3-19 水滴与织物表面所形成夹角示意图

（四）防皱整理

真丝织物通常有三大缺点，即易泛黄、起皱、易擦毛。近年来，具有良好性能的新纤维不断被开发和研制，真丝绸的防皱整理也越来越被人们所重视，真丝防皱整理效果如图3-3-20所示。

图3-3-20 真丝防皱整理效果

防皱整理的发展至今已有几十年的历史，且整理工艺日趋成熟，但关于树脂整理的作用机理的研究有待进一步深入，目前关于这方面理论比较成熟的有树脂沉积理论和共价交联论。

（1）树脂沉积理论。该理论认为，树脂初缩体粒子能扩散到纤维的无定形区域，经高温焙烘后，自身之间极易缩合成网状结构且不溶于水的大分子，沉积在纤维的无定形区。沉积的树脂经过物理机械作用，即靠机械摩擦作用或氢键，限制了纤维素纤维中大分子链或基本结构单元的相对位移，赋予织物防皱性能。

（2）共价交联理论。该理论认为，整理剂与纤维发生反应后，能在纤维分子中形成共价交联链，减少了因氢键断裂而导致的不能立即回复的形变，并使纤维从变形中回复的能力得到提高，从而提高防皱性。

防皱整理通过防皱整理剂和纤维作用，从而赋予真丝绸一定的抗皱性。作为真丝绸抗皱整理剂，纤维反应型树脂N-羟甲基化合物能改善真丝绸的抗皱性和防缩性。

【拓展阅读】

真丝防皱整理方法

通常，真丝绸用合成树脂的防皱整理方法：

真丝绸浸轧树脂液（60~90℃），烘燥5~10min，120~130℃焙烘5~10min，然后皂洗或碱洗。常用树脂整理剂有缩合型树脂（硫脲—甲醛树脂、三聚氰胺甲醛树脂等）、纤维反应型交联剂［二甲基乙烯脲（DMEU）、二羟甲基二羟基乙烯脲（DMDHEU）等］。但N-羟甲基型树脂在存放和服用洗涤过程中容易产生游离甲醛，严重的会影响人们的身体健康。目前，国际上已对纺织品所含甲醛量作了限制或禁用的规定。国内外学者研究并开发出一批低甲醛或无甲醛的树脂整理剂，如水溶性聚氨酯、有机硅系树脂、环氧化合物、多元羧酸类无甲醛整理剂（柠檬酸、1，2，3，4-丁烷四羧酸）等。对于N-羟甲基型树脂，可利用甲醛的捕集剂（尿素、聚丙烯酰胺、碳酰肼等含有氨基的化合物）拼用到整理液中或进行醚化改性，如用甲醇或多元醇醚化的2D树脂来进行整理，从而降低织物上甲醛的释放量。

（五）防泛黄整理

真丝绸泛黄老化是指真丝绸受日光、化学品、湿、热等环境的影响而产生的强力显著下降和表面光泽泛黄的现象，如图3-3-21所示。

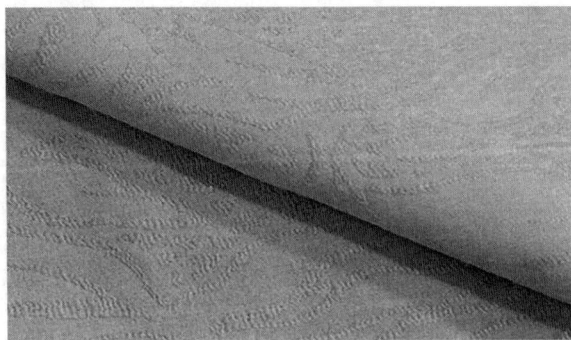

图3-3-21　真丝绸泛黄老化

1. 真丝绸泛黄老化的原因

（1）紫外线光照作用，使丝纤维的氨基酸，尤其是色氨酸、酪氨酸残基发生光氧化作用而变成有色物质，导致纤维强力下降。

（2）温湿度效应。丝织物在40%以上的湿态环境下长期保管，则会显著促进泛黄。

（3）真丝绸精练后残存的蜡质有机物、无机物和色素等杂质都可能引起真丝绸泛黄老化。

（4）空气中的氧，大气中的各种污染气体NO$_x$、SO$_2$等，对真丝绸泛黄老化起促进作用。引起真丝绸泛黄老化的原因是错综复杂的，要防止真丝绸泛黄老化，应采取综合措施。

2. 防止措施

（1）染整加工方面。要求真丝绸精练时，使用质量良好的精练剂和煮练助剂，精练的浴比及精练助剂的用量应适宜，并需有充分时间进行前处理和后处理。精练操作要标准化。对经泡丝并在织造时上蜡的真丝绸，在用皂碱法精练前，要浸在含有乳化分散剂等表面活性剂的冷水和温水中进行前处理。后处理水洗要充分，使真丝绸上不残留精练残渣。为了除去精练残渣，水洗温度宜为30℃左右。在染整加工中，不使用易于引起真丝绸泛黄的那些荧光增白剂、柔软剂和树脂。经常对成品进行耐光试验。

（2）练白绸运送和储存方面。真丝绸成品宜采用不透气的密封形式包装，并且要避免使用含有泛黄物质的包装材料。在仓库装卸货物时，要避免卡车向仓库内排气，在储藏时，要避免与含有泛黄物质的塑料薄膜、硬纸、橡皮带、搁板和纸等接触。商店在陈列真丝绸产品时，要尽量避免真丝绸受外界有可能导致泛黄的因素作用。仓库和商店的陈列柜都要保持干燥。勿直接使真丝绸裸露暴晒过久，勿使真丝绸的表面积尘过多。制线时所用络筒油及制作服装时衬衣的衣领、袖口等处所用黏合剂，都不宜含有易泛黄的物质。

（3）化学整理剂对真丝绸织物进行处理。目前研究较多、效果较好的方法如下。

①用紫外线吸收剂处理真丝绸。可用于蚕丝防泛黄处理的有苯并三唑系和二苯甲酮系以及水杨酸苯酯系等紫外线吸收剂。整理剂浓度一般为0.2%~1%（owf），可在染浴中采用浸渍的方法整理到织物上。

②对真丝绸进行树脂整理或接枝共聚整理，也能对防泛黄有一定程度的改善，不过对树脂的选择和焙烘条件的确定要十分注意。根据实践经验，采用硫脲—甲醛树脂、二羟甲基乙烯脲树脂和含羟基的氨基甲酸酯树脂以及采用环氧化合物接枝共聚等加工真丝绸都具有显著的防泛黄效果。

需要注意的是，真丝织物的焙烘条件不能过分激烈。图3-3-22为防泛黄处理后的丝绸织物。

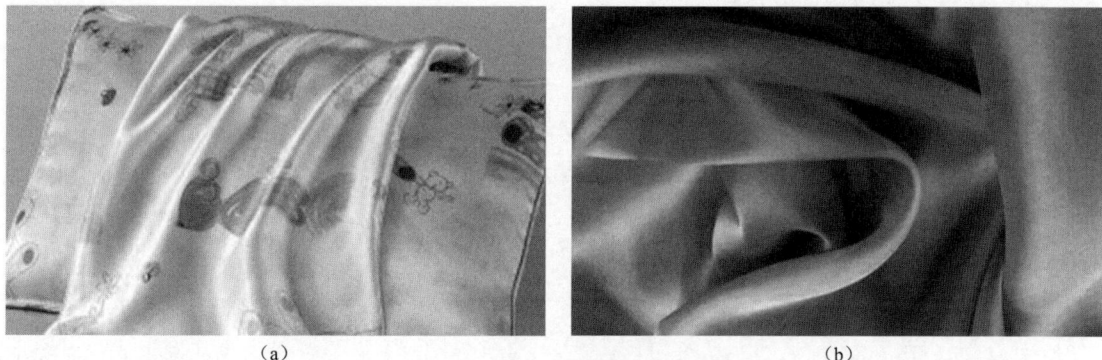

(a)　　　　　　　　　　　　　　　　(b)

图3-3-22　防泛黄处理后的丝绸织物

【拓展阅读】

真丝发黄恢复小妙招

1.在日常穿着和储存过程中的注意事项

（1）避免长时间暴露在阳光下，以防紫外线对真丝纤维造成损害。

（2）存放在干燥、通风良好的地方，避免潮湿和高温的环境。

（3）尽量使用专门为真丝设计的洗涤剂和护理产品。

（4）定期清洗，避免污渍长时间停留在衣物上。

2.白色真丝衣物发黄后的处理方法

（1）柠檬汁清洗法。将柠檬汁涂在发黄的地方，然后用软毛刷轻轻刷洗。最后用清水漂洗干净即可。柠檬汁中的酸性成分有助于去除黄色污渍。

（2）食盐水浸泡法。将发黄的真丝衣物在温盐水中浸泡约20min，然后用清水漂洗干净。食盐水可以起到固色的作用，同时也能帮助去除黄色污渍。

（3）白醋浸泡法。将发黄的真丝衣物在白醋中浸泡约10min，然后用清水漂洗干净。白醋中的酸性成分有助于去除黄色污渍。

（4）茶叶水清洗法。将茶叶水倒入盆中，加入适量清水稀释，将发黄的真丝衣物浸泡在茶水中约20min，然后用清水漂洗干净。茶叶水中的茶多酚有助于去除黄色污渍。

（5）牛奶清洗法。将牛奶倒入盆中，加入适量清水稀释，将发黄的真丝衣物浸泡在牛奶中约20min，然后用清水漂洗干净。牛奶中的蛋白质有助于去除黄色污渍。

【项目练习题】

1.说出蚕丝织物后整理的必要性。

2.蚕丝织物后整理的方法有哪些？

3.真丝织物一般机械整理有哪些步骤？

4.织物会产生缩水现象的原因有哪些？

5.拒水整理和防水整理有哪些区别？

项目四　织造奇迹——丝绸技艺的 14 个关键瞬间

【教学目标】

知识目标

1.掌握丝织常用原料的主要性能和规格。

2.了解桑蚕丝经纬线的书写方式。

3.熟悉丝织物的分类与品名、品号。

能力目标

1.能够分辨丝织物常见原料。

2.能够读懂丝织物的规格并分辨丝织物类型。

3.培养善于总结、勇于改革、不断创新的能力。

素质目标

1.爱岗敬业的工匠精神，安全、质量、成本、环保意识。

2.较强的社会适应能力和自我约束能力。

3.良好的团队意识，善于合作、共处的能力。

任务1　领略产品分类

【学习引入】

在购买丝绸面料或服装时经常会遇到一些描述产品的文字和数字，如何通过这些描述认识丝绸产品？能否对产品的特征有初步了解？丝绸产品成千上万，又如何进行分类呢？

一、常用原料的主要性能和规格

在丝织物里，常用原料的表示方法例如，2/20/22旦。其中，"2/"表示2根蚕丝并合，"20"表示经纬纱细度的下限数值，"22"表示经纬纱细度的上限数值。如果采用法定计量单位，则用"22.2/24.4dtex×2"表示。1旦≈1.11dtex。

桑蚕丝的细度表示方法：由于桑蚕吐丝不是机器生产，所以每根蚕丝的细度一般很难保持绝对均匀一致。为了表示其存在的差异，常用两个限制数字来表示桑蚕丝的线密度。如22.2/24.4dtex（20/22旦）、24.4/26.4dtex（22/24旦），即22.2～24.4dtex（20～22旦）或24.4～26.4dtex（22～24旦）表示桑蚕丝细度大小范围。桑蚕丝通常缫制成22.2/24.4dtex的规格；柞蚕丝通常缫制成38.9dtex或77.8dtex两种规格。其他规格较少生产。

（一）桑蚕丝

桑蚕丝又称桑丝，是丝织生产的主要原料，由人工喂养的家蚕所结茧缫制而成。根据生产的需要和加工方式的不同，桑蚕丝可分为以下几种。

1. 茧丝

是直接由蚕体分泌的绢丝液经吐丝孔排出，遇到空气凝固而成的蚕丝，未经任何加工。

2. 生丝

利用缫丝机将几个煮熟茧的茧丝（一般为8根左右）一起顺序抽出，借助丝胶黏合而成的复丝。生丝未经精练加工，保持了原有的色泽和胶质。

3. 熟丝

生丝经过精练加工之后的丝。

4. 厂丝

用完善的机器设备和工艺缫制而成的蚕丝，白色蚕茧缫成的丝叫白厂丝。厂丝品质细洁、条干均匀、粗节少，加捻后有良好的绉缩现象，是制作真丝绸的优良原料。常用的规格有14.4/16.7dtex（13/15旦）、22.2/24.4dtex（20/22旦）、31/33dtex（28/30旦）、44.4/48.9dtex（40/44旦）等。白厂丝如图4-1-1所示。

5. 土丝

用手工缫制而成的蚕丝。土丝光泽柔润，但糙节较多，条干不均匀，品质远不及厂丝，用于粗犷效果的丝织物，如传统丝绸产品杭罗。常用的规格有34.1/38.9dtex（31/35旦）、33.3/38.9dtex（30/35旦）、38.9/44.4dtex（35/40旦），55.5/77.7dtex（50/70旦）、77.7/99.9dtex（70/90旦）。土丝如图4-1-2所示。

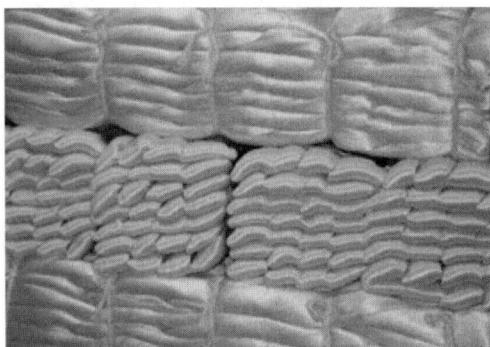

图4-1-1　白厂丝　　　　　　　　　　　图4-1-2　土丝

6. 双宫丝

由两条或两条以上的蚕共同结成的茧叫双宫茧，是一种疵茧。由双宫茧缫成的丝称为双宫丝。双宫丝有两个或两个以上的丝头，错综缠绕在一起，有明显的疙瘩瘤节，纤维较粗，条干不均匀，光泽较差，多用于织制质地厚重或风格粗犷的织物，一般用作纬纱。常用的规格有55.6/77.8dtex（50/70旦）、111.1/133.3dtex（100/120旦）、166.7/222.2dtex（150/170旦）等。双宫绸和双宫茧分别如图4-1-3、图4-1-4所示。

7. 绢丝

绢丝又称绢纺丝，是以缫丝和丝织产生的废丝及疵茧，如以蛾口茧、薄皮茧、烂茧等为原料，经绢纺工艺制成的短纤维纱线。桑蚕绢丝光泽好、表面均匀洁净、强力高，可织制轻薄丝织物，也可用于针织和加工缝纫线。常用的规格有47.6dtex×2（210公支/2）、

图4-1-3 双宫绸

图4-1-4 双宫茧

71.4dtex×2（140公支/2）、83.3dtex×2（120公支/2）、125dtex×2（80公支/2）、166.7dtex×2（60公支/2）等。

8. 䌷丝

䌷丝是指缫丝和丝织过程中所产生的屑丝、废丝及茧渣，经加工处理纺成的丝。䌷丝较粗且条干不匀，纤维短、光泽差、杂质多、强度低，但手感丰满，常用于织制绵绸。常用的规格有588dtex（17公支）、400dtex（25公支）、370dtex（27公支）、333.3dtex（30公支）等。

（二）柞蚕丝

柞蚕丝是由我国北方地区的一种野生柞蚕茧缫制成的天然丝。由于柞蚕丝的丝胶含量少，结构不如桑蚕丝紧密，因此柞蚕丝线的光洁度、条干均匀度都不如桑蚕丝，柞蚕丝织物的外观比桑蚕丝织物粗糙，缺乏悬垂飘逸感，抗折皱性差。柞蚕丝品种主要包括柞药水丝、柞灰丝、柞绢丝、大条丝。柞绢丝常用的规格有83dtex×2（120公支/2）和147dtex×2（68公支/2）两种。桑蚕茧与柞蚕茧对比图如图4-1-5所示。

（a）桑蚕茧

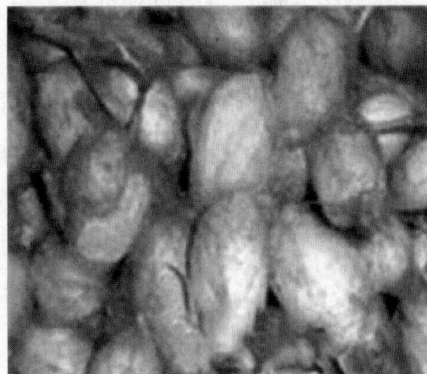

（b）柞蚕茧

图4-1-5 桑蚕茧与柞蚕茧对比图

（三）化纤长丝

化纤长丝是指用长丝设备生产的未经切断的长纤维，多为复丝（图4-1-6）。丝织物中常用的包括涤纶、锦纶、丙纶等合成纤维以及光泽明亮的有光黏胶丝、醋酸丝，还有具有强烈金属光泽的无机纤维（金属丝线）等。有光黏胶丝、醋酸丝多用作纬纱，常用的规格有66.7dtex、83.3dtex、111.1dtex、133.3dtex、166.7dtex。合成纤维长丝常用的规格为83.3dtex/36F或83.3dtex/72F、111.1dtex/96F、166.7dtex/144F。目前，合成纤维常采用不同的加工工艺，生产复丝、单丝、弹力丝、网络丝、异形截面丝、超细丝、新视觉纤维等品种，用于与其他纤维混纺、交织或织制仿真丝织物，如福乐纱、雪纺，还有质地轻薄的锦纶与有光涤纶交织形成的具有闪光双色效应的闪色绸等。与传统化纤长丝织物相比，仿真丝织物在柔软、穿着舒适性、透气性、仿绸感方面都有所改善。

图4-1-6 化纤长丝

丝织物原料组分呈多元化趋势。除上述纤维外，天然纤维中的棉、毛、麻纤维和各种新型纤维，在丝织物中也有所应用，如大豆纤维、彩色棉纤维、Tencel、竹纤维和功能性纤维等。这些纤维在丝织物中以复合丝、捻线丝或交织的形式存在，通过交织、并线、捻线、混纺等技术，取长补短，提高丝织物的使用性能。如经向采用桑蚕丝加弱捻、纬向采用桑蚕丝和金属记忆丝交织而成的具有记忆功能的丝织物，丝与吸湿排汗纤维Coolmax/Lycra包缠复合丝交织制成的具有良好的吸湿排汗性的交织绸，以真丝氨纶包芯丝为原料制成的具有舒适、保形性的弹力丝织物等。

（四）丝织物原料的选用

设计丝织物时，应结合不同的用途选择相应的原料。如外观华丽、穿着舒适，高档的礼服、裙装可采用桑蚕丝面料；高级粗犷类仿麻织物可采用线密度不均匀、具有疙瘩效应的土丝、双宫丝；中厚型丝织物或粗犷织物可选用柞蚕丝；而价格低廉的服装里料、棉服面料、被面和壁挂等，可采用黏胶丝。考虑到涤纶和锦纶的强力高、耐磨性好，其织物可用于服用、伞绸、沙发绸及提花织物的背衬等。

在考虑用途的同时，原料的选用还应考虑生产能否正常进行。细度不匀的丝、强疙瘩丝、大条丝、花式线等，一般因其穿综、穿筘不方便而不宜作为经丝；织缩率相差悬殊时可考虑双轴织造；短纤纱与长丝交织时，一般短纤纱不能用作经丝，如非用不可，则必须经过浆纱工艺。另外，要考虑纱线并股，以提高经纱强力，改善织造效果。有时还可将一根长丝并入股线，以提高耐磨性能。表面提有各种花纹的织物，为显示地暗花明的效果，通常用光泽较高的丝线起花，地部则用光泽较暗的丝线。

二、丝织物经纬组合

（一）桑蚕丝经纬线书写方式

经纬线原料相同的表示方法：丝线线密度×并合根数 原料名称、捻度、捻向、丝线颜色。如：22.2/24.4dtex×2（2/20/22旦）桑蚕丝26捻/cm（S），表示为2根22.2/24.4dtex（20/22旦）桑蚕丝并合，再加26捻/cm的捻度，捻向为S。

经纬线原料不相同的表示方法：（甲原料丝线线密度 原料名称+乙原料丝线线密度、原料名称）捻度、捻向、丝线颜色。如：[22.2/24.4dtex（20/22旦）桑蚕丝+30.0/32.2dtex（27/29旦）桑蚕丝]18捻/cm（Z），表示为22.2/24.4dtex（20/22旦）桑蚕丝与30.0/32.2dtex（27/29旦）桑蚕丝并合，再加18捻/cm的捻度，捻向为Z。

4-1 丝织物常用原料的主要性能和规格

（二）常用的线型结构

（1）平线。即长丝不加捻或稍加弱捻的一种线型结构，弱捻通常加4~6捻/cm，主要是为了增加丝线的强度及经纬丝间的摩擦力。这种丝线线型稳定、坚牢并富有弹性，保留真丝的天然光泽，常用于表面平整、手感柔软的纺、绸、缎类等丝织物。

（2）绉线。绉线通常指捻度为20捻/cm的强捻丝。利用绉线的线型使织物表面形成绉缩，产生"绉效应"，用于绉织物和提花织物的设计。采用绉线配置设计的丝织物有：经丝无捻、纬丝用2S2Z强捻丝相间排列形成的具有鱼鳞状外观、光泽柔和的双绉织物；经丝无捻、纬用单向强捻丝而纵向具有规则波浪形的真丝顺纡绉；经纬丝都为强捻丝且以2S2Z排列的真丝绉类产品如乔其纱与东风纱。实践证明，经纬丝以两根S捻、两根Z捻排列的织物，绉效应好，生产也较为简便。

（3）熟双经。熟双经属于弱捻丝，先将单根丝加弱捻，再两根并合，反向加弱捻而成，其线型稳定、坚牢并富有弹性，常用作熟织或半熟织织物的经丝，如馥香缎的经丝线型：[22.2/24.4dtex（20/22旦）桑蚕丝，8捻/cm（S）]×2（色），6.8捻/cm（Z）。

（4）碧绉线。碧绉线属于中捻丝，由一根加捻的粗丝线（往往用几股丝并合而成）与一根较细的无捻丝并合，再反向加捻而成。无捻丝因加捻而产生捻缩，而粗丝线为反向加捻，使已产生的捻缩消失，一张一弛，最终形成较细的一根平线，在丝线中作芯线，而较粗的一根加捻丝在小张力下均匀地环绕在芯线周围，从而形成线型结构，丝线柔软、蓬松而富有弹性，织物表面呈现含蓄的水波纹。

（5）花式线。花式纱、段染纱、七彩纱、多彩纱等花式线的变换组合或闪光的雪尼尔纱与金银丝构成的花式线，均可使丝织物获得点缀的效果，对比鲜明，风格亮丽。

三、丝织物特征

丝织物是指采用桑蚕丝、柞蚕丝、化纤长丝及部分短纤维为原料而织成的织物。凡长丝含量大于50%（或织物表面具有丝绸风格）的织物，均称为丝织物，包括所有纺织原料的纯织或交织产品。

中国丝绸历史悠久，不论是栽桑、养蚕还是缫丝、织绸、印染等生产技术，都是我国创造的。据文献记载，我国古代丝织品具有丰富、端庄、富丽、多变等特点，在国际上享有崇高声誉。丝绸之路就是将我国大量丝绸从长安运往中亚、西亚等地区和国家的贸易通道。丝绸的传播对人类的发展做出了巨大的贡献。

丝织物的基本特性是高雅艳丽的外观和滑爽的手感、良好的缝纫性和穿着舒适性。

（一）桑蚕丝织物特点

（1）光泽明亮悦目，自然柔和。

（2）手感柔软滑爽，悬垂飘逸。

（3）染色纯正，色谱齐全。

（4）吸湿性好，穿着透气、舒适。

（5）有良好的弹性和强度。

（6）耐热性较好，但温度过高时会变色和炭化。

（7）耐日光性不佳，暴晒会使织物强力和弹性下降，并导致色泽泛黄或褪色。

（8）洗可穿性一般，洗后需熨烫。

（9）对碱敏感，不宜使用碱性洗涤剂。

（10）易虫蛀。

（二）柞蚕丝织物特点

（1）吸湿性，透气性良好，穿着舒适。

（2）强度高，仅低于麻纤维，且润湿后强度增大。

（3）弹性、抗皱性一般，不如桑蚕丝绸，无自然免烫性。

（4）耐日光性较差，晒后织物发脆、发涩，故不宜暴晒。

（5）湿润后织物发涩、变硬。

（6）溅上水滴（清洁无色）干燥后会出现水渍，全部浸入水中，晾干后可消失，因此不可喷水熨烫。

四、丝织物的分类与品名品号

（一）分类

1. 按原料分类

（1）桑蚕丝绸。指以100%桑蚕丝为原料的丝织物，也称真丝绸，如真丝双绉、真丝软缎、真丝杭罗等。

（2）柞蚕丝绸。指以100%柞蚕丝为原料的丝织物，如柞丝电力纺、疙瘩绸、鸭江绸等。

（3）绢丝绸。指以绢纺丝为原料的丝织物，如绢丝纺、桑绢纺、柞绢纺等。

（4）人造丝绸。指以黏胶丝为原料的丝织物，如美丽绸、古香缎、新华葛等。

（5）桑丝交织丝绸。指分别以蚕丝与其他长丝或短纤维纱作经纬，或蚕丝与其他长丝在经向或纬向交替织入的丝织物。如织锦缎、花软缎是真丝与黏胶丝的交织品。

（6）交织丝绸。以不同种类的长丝作经纬，或分别以长丝和短纤维纱作经纬织成的丝织物。如线绨、文尚葛是黏胶丝与棉纱的交织品。

2. 按外观花色分类

（1）素色丝绸。指经染色加工而成的单一颜色的丝绸。

（2）印花丝绸。指经印花加工得到的丝绸，表面印有花纹图案。

（3）织花丝绸。指经、纬丝经练、染后采用提花组织织出花形图案的丝织物，有单色也有多色。

（4）织花加印花丝绸。指先采用提花组织织出花形图案，再进行印花加工得到的丝绸，表面花纹图案精致而有层次。

3. 按染整加工分类

（1）生织丝绸。指先织造后练、染的丝织物。生织绸坯需经练漂、印染、整理后成为丝绸成品。

（2）熟织丝绸。指经、纬丝经练漂、染色后再进行织造的丝织物。熟织产品可直接或经一定整理后作为成品丝绸使用。

4.《丝织物分类标准》分类法

《丝织物分类标准》将丝织物分为绡、纺、绉、绸、缎、锦、绢、绫、罗、纱、葛、绨、绒、呢14大类。

（二）品名与编号

1. 品名

品名即织物的商品名称，如乔其纱、电力纺、双绉等，要求简单、通俗、正确、雅致。

2. 编号

（1）外销编号（统一编号）。外销编号由5位阿拉伯数字组成。

左起第一位数字代表丝织物的原料属性，用1～7表示：

"1"表示桑蚕丝类原料及桑蚕丝含量大于50%的织物；

"2"表示合成纤维长丝或合成纤维长丝与合成短纤维纱线交织的织物；

"3"表示天然短纤维与其他短纤维的混纺纱线所织成的织物；

"4"表示柞蚕类原料及柞蚕丝含量大于50%的织物；

"5"表示黏胶丝或黏胶丝与短纤维纱线交织的织物；

"6"表示除上述五类以外的、经纬由两种或两种以上原料交织的绸类；

"7"表示被面。

第二位或第三位数字：代表丝织物所属大类的类别。

"0"表示绡类；

"1"表示纺类；

"2"表示绉类；

"3"表示绸类；

"40～47"表示缎类；

"48～49"表示锦类；

"50～54"表示绢类；

"55～59"表示绫类；

"60～64"表示罗类；

"65～69"表示纱类；

"70～74"表示葛类；

"75～79"表示绨类；

"8"表示绒类；

"9"表示呢类。

第三、第四、第五位数字：代表品种的规格序号。

例如：编号为11001的丝织物，表示是纯桑蚕丝的纺类丝织物，规格序号为001。编号为64001的丝织物，表示是交织的缎类丝织物，规格序号为001。

（2）内销编号。内销丝织物编号也采用五位数字。

第一位数字代表丝织物用途，为了与外销区别，仅使用8、9两个数字，其中"8"表示衣着用丝织物，"9"表示被面和装饰用丝织物；

第二位数字代表原料；

第三位数字代表品种；

第四、第五位数字代表规格序号。

【项目练习题】

1.生丝和熟丝有什么区别？

2.白长丝与土丝有什么不同？

3.根据染整加工，丝织物可以分成哪几类？

4.2/20/22旦表示什么含义？

5.品名的命名有哪些要求？

6.编号为11001的丝织物的原料是什么？属于哪个大类？

任务2　品鉴十四大类丝绸产品

【学习引入】

丝绸产品品种繁多，古代的丝织品基本按织物组织、织物花纹、织物色彩命名。现代丝绸沿用旧名的很多，如绉、绫、绨、绢，同时也使用了一些外来语，如乔其（georgette）、塔夫绸（taffeta）等。目前，根据丝织品种的组织结构、采用原料、加工工艺、质地、外观形态和主要用途，可分成绡、纺、绉、绸、缎、锦、绢、绫、罗、纱、葛、绨、绒、呢等十四大类。

一、绡类产品

绡类织物一般采用平纹组织或假纱（透孔）组织，经纬丝线密度较小，一般都需要进行加捻，捻度控制在中强捻范围，是质地轻薄透明的丝织物。用于制作夏季服装或丝巾、披肩等服饰面料。硬挺、孔眼清晰的绡可用于产业用丝网。《古今服纬》中说："绡者，则生帛之疏者。"其意与现今的解释基本一致。绡织物从工艺上可分为素绡、提花绡和修花绡等。素绡是单纯的平纹绡或在绡地上提出金银丝条子或缎纹条子；提花绡是以平纹绡地为主体，提织出缎纹或斜纹、浮经组织的各式花纹图案；修花绡是将不提花部分的浮长丝上修剪掉，如伊人绡、迎春绡等。此外，还有经烂花加工的烂花绡。绡类产品如图4-2-1所示。

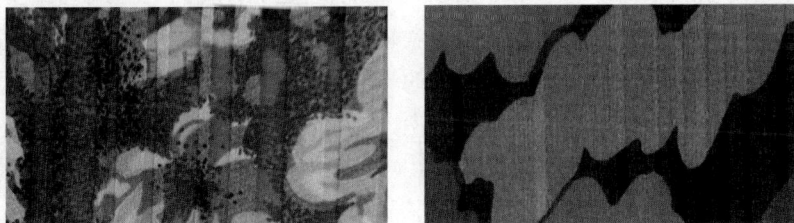

图4-2-1　绡类产品

（一）真丝绡

真丝绡是纯桑蚕丝半精炼绡类织物，以平纹组织织成，表面微绉而透明，质地轻薄，手感平挺而略带硬性，面密度较低，只有24g/m²左右。真丝绡可以染色或印花，经树脂整理后显得薄而挺括，主要做婚纱、礼服、戏装等面料或绣品坯料等，还可用于舞台布景、灯罩等。真丝绡如图4-2-2所示。

图4-2-2　真丝绡

（二）缎条绡

缎条绡是平纹绡地上起缎条的织物，绡地轻薄、柔软、透明，缎条紧密而富有光泽，是丝织物经久不衰的产品之一，可用作高档丝巾和礼服面料。真丝缎条绡两组经纱与纬纱交织，甲经为中捻桑蚕丝，乙经为无捻桑蚕丝，纬纱为中捻桑蚕丝，甲经与纬纱交织成平纹组织，乙经与纬纱交织成八枚缎纹组织。丝绵缎条绡是经桑蚕丝与纬经梳棉纱交织的缎条绡类丝织物。绡部轻薄、光泽柔和、缎部光亮，缎地与绡地形成较强烈的厚薄反差，手感舒适柔软。

4-2 缎条绡
展示

（三）建春绡

建春绡是经纬均用桑蚕丝织制的平纹地上起缎纹条的绡类丝织物（图4-2-3）。其绡地轻薄、柔软、透明，缎条紧密平挺而富有光泽。由于绡地与缎条组织密度不同，以及经纬原料捻制的差异，经染色、印花后色度明暗不一，色泽艳丽、图案含蓄、风格别致。由两组经线与一组纬线交织而成，甲经为22.22/24.42dtex（20/22旦）14S捻/cm（S）桑蚕丝，乙经为22.22/24.42dtex×2（2/20/22旦）桑蚕丝。纬线为22.22/24.42dtex（20/22旦）14捻/cm（S）桑蚕丝。经线排列，地部为甲经，缎条处为甲经1根、乙经2根。根据条子宽窄选定其总幅面甲、乙经的排列数，甲经与纬线以平纹组织交织成绡地，乙经与纬线以八枚经缎纹交织成缎条，背衬甲经平纹。成品幅宽114cm，经密56根/cm，纬密44根/cm，重量37g/m²。筘号21齿/cm，筘外幅118cm，筘内幅116cm，每筘齿穿入经线地2根、条子处6根。内经为甲经4176根，乙经6960根。边经为甲经120×2根。

因平纹绡地与缎纹条的织缩不同，采取双经轴织造，绡地甲经为下轴，织缩大，积极送经。缎条乙经为上轴，织缩小，消极送经。采用12片素综，织物正面向下制织。坯绸经精练、染色或印花、单机整理，可以用作妇女高级礼服或宴会服等。

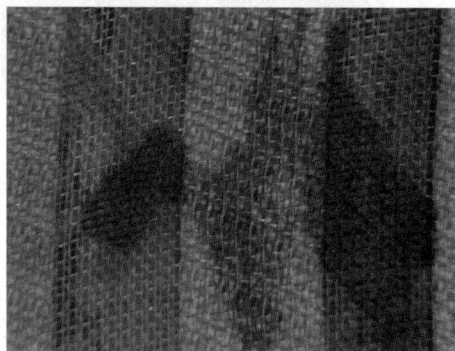

（a）正面 （b）反面

图4-2-3 建春绡

（四）青春纱

青春纱是桑蚕丝与金银丝交织的绡类丝织物（图4-2-4）。表面具有闪闪金光、平滑光亮的缎条，质地柔爽透明。10178青春纱由三组经线与一组纬线交织而成。甲经与纬为22.22/24.42dtex（20/22旦）28捻/cm（S）桑蚕丝，乙经为189.91dtex（171旦）金银皮，丙经为22.22/24.42dtex×2（2/20/22旦）桑蚕丝。甲经与纬均以2Z、2S排列，以平纹组织交织成绡地。在绡地上嵌有宽窄不一，不等距的丙经五枚缎纹细条，并在缎条的一侧或两侧嵌有乙经金银皮衬托缎条。

成品幅宽93cm，经密50根/cm，纬密42.5根/cm，重量32g/m^2。箔号22齿/cm，箔外幅104cm，箔内幅102cm，每箔齿穿入经线数为2、3、4根。内经中甲经3432根，乙经132根，丙经3168根，边经96×2根，用甲经。

青春纱制织工艺类同普通绡类丝织物，金银丝与地经整合为一只经轴；缎条经线单独整合一只轴，织物反面向上制织。在精练、染色、印花、整理工艺过程中，常以蛋白酶脱胶精练，并经水洗，使丝身不受损伤，绸料柔爽飘逸。宜用作宴会礼服，头巾，披肩、结婚礼服兜纱、舞衫、舞裙及窗帘等装饰。青春纱如图4-2-4所示。

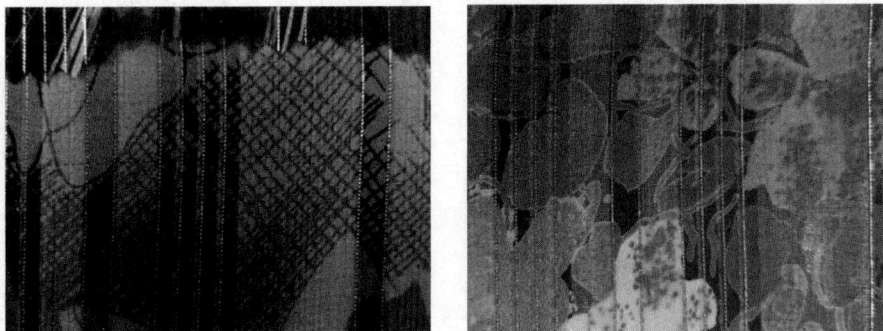

图4-2-4 青春纱

（五）烂花绡

烂花绡是经烂花工艺处理的绡类织物（图4-2-5）。既有绡类织物的质地轻薄、外观透明，又在透明的绡地上显现光泽明亮的花纹，花地分明。经向以两组不同纤维原料作经；纬向采用经向组合中耐化学剂腐蚀的一组原料作纬。利用两种纤维耐化学腐蚀剂强弱不同，按花型将其中部分纤维腐蚀脱落，保留所需花纹部分，形成风格别致的烂花绡织物。根据所选纤维原料，烂花绡可分为丝/黏烂花绡（地组织克重约38g/m^2）；涤/黏烂花绡（地组织克重约45g/m^2）；锦/黏烂花绡（地组织克重18~55g/m^2）；醋/黏烂花绡（地组织克重约56g/m^2）。若再经印花等其他工艺处理，品种更为丰富多彩。其可作春夏季衣裙料及各种服饰和装饰产品。

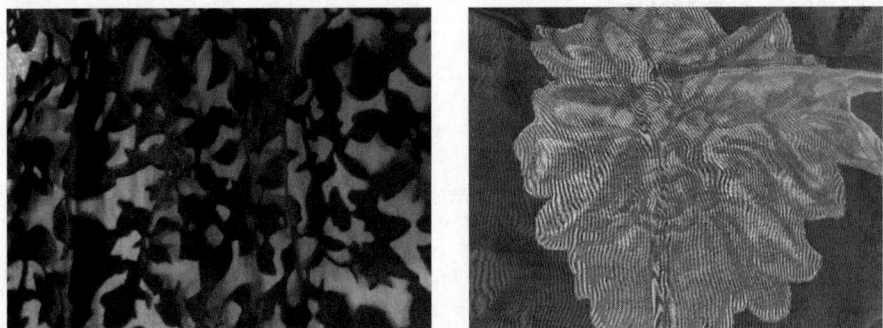

图4-2-5 烂花绡

二、纺类产品

纺类产品是采用平纹组织，表面平整，质地较轻薄的花、素丝织物，又称纺绸。一般采用不加捻的桑蚕丝、人造丝、锦纶丝、涤纶丝等原料织造，也有以长丝为经，以人造棉、绢纺纱为纬交织的产品。有平素生织的，如电力纺和富春纺等；也有色织和提花的，如绢格纺、彩格纺和麦浪纺等。

4-3　绢类产品

（一）电力纺

电力纺是桑蚕丝生织（白织）纺类丝织物，质地紧密细洁，光泽肥亮（图4-2-6）。电力纺俗称纺绸，最早用手工织机织造，后改用电力织机，故名电力纺。电力纺是平经平纬（即经纬丝均不加捻）的桑蚕丝生织绸，织后再经练染整理，是平纹组织的素织物。织后经精练或印花、染色处理，可作夏季衬衫、裙子服装里料、方巾以及工业用绸等。

图4-2-6　电力纺

如11209电力纺，经线22.2/24.4dtex×2（2/20/22旦）桑蚕丝，纬线31.1/33.3dtex×2（2/28/30旦）桑蚕丝，以平纹组织交织。成品幅宽91.5cm，经密609根/10cm，纬密400根/10cm，单位面积质量为44g/m²（10姆米）。电力纺规格较多，纬线有采用2根、3根或4根并合的桑蚕丝，此外，还有交织电力纺，如61153交织电力纺，是经线22.2/24.4dtex×2（2/20/22旦）桑蚕丝与纬线83.3dtex（75旦）或133.2dtex（120旦）人造丝交织而成，单位面积质量为51g/m²。

电力纺有厚型与薄型之分。厚型电力纺的单位面积质量在40g/m²以上，可达到70g/m²，可用于服装；薄型电力纺的单位面积质量在40g/m²以下，一般为20~25g/m²，适用于头巾、绢花及高档毛料和丝绸服装的里料。

（二）杭纺

杭纺别名老纺、素大绸，是纺类产品中分量最重、质地最厚的一种平纹纺，属于桑蚕丝生织（白织）纺类丝织物。因在浙江杭州设计生产而得名，是历史悠久的传统品种。杭纺的绸面织纹清晰明朗、色光柔和、手感厚实紧密、富有弹性，质地坚牢耐穿。是浙江丝绸的特产，也是丝绸中的常见且需求量大的品种。

杭纺经纬线均为55.5/77.7dtex×3（3/50/70旦）的农工丝［用手工缫制的桑蚕丝，条干粗，均匀度也差，上下偏差达22dtex（20旦），丝身发黄，粗节多］，一般适用于织制厚实的产品。经精练、染色整理或练白，丝身质地粗犷厚实、手感柔挺，是夏季衬衫、裙、裤

等的材料。杭纺是京剧里做水袖的最好材料
（图4-2-7）。

（三）洋纺

洋纺是纯桑蚕丝纺类丝织物。其质地平
挺轻薄，细腻、丰满。11102洋纺经纬均采用
22.22/24.42dtex（1/20/22旦）桑蚕丝，或经
为31.1/33.3dtex（1/28/30旦）桑蚕丝，纬为
22.22/24.42dtex桑蚕丝织制而成。洋纺的经纬
原料较细，产品织制难度较大，容易产生拆
毛档、开关档等疵点，所以对其作为原料的
品质要求较高，宜作头巾等用绸。

图4-2-7　杭纺

（四）绢纺

绢纺一般用双股绢丝线作原料，采用平
纹组织。面料外观平整，质地坚牢，绸身柔软垂重。但因绢丝纺所用的原料是天然短纤维的
纱线，所以它的绸面不如以天然长丝为原料的电力纺光滑，细看其表面有一层细小的绒毛，
手感比电力纺等纺类产品更丰满。

纯桑蚕绢丝白织纺类丝织物具有质地丰满柔软、织纹简洁、光泽柔和、触感宜人的特
点，并有良好的吸湿性、透气性，与电力纺、杭纺相似。坯绸经烧毛、练白、呢毯整理。
11364绢纺经纬线均采用5.2tex×2（194公支）/2桑绢丝，以平纹组织交织。成品幅宽91.4cm，
经密41.5根/cm，纬密32.5根/cm，克重76g/m²（合17.5姆米）。筘号19.7齿/cm，每筘齿穿入经
线2根，筘外幅98cm，筘内幅96.8cm，内经线3810根，边经线48×2根。

（五）富春纺

富春纺属于黏纤绸类（图4-2-8）。经线采用无光或有光黏胶长丝，纬线采用黏胶短纤
维，以平纹组织造而成。由于纬线较粗，所以它的外观呈现出横向的细条纹。其面料色泽鲜
艳，手感柔软，穿着舒适、滑爽。其缺点是易皱、湿强度低。但因其价格比真丝便宜很多，
所以是价廉物美的夏季面料。

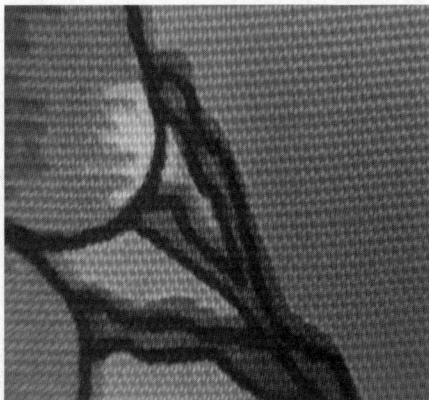

图4-2-8　富春纺

（六）花富纺

花富纺是黏胶长丝与棉型黏胶短纤维交织的提花纺类丝织物（图4-2-9）。在平纹地组织上起经缎花，缎花明亮，质地平挺。纹样多采用写实和变形花卉，以月季、牡丹为题材，中小型花卉为主，半清地散点排列。花纹宜块面。花富纺经密较小，织物正面向下织，坯绸经染色、单机整理，宜用于春秋服装、少数民族服装制作。

4-4 纺类产品

图4-2-9 花富纺

三、绉类产品

外观呈现各种不同绉纹的丝织物统称绉类产品。我国真丝绉的历史非常久远。绉类织物可分为薄、中、厚三种类型，其中最薄的品种，其形状似透明的蝉翼，被视为织造艺术的奇观。丝织物的起绉方法很多，如用捻向不同的强捻丝线在织物中交替排列经收缩起绉，或采用绉组织使织物具有绉纹外观；另外，也可采用两种收缩率不同的原料交替排列，交织后经整理成绉。绉类产品多采用平纹组织，采用斜纹、缎纹组织的分别称为纹绉、缎背绉。目前，除采用桑蚕丝为原料外，也可采用柞蚕丝、涤纶丝、人造丝等不同原料。合成纤维的丝绉织物一般通过轧纹处理或利用原料的不同收缩性进行处理而形成绉纹效果。双绉、碧绉、乔其绉是绉类的代表品种。

绉类产品表面多有细密绉纹，因此光泽柔和、质地细腻，具有柔美风格，历来深受女性的喜爱。

绉类织物是采用平纹组织、绉组织或其他组织，运用加捻等各种工艺条件（如经纬加强捻或经不加捻而纬加强捻、经线上机张力有差异、原料伸缩性不同等），使外观呈现明显的绉效应，并富有弹性的素色、印花丝织物。

（一）双绉

双绉是最常见、最典型的绉类丝织物（图4-2-10）。双绉是采用平经绉纬桑蚕丝织造的绉类丝织物。其纬向加强捻，属于平纹组织。其手感柔软、弹性好、轻薄凉爽，但缩水率较大。用途很广，可作衬衫、裙子、头巾、绣衣坯等用料。

由于平经绉纬（经线不加捻或仅加一些弱捻，纬线加强捻）并且织造时纬线又以两根S

捻、两根Z捻的次序投纬，因此经练染后，面料表面呈现隐约可见的细小绉纹。双绉质地轻柔，光泽柔和，手感富有弹性，穿着飘逸、凉爽，是畅销的夏季服用面料，有练白、素色和印花三种。

图4-2-10　双绉

所用经线有：22.2/24.4dtex×1、22.2/24.4dtex×2、22.2/24.4dtex×3等规格的桑蚕丝（平经）；纬线有：22.2/24.4dtex×2、22.2/24.4dtex×3、22.2/24.4dtex×4等规格的桑蚕丝，分别加25～28捻/cm，且2S2Z排列。成品幅宽一般为72～117cm，经密59.0～70.0根/cm，纬密38.0～46.0根/cm，单位面积质量为35～78g/m²。

（二）建宏绉

建宏绉重量与双绉接近（12～18姆米），纬向采用2S2Z强捻，经向单向强捻，组织结构采用绉组织（泥地组织，常用120×120大泥地），如图4-2-11所示。

图4-2-11　建宏绉

（三）乔其

以平纹为主，经纬向均采用强捻丝，两根S捻、两根Z捻交替织入。精练整理后，其表面呈现均匀排列的纱孔和不规则漫反射的绉纹效应，具有良好的抗皱性、透气性、悬垂性和弹性，穿着舒适滑爽，如图4-2-12所示。

克重在13姆米以上的称乔其绉，常规产品为13.5～19姆米。近年来，市场上开发了20～40姆米的重磅乔其绉。克重在13姆米以下的称乔其纱，常见

4-5　双绉与建宏绉

143

规格为4.5～12.5姆米，适宜做服装、头巾。

图4-2-12　乔其

（四）顺纤绉

顺纤绉采用平经绉纬结构，并且纬向为相同捻向强捻，经练染后，在单向强捻丝的作用下，织物幅向有较大收缩，形成条状绉纹，布面绉纹肌理明显，成品富有自然伸缩性。顺纤绉如图4-2-13所示。

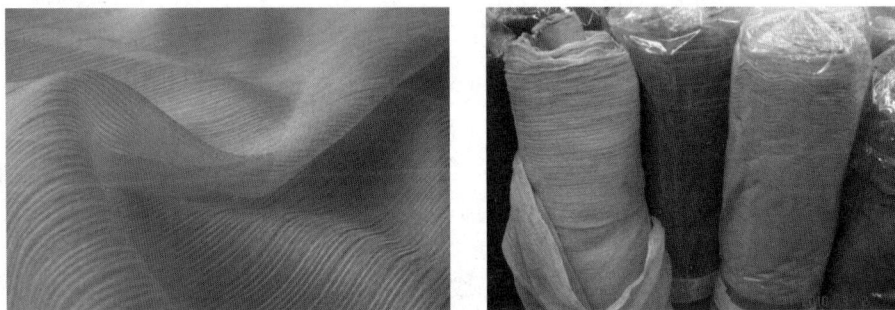

图4-2-13　顺纤绉

（五）顺纤乔其

顺纤乔其外观与顺纤绉接近，也是布面形成纤条状绉纹，绉感明显，成品富有自然伸缩性，不同的是顺纤乔其在纬向加单向强捻，经向加2S2Z强捻，织物经纬丝都处于黏合扭曲状态，孔眼清晰。顺纤乔其如图4-2-14所示。

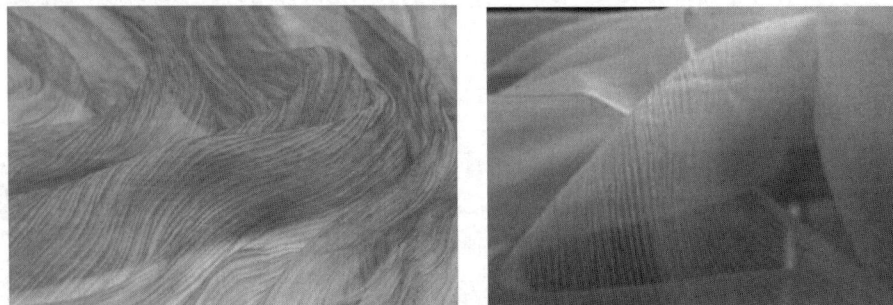

图4-2-14　顺纤乔其

（六）留香绉

留香绉是桑蚕丝与黏胶丝交织的绉类丝织物，绸面具有水浪形的绉地上呈现两色花纹的特征，色泽鲜艳、花纹细致、质地柔软、富有弹性。61101留香绉由两组经线与一组纬线交织而成，地经甲采用22.22/24.42dtex×2（2/20/22旦）桑蚕丝，纹经乙为83.25dtex（75旦）有光黏胶丝机械上浆；纬线为22.22/24.42dtex×3（3/20/22旦）11捻/cm桑蚕丝。地部由地经与纬线交织成平纹，纹经在背面起有规则的水波纹接结点。纹经在织物表面起经缎花时，背面衬平纹，地经在织物表面起经花时，背衬斜纹。成品幅宽71cm，经密123.4根/cm，纬密50根/cm，平方米克重106g/m²。筘号29齿/cm，筘外幅75.5cm，筘内幅74.5cm，每筘齿穿入经线4根。内经中甲经、乙经均为1320根，边经用甲经64×2根。留香绉如图4-2-15所示。

图4-2-15 留香绉

（七）冠乐绉

冠乐绉是桑蚕丝平线、绉线袋织高化绉类丝织物。经过精炼和染色整理后，冠乐绉丰盈糯爽、光泽柔和、花纹立体效果好，如图4-2-16所示。

图4-2-16 冠乐绉

四、绸类产品

地组织采用或混用多种基本组织和变化组织，无其他13类丝绸产品特征的素、花丝织物，都可归为绸类。

（一）绵绸

绵绸属于天然短纤维产品，平纹组织，以缫丝、绢纺和丝织过程中所产生的废丝为原料，经加工后纺成较次的绢丝而织成。由于纱线中丝纤维较短，

4-6 绸类
产品

145

整齐度差，含蛹屑多，纱支粗细不均匀，所以绵绸的绸面不平整，含较多的杂质，手感粗糙，也不如其他丝绸产品那样富有光泽。但绵绸的质地厚实坚牢、富有弹性、垂感好、手感柔软，多次洗涤后杂质会渐渐脱落，使绸面比原来光洁，穿着时更舒适、透气，是一种物美价廉的丝织物，如图4-2-17所示。

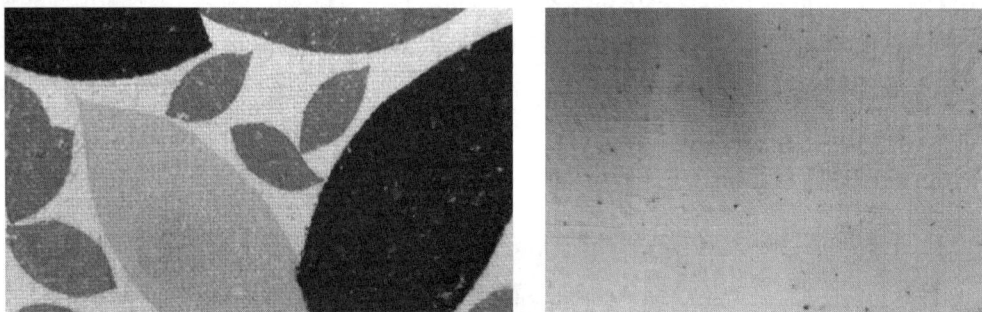

图4-2-17　绵绸

（二）双宫绸

双宫绸属于高档真丝绸产品，平纹组织，其经向采用31.1/33.3dtex的桑丝，纬向采用两根111.0～133.0dtex的双宫丝（双宫丝是由两条蚕共同组成的双宫茧缫成的丝，其特点是由于两条蚕共同吐丝时速度上有差异，形成的丝表面有粗细不同的疙瘩），有生织与熟织之分。双宫绸的绸面不平整、经细纬粗、手感较粗糙。其纬向呈雪花一样的疙瘩状，是双宫绸的独特风格，如图4-2-18所示。

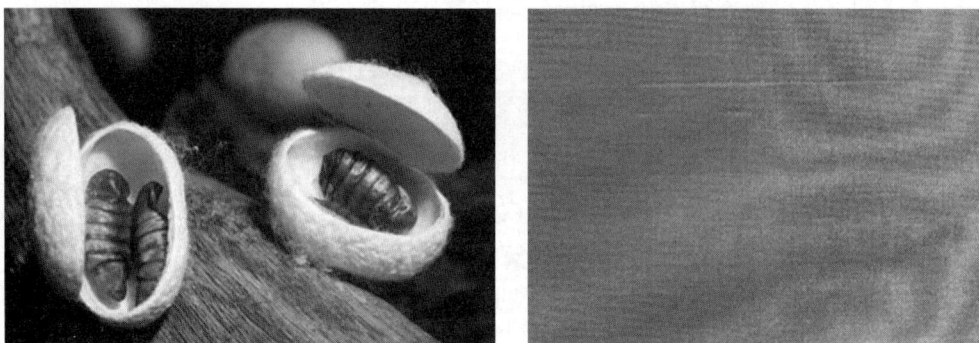

（a）双宫绸原料　　　　　　　　　　　　　（b）双宫绸面料

图4-2-18　双宫绸

（三）桃皮绒

经线用涤纶丝、纬线用细旦涤/锦复合丝织成经磨毛整理，绸面有明显绒感的白织绸类丝织物。其手感柔软、悬垂性好、蓬松而质地较厚、富有弹性、色彩鲜艳。经线采用75.6dtex/24F涤纶丝，纬线采用166.7dtex/72F×12涤/棉复合丝。该织物采用1/2斜纹组织，坯绸经平幅松弛、精练退浆、预定形、染色、磨毛、柔软整理、拉幅定型等整理后可作套装和夹克用料。

（四）麂皮绒

经线或纬线用超细旦涤纶丝织成，绸面具有麂皮绒效应的白织绸类丝织物。其手感柔软、悬垂性好、绒毛细密均匀，具有疏水效应。织物规格较多，可分为经向麂皮绒和纬向麂皮绒。纬向麂皮绒经线常用75.6dtex/72F低弹涤纶丝或网络涤纶丝，纬线用116.7dtex/36F×37海岛型复合涤纶丝；经向麂皮绒经线用116.7dtex/36F×37海岛型复合涤纶丝，而纬线用177.8dtex/48F涤纶丝。织物一般均为五枚缎纹。

原料也有用涤/棉复合丝的，经向麂皮绒的纬线也有用涤/棉纱的（称涤/棉麂皮绒）。因为超细旦丝细度小于0.1dtex，产品设计时海岛纤维在织物表面的覆盖面积要大于另一种纤维，达到较好的绒感。坯绸经精练退浆、开纤（膨化）、碱减量、柔软拉幅、染色、磨毛等整理。

（五）鸭江绸

用手工缫制的特种柞蚕丝和普通柞蚕丝交织的绸类丝织物。鸭江绸是辽宁柞丝绸中的一个大类产品，品种规格多，质地厚实粗犷，绸面粗节分布不匀，风格别致。它可分手素鸭江绸和大提花鸭江绸，适宜制作西装、套装，沙发面料，窗帘、贴墙绸等。

2317鸭江绸为平素柞蚕丝绸类丝织物。厚度适中，绸面呈现粗细不匀、分布均匀的疙瘩纹理，具有粗犷大方、自然柔美、组织松软，光泽柔和等风格特征。经纬均采用888dtex（800旦）大条丝（手纺精工捻线丝），平纹组织。成品幅宽122cm，经密13.7根/cm，纬密11.8根/cm，平方米克重226g/m²，筘号7.87齿/cm，每筘齿穿入经线2根，筘幅142cm，总经根线1676根。坯绸经练漂、压光整理，成品宜用作男女西服、妇女套装，室内装饰用绸等。

五、缎类产品

缎是指缎纹织物，缎纹是基础组织中出现最晚的一种。缎在古代曾写作"段"，也称为"纻丝"，但至今尚未发现宋代以前的缎织物实物。《唐六典》中将缎与罗、锦、绫、纱、绸等并列。明代，宋应星《天工开物·乃服》："凡倭段……经面织过数寸，即刮成黑色。"其中的"段"即现今的"缎"。

缎类织物的地组织全部或大部分采用缎纹组织。经丝略加捻，纬丝除绉缎外，一般不加捻。织物质地细密柔软，绸面光滑明亮，手感细腻。缎类织物如图4-2-19所示。

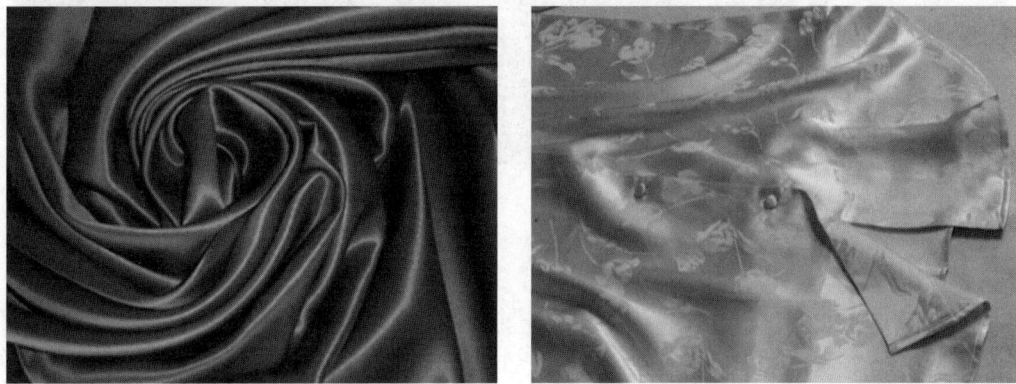

图4-2-19 缎类织物

（一）软缎

软缎分为真丝素软缎、花软缎和黏胶丝软缎、涤丝缎等品种，如图4-2-20所示。

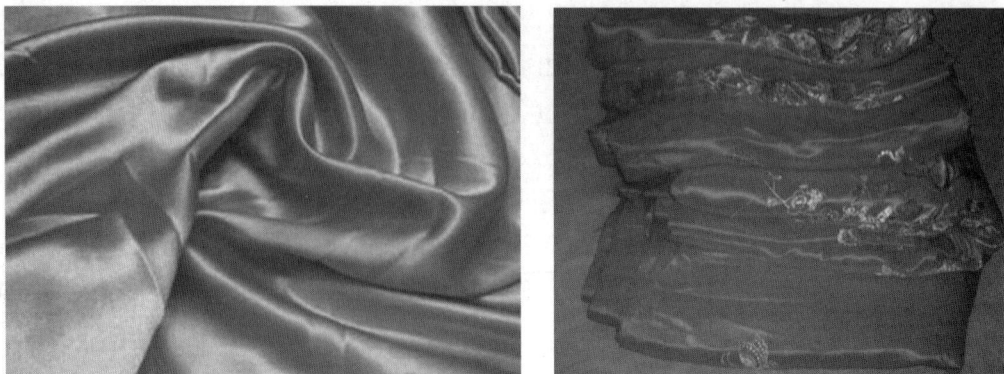

图4-2-20　软缎

1. 素软缎

素软缎采用八枚经缎组织织造而成，经丝用桑蚕丝，纬丝用有光黏胶丝，采用平经平纬交织方式，是生织缎类织物。精练后可染色或印花，织物色泽鲜艳，缎面光滑如镜，反面呈细斜纹，质地柔软，可用于女装、戏装、高档里料、被面等。

2. 花软缎

花软缎以八枚经面缎纹为地组织的纬起花织物，原料与素软缎相同，只是花软缎在桑蚕丝地组织上采用有光黏胶丝进行提花设计，利用桑蚕丝与黏胶丝的染色性能不同，坯染后形成类似色织的效果，广泛用于女装、舞台服装、童帽、斗篷、被面等，也具有民族服饰文化价值。花软缎如图4-2-21所示。

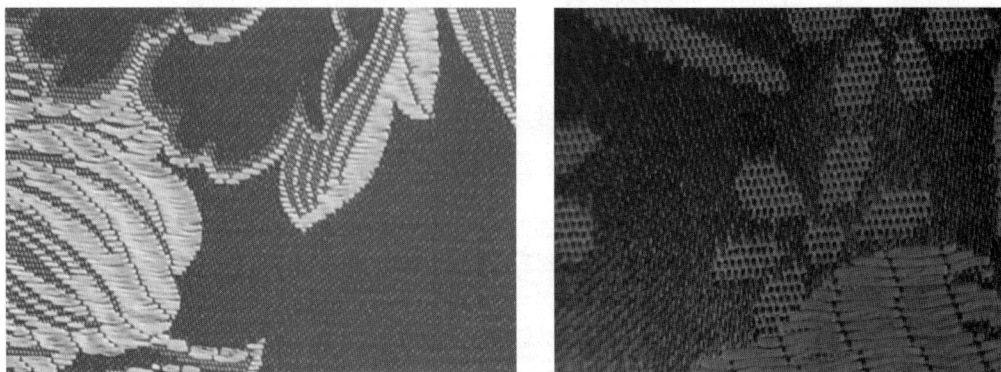

图4-2-21　花软缎

3. 黏胶丝软缎

经纬均采用黏胶丝，采用八枚或五枚经面缎纹组织。缎面色泽光亮，缺乏柔和感，手感稍硬，质地厚重，可染色也可印花。人造丝软缎多用于制作锦旗、衬里、戏装、儿童衣服等，但由于原料湿强较差，故不宜多洗涤。

（二）绉缎

绉缎属于真丝生织绸类产品。它采用五枚缎纹组织，平经绉纬，经丝为两根生丝的并合线，纬丝采用三根生丝的强捻丝，并且在投纬时以2S2Z的捻向排列织入纬线。织物一面平整柔滑，有细微绉纹；另一面为缎面，光滑明亮。以素绉缎为主，也有少量提花绉缎。绉缎质地紧密而坚韧，绸面平挺滑糯，穿着舒适，如图4-2-22所示。

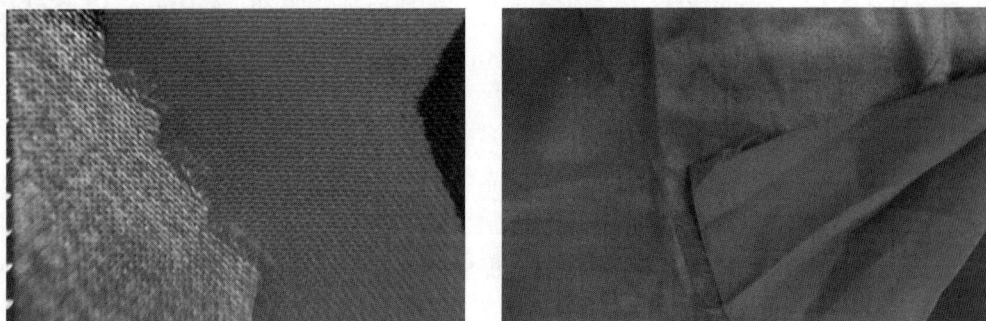

图4-2-22　绉缎

（三）珍珠缎

珍珠缎与绉缎类似，不同之处是两种捻向纬丝的排列根数不同，一般采用6S6Z或8S8Z排列，因纬丝排列根数增大，起绉颗粒增加，与缎面结合，形成类似珍珠的效果。珍珠缎如图4-2-23所示。

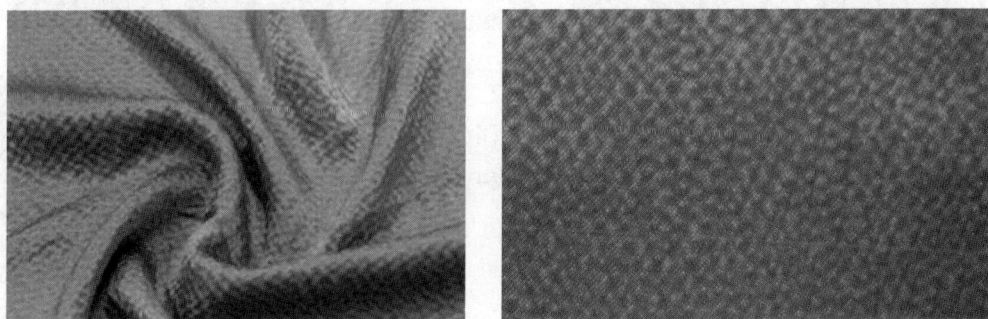

图4-2-23　珍珠缎

（四）顺纡缎

顺纡缎，平经绉纬，经面缎纹丝织物，不加捻度的经丝交织成经面缎，体现缎的光亮，加一个捻向强捻的纬丝经过练染后在幅宽方向收缩扭曲形成纡条。顺纡缎如图4-2-24所示。

图4-2-24　顺纡缎

4-7　顺纡缎

（五）欧根缎

真丝欧根缎即缎纹生织并未经过精练脱去丝胶的丝织物。织物硬挺、光亮，适合做礼服婚纱、装饰用绸。欧根缎与欧根纱的命名（organza）相关联，音译为欧根纱，较薄而硬的缎称为欧根缎。

4-8　欧根缎

（六）桑波缎

桑波缎是纯桑蚕丝平经与绉纬生织提花绉类丝织物。织物具有爽挺舒适、弹性好、缎面光泽柔和、地部略有微波纹等特点。14366桑波绉经线为22.22/24.42dtex×2（2/20/22旦）桑蚕丝和22.22/24.42dtex×2（2/20/22旦）18捻/cm（S）+22.22/24.422dtex（20/22旦）16捻/cm（Z）桑蚕丝，以五枚纬面缎纹地提出五枚经面缎花纹。桑波缎如图4-2-25所示。

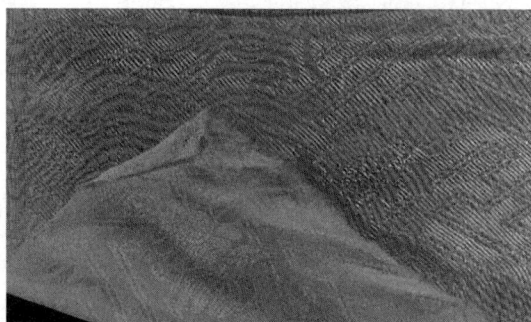

图4-2-25　桑波缎

成品幅宽116cm，经密116.2根/cm，纬密46根/cm，平方米克重72g/m²（合16.5姆米），筘号28齿/cm，每筘齿穿入经线4根，筘外幅120.3cm，筘内幅118.3cm，内经13248根，边经120×2根。

4-9　缎类产品

六、锦类产品

"锦"字的含义是"金帛"，意为"像金银一样华丽高贵的织物"。事实上，古代和现代确有用金银箔丝装饰织造的锦缎，只是现代的金银丝并非真正的黄金和白银制成，而分别是铜粉和铝粉制作的闪光丝，因此锦的外观瑰丽多彩，花纹精致高雅，花型立体生动。中国早在春秋以前就已经生产锦类织物，如《诗经》中有"锦衣狐裘""锦衾烂兮"，《左传》中有"重锦，锦之熟细者"等。湖南战国墓葬曾出土过深棕地红黄菱纹锦和朱条暗花对龙对凤锦。锦有蜀锦、荆锦（产地）、宋锦（朝代）、云锦（花型）之分。从组织结构上看，唐代以前的锦多为重经组织的经锦，唐代以后由于提花织造技术的发展，有了纬重组织的纬锦。近代的织锦缎、古香缎等品种，则是在云锦的基础上发展起来的色织提花熟织绸。

锦类织物是中国传统的高级熟织提花丝织物。其经纬无捻或加弱捻，采用斜纹、缎纹为基础组织，重经组织经丝起经花称经锦，重纬组织纬丝起纬花称纬锦，双层组织起花称双层锦。锦类织物常采用精练、染色的桑蚕丝为主要原料，也常与彩色黏胶丝、金银丝交织。锦类织物质地较丰满厚实，外观五彩绚烂，富丽堂皇，花纹精致古朴。据古文记载："锦，金也，作之用工重，其价如金，故制字帛与金……锦之经纬皆精丝。"锦类产品如图4-2-26所示。

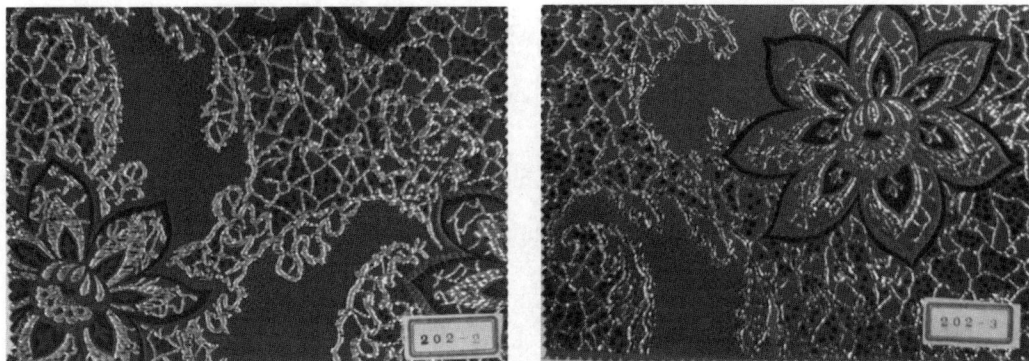

图4-2-26 锦类产品

（一）织锦缎

织锦缎是我国传统的熟织提花丝织物，是在我国古代织锦技术的基础上发展起来的品种，织制工艺复杂、精巧。织锦缎的经向采用染色熟丝，纬向采用染色黏胶丝，绸面为经缎地起纬缎花，花纹的色彩通常在三种以上，有时达六七种之多，花纹精巧细致，光彩夺目。由于经纬密度很大，织物的质地紧密、厚实，平挺而有糯性，属于丝织物中的高档产品，可作为冬季中式服装的面料及装饰物。其缺点是不耐磨、不耐洗。织锦缎不仅可与真丝与黏胶丝交织，也发展出尼龙织锦缎等品种，它们在原料上有所差异，但结构特点都相同。织锦缎如图4-2-27所示。

图4-2-27 织锦缎

（二）古香缎

古香缎的组织结构与织锦缎基本相同，也是经缎地起纬缎花的熟织物。它和织锦缎的主要区别在于地组织设计和图案设计风格有所不同。织锦缎地组织采用一纬地上纹，纹样以花卉图案为多；而古香缎地组织采用两纬组合地上纹，花纹以亭台楼阁、风景山水为主，有古色古香的风格，多用于装饰，也可作为民族服装面料。古香缎如图4-2-28所示。

（三）云锦

云锦是江苏省南京地区的传统丝织物，距今已有六百多年的历史。云锦用料考究，由金、银丝和五彩丝交织而成，面料上呈现出光彩夺目、富丽堂皇的花纹，其视觉效果有如天上的五彩云霞，故名"云锦"。在明清时较为流行，主要用作宫廷御用织物，如图4-2-29所示。

图4-2-28　古香缎

南京云锦自宋代彩锦演变而来，长期作为宫廷用品，由官营手工作坊织造，用于皇帝龙袍、皇后凤衣、嫔妃服饰及宫廷装饰或陈设品，有时还作为贵重的国礼赠予国外使臣和君主。元代之后，南京云锦因织金夹银工艺，在众多织锦中脱颖而出。南京设立的官办织造局，专门管理云锦的生产和销售，使秦淮河一带机户云集，鼎盛时曾达到三万多台织机，近三十万从业人员，形成"机杼声彻夜不绝"的盛景，云锦生产十分繁荣。清代时，曹雪芹家族共三代四人曾在江宁（今南京）织造任官达65年。

云锦中的"金宝地"，是织金和妆花技巧结合的品种，至今仍为蒙古族、藏族所喜爱，常用来装饰衣裙边缘和帽子等。

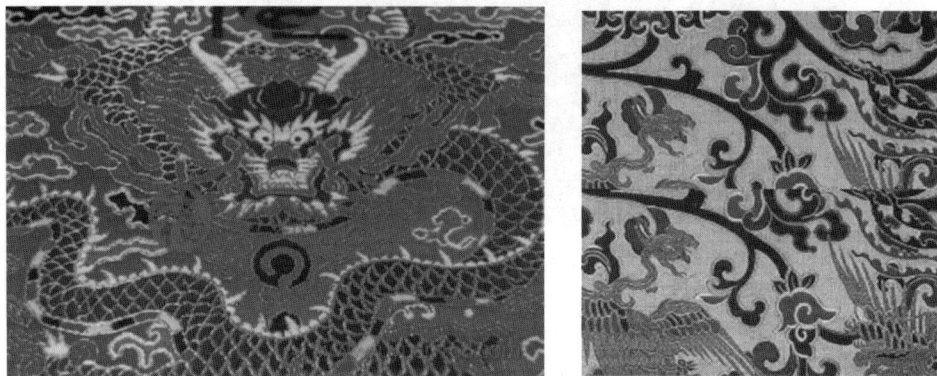

图4-2-29　云锦

（四）宋锦

宋锦始创于宋代，主要产地在苏州，其经纬丝采用全真丝（即真丝宋锦）或全黏胶丝（即人造丝宋锦），地纹多为平纹或斜纹组织，提花花纹一般有龟背纹、绣球纹、剑环纹、席地纹等四方连续图案或朱雀、龙、凤等吉祥纹样，淳朴文雅，具有宋代织锦的风格。其绸面质地柔软、色泽光亮、花型雅致，主要用作名贵字画、高级书籍的封面装饰，也可用于服装面料。宋锦如图4-2-30所示。

宋代丝绸最著名的品种就是宋锦，它的产地主要在苏州，故又称"苏州宋锦"。

图4-2-30　宋锦

　　大锦是宋锦中最有代表性的一种，其图案规整、富丽堂皇、质地厚重精致、花色层次丰富，常用于装裱名贵字画。其中重锦最为贵重，特点是在纬线上大量使用捻金线或纯金线，并采用多股丝线合股的长抛梭、短抛梭和局部特抛梭的织造工艺技术，图案层次丰富，常见的图案有植物花卉、龟背纹、盘绦纹、八宝纹等，主要用于宫廷、殿堂里的各类陈设品和巨幅挂轴等。故宫博物院收藏有一幅清代重锦《极乐世界》图轴，在2m宽的独幅纹样中展现了278个神态各异的人物佛像，还有巍峨的宫殿、缭绕的祥云、奇花异草等元素，充分展示了重锦高超的工艺技巧。细锦在原料选用、纬线重数等方面比重锦简单一些，厚薄适中、易于生产，广泛用于服饰、高档书画及贵重礼品的装饰装帧。匣锦是用真丝与少量纱线混合织成，图案连续对称，多用于书画的立轴、屏条的装裱。小锦则为花纹细碎的装裱材料，适用于小件工艺品的制作和包装。

　　宋锦的制作工艺较为复杂，一般采用三枚斜纹组织，两经三纬，经线用底经和面经，底经为有色熟丝，作地纹；面经用本色生丝，作纬线的结接经。

　　宋锦图案一般以几何纹为框架，内嵌以花卉、瑞草或八宝、八仙、八吉祥等。八宝指古钱、书、画、琴、棋等，八仙是扇子、宝剑、葫芦、柏枝、笛子、绿枝、荷花等，八吉祥则指宝壶、花伞、百洁、莲花、双鱼、海螺等。在色彩应用方面，多用调和色，一般很少用对比色。

（五）蜀锦

　　蜀锦是中国四川生产的彩锦，已有两千年的历史，是汉至三国时蜀郡（今四川省成都市）所产特色锦的统称，以经向彩条和彩条添花为特色。蜀锦兴起于汉代，早期以多重经丝起花（经锦）为主，唐代以后品种日趋丰富，图案大多是团花、龟甲、格子、莲花、对禽、对兽、翔凤等。清代以后，蜀锦受江南织锦影响，又产生了月华锦、雨丝锦、方方锦、浣花锦等品种，其中以色晕彩条的雨丝锦、月华锦最具特色。雨丝锦是利用经线彩条宽窄的相对变化来表现特殊的艺术效果，月华锦则是以经线彩条的深浅层次变化为特点。月华锦牵经时要根据彩条配色以及经线配色的编号，按彩条的次序、宽窄、色经的深浅变化规律来排列篾子，每牵完一柳头，必须调换一部分篾子，称为"手换手"，此为蜀锦独有的牵经方法。蜀锦的织造在汉唐时期以多综多蹑织机为主，唐宋以来使用束综提花的花楼织机。现代蜀锦采用分条整经的方式，适于牵彩条经。它与南京的云锦、苏州的宋锦、广西的壮锦齐名，并称为中国的四大名锦。蜀锦是成都历史悠久的传统丝织品，全真丝织品，质地柔软、色泽艳丽、品种多样、牢固耐用，富有鲜明的民族色彩和地域特色。蜀锦如图4-2-31所示。

图4-2-31　蜀锦

蜀锦包括经锦和纬锦，常以经向彩条为基础，织出五彩缤纷的图案，多采用几何图案填花，配以明快、鲜艳的色彩。图案布局严谨庄重，纹样变化简洁，典雅古朴。蜀锦品种繁多，质地坚韧丰满，织纹细腻，光泽柔和。常作为高级服饰和其他装饰用料，深受西南少数民族喜爱。

（六）壮锦

壮锦是广西壮族人民的一种精美手工艺品，是采用棉纱作经、丝线作纬的交织物，其图案丰富，有梅花、蝴蝶、鲤鱼、水波纹、万字纹等纹样，显示了壮族人民热爱生活、热爱大自然的本色。其花纹色泽对比强烈，十分浓艳。壮锦品种繁多，可用作花边绸、腰带绸、头巾、围巾、被面、台布、背带、背包、坐垫、床毯、壁挂、屏风等。壮锦图案精巧、色彩绚丽，既是精美的工艺品，又具有很高的实用价值。壮锦以其花纹图案别致、色泽鲜丽、坚固耐用，有浓厚的民族特色而驰名中外。壮族民间织锦品种有被面、床毯、背带、挂包、台布、围裙、头巾、衣服边角饰等。壮锦如图4-2-32所示。

4-10　锦类产品

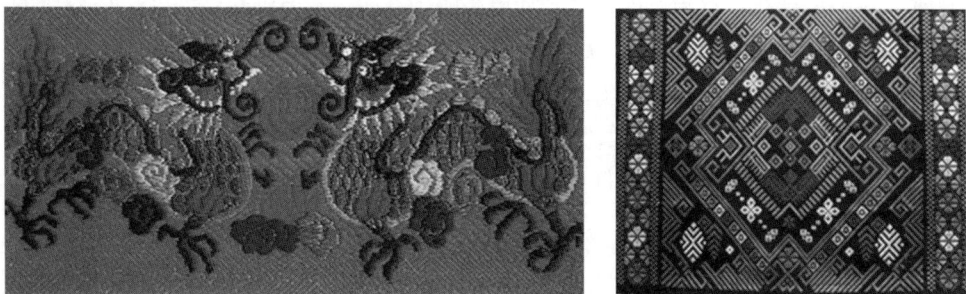

图4-2-32　壮锦

壮族人民在长期的劳动中研究出了一整套壮锦织造技术。他们使用装有支撑系统、传动装置、分综装置和提花装置的手工织机，以棉纱为经，以各种彩色丝绒为纬，采用通经断纬的方法巧妙交织而成的。使用的传统小木机，又称竹笼机，机上设有"花笼"用以提织花纹图案，用"花笼"起花为壮锦织机的最大特点。

七、绢类产品

绢类织物是采用平纹或平纹变化组织，将经纬丝先染成一种或几种不同颜色后再熟织的素、花丝织物。经丝加弱捻，纬丝不加捻或加弱捻。绢类织物的特点是绸面细密、平整、挺括。

古代把采用生桑蚕丝织成的平纹组织、结构细密、不经精练处理的生绢用作绘画，抄记文献、经文及书法。在汉代以前，绢是专指麦茎色的丝织物，《说文》中记载："绢、缯如麦秸。"

（一）塔夫绸

塔夫绸又名塔夫绢，是用桑蚕丝熟织的绢类织物，原料品质较好，经纬均为染色厂丝，织物密度高、细洁、精致、光滑、光泽柔和、不易沾污，不宜折叠、重压。

4-11　素塔夫绸

1. 素塔夫绸

素塔夫绸虽然颜色只有一种，但其不是用生丝织成绸坯后再经脱胶染色的，而是先将桑蚕丝脱胶染色形成熟丝后再进行织造，所以它是单色的、由熟经熟纬织成的熟织绸，虽然在外观上与染成单色的生织绸无明显区别，但织造过程大不相同。

2. 闪色塔夫绸

闪色塔夫绸是分别采用不同颜色的经纬线，一般采用深色经、浅色或白色纬，形成织物的闪色效应，如图4-2-33所示。

图4-2-33　闪色塔夫绸

4-12　闪色塔夫绸

3. 格塔夫绸

与色织的格棉布类似，经纬线都配用深浅两色丝线形成格效应。

4. 花塔夫绸

花塔夫绸是以平纹素塔夫为地组织提出经缎花纹的塔夫绸。

（二）天香绢

天香绢用桑蚕丝和黏胶丝以平纹地组织经提花织造而成。天香绢是以真丝与黏胶丝为原料，平纹地提花熟织绸。经线用22.2/24.4dtex的生丝，纬线为133.3dtex的有光黏胶丝，花纹为纬缎花，纬线有2~3种颜色，花型为满地中小散花。天香绢的绸面平整，正面平纹地上起有闪光亮花，反面花纹无光。天香绢又称为双纬花绸。其特点是质地细密，厚薄适中。缺点是绸面花纹摩擦后

4-13　绢类产品

易起毛，不宜常洗。适用于妇女、儿童服装。

八、绫类产品

绫是我国一种传统丝织物。绫的历史悠久，在宋代多利用绫作为书画、经卷的装裱材料。绫织物有素绫和花绫之分。素绫采用斜纹及变化斜纹组织；花绫是斜纹地组织上起斜纹花的单层暗花织物，其组织较为复杂。绫织物质地柔软、光滑轻盈，是装裱书画的理想材料，也常作为服装的面料或里料。绫类产品如图4-2-34所示。

图4-2-34　绫类产品

绫类织物采用斜纹组织或斜纹变化组织，是外观具有明显斜向纹路的素、花丝织物。一般采用单经单纬，且均不加捻或加弱捻，质地轻薄，也有中型偏薄的。质地轻薄的可用于中国国画镶边、书籍装帧等装饰，中厚型面料用于制作衬衫、头巾等。

古文《正字通丝部》记载："绫者，其纹望之似冰凌之理也，齐东为布帛之细者曰菱。"说明绫有冰凌纹的特点。

（一）真丝斜纹绸

真丝斜纹绸又称桑丝绫。其质地柔软光滑，光泽柔和，花色丰富多彩。真丝斜纹绸为生织绸，分为练白、素色及印花三类。绸面有明显的斜纹纹路，质地柔软、轻薄、滑润、凉爽，具有飘逸感，适于做夏季的裙衫及围巾等，也可用于高档呢绒及真丝服装的里料。

（二）美丽绸

美丽绸是服装里料常用的品种，故又称为里子绸。采用有光黏胶丝作经纬丝，采用四枚斜纹组织，坯绸经煮练整理，可染原色、蓝色、灰色、咖啡等素色，也可印花。其特点是绸面起细斜纹有光泽，反面则稍暗，手感平滑。主要用于高档服装的衬里，印花产品可用于服装面料，缩水率在8%左右。

（三）尼棉绫

尼棉绫属于交织绸。经向采用锦纶丝，纬向采用丝光棉线。织物采用3/1斜纹组织，由于织经纬线的色泽不一，使面料在不同的视觉角度形成闪色效应。如将锦纶丝染成黑色，棉线染成红色，可形成正面以黑色为主闪红色，反面以红色为主闪黑色。

（四）采芝绫

采芝绫是黏胶丝和桑蚕丝交织的四枚斜纹组织的织品，经向采用厂丝和有光黏胶丝，纬向采用有光黏胶丝，厂丝比例很小，仅占7%。有的品种经向和纬向全部采用有光黏胶丝织造，称为人造丝采芝绫。

采芝绫的特点是质地较厚，绸面起中小花朵的散花图案。坯绸可染成各种色泽，宜制作妇女服装、儿童斗篷等，不宜经常水洗。

九、罗类产品

我国早在4000多年前就有原始的罗织物，宋代罗类织物已十分盛行。罗类织物采用纱罗组织，织物上形成一系列纱孔，并由形成行列且间距不等的平行纱孔作为不同花素织品的区别。习惯上，人们把纱孔横向排列的花素织物称为"横罗"，直向排列的称为"直罗"。这类织物多用于夏季服装、刺绣坯布或其他装饰用品。在罗织物中，以杭罗为最为著名。罗类产品如图4-2-35所示。

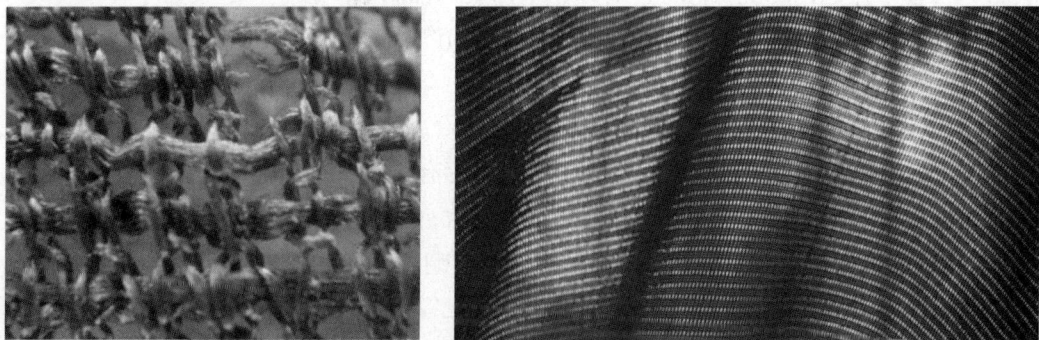

图4-2-35　罗类产品

《天工开物》中记载："凡罗，中空小路，以透风凉，其消息全在软综之中，袞头两扇大综，一软一硬。凡三梭、五梭，多者七梭。之后踏起软综，自然纤转诸丝，空路不粘。"充分表明罗的外观和制作方法。

罗，是中国丝绸代表品种"绫罗绸缎"之一。杭罗，与苏缎、云锦同列为中国东南地区的三大丝绸瑰宝。杭罗原产杭州，故名杭罗，由纯桑蚕丝以平纹和纱罗组织织造而成，绸面具有等距规律的直条纹或横条纹菱形纱孔，孔眼清晰，质地刚柔滑爽，穿着舒适凉快，耐穿、耐洗，十分适合闷热多蚊虫天气，既挺括、透气，又可防止蚊虫叮咬，这也是杭罗在古代作为宫廷御用衬衣面料的原因。

罗类丝绸是贯穿中国丝绸史的丝绸面料。战国至秦汉时期，各国以穿着绫罗为贵；唐代贵族穿着丝绸盛行；宋代尊崇质朴，装束拘谨，时兴淡雅，但罗裙裤和大袖罗袍仍被社会所推崇，每年杭州织造局贡品杭罗达10万匹（约500万米）；元代以棉织品为多，但女性喜爱罗胸衣和缎料背心；明代崇尚花缎官服，女服流行素罗短袖衫和素罗单裙；清代的花绸马面裙为女性所爱，杭罗的手工生产达到顶峰；到了清末，西服传入，丝绸仍不失其贵，连兵丁都以丝绸仪仗服提升品位。民国时期，随着封建王朝的覆灭和长期混乱的社会形势，许

4-14　十五梭杭罗展示

4-15　罗类产品

多传统丝绸品种逐渐被世人遗忘，此时的"杭罗"成了少数人的用品。至现代，杭罗一直是杭州的传统特色旅游产品。

杭罗属于真丝绸类产品，其经、纬均采用纯桑蚕丝土丝，以平纹组织和罗组织交替织造而成。杭罗的绸面排列着整齐的纱孔。杭罗有七梭罗、十三梭罗、十五梭罗等（即经纱每平织七次、十三次或十五次后扭绞一次形成纱孔，使得杭罗螺纹的宽窄有所不同）。杭罗为生织绸，以练白、灰、藏青等素色为多。绸身紧密结实，质地柔软而富有弹性，多孔、透气。

十、纱类产品

纱类织物是一种具有纱孔的花素组织物，即每织一纬或同一梭口数根纬纱后，绞经相对地经就绞转一次，表面具有全部或局部透明小孔。其质地轻薄而透明，结构稳定，布面多有轻微的皱纹，适用于夏季服装及刺绣、绘画、室内装饰品材料。主要品种有香云纱、东方纱等。纱类多为轻薄透明的产品，适于制作婚纱或夏装。

4-16 香云纱展示　4-17 香云纱

香云纱本名"莨纱"，又名薯莨纱，俗称莨花纱、云纱，香云纱在织造上的特点是经线以绞纱组织形成带数行小提花的白胚纱，再用广东特有植物薯莨的汁水浸染桑蚕丝织物，后用珠三角地区特有的富含多种矿物质的河涌淤泥覆盖，经日晒加工而成的一种昂贵的纱绸制品。由于穿着走路会"沙沙"作响，所以最初称为"响云纱"，后人以谐音叫作"香云纱"。

香云纱是经茨莨液浸渍处理的桑蚕丝生织的提花绞纱丝织物。用茨莨的液汁多次涂于熟坯绸上并晒干，使织物表面黏聚一薄层黄棕色的胶状物质。香云纱有莨纱与莨绸之分。在平纹地上以绞纱组织提出满地小花纹，并有均匀细密小孔眼的丝织物，经上胶晒制而成的称莨纱；用平纹组织的绸坯，经上胶晒制而成的称莨绸。

香云纱色泽的耐日晒和水洗牢度极佳，防水性能很强，透湿散热，不粘身，十分凉快滑爽。其表面漆状光泽耐磨性较差，揉搓后容易脱落，是其缺点。莨纱是我国广东特产，适于作炎热季节服装用。用传统方法经过浸晒生产的香云纱，有黑褐色和棕红色两种。目前已发展出彩色和印花品种，使原来色泽比较单调的香云纱更加丰富多彩。除采用桑蚕丝绸外，也可用人造丝织制成人造丝香云纱。

香云纱制作流程：

坯绸→精练→浸薯莨汁→晾晒→重复上述浸晒过程多遍→煮绸→多次洗晒莨汁→再煮绸→再多次洗晒莨汁→再煮→晒干→过泥→洗涤→晒干→摊雾→拉幅→整装入库

整个晾晒需要完成三洗九煮十八晒等共几十道工序，体现了香云纱染整技艺的复杂性、科学性、昂贵性。

十一、葛类产品

葛类织物是采用平纹、经重平、急斜纹组织，经纬用相同或不同种类的原料制织成的花、素丝织物。一般经细纬粗、经密纬疏，地纹表面少光泽，并具有明显横棱凸纹。

葛的质地厚实而较坚牢，多数用作春秋季和冬季的袄面、服装以及坐垫、沙发面料等装饰用绸。用于装饰性的葛织物，其外观粗犷，横棱凹凸更明显，并在织物结构中嵌有粗号蓬松的填芯纬线，或饰以闪烁的金银丝，使织纹闪光炫目。

（一）特号葛

特号葛又称特号绸，采用桑蚕丝平经与弱捻纬交织的提花葛类丝织物，具有织纹简洁、质地平滑、光泽柔和的特点（图4-2-36）。12401特号葛经线采用22.22/24.42dtex×2（2/20/22旦）桑蚕丝，纬线为22.22/24.42dtex×4（4/20/22旦）9捻/cm桑蚕丝水纤。在平纹地组织上显现八枚经缎纹为主花，经花四周用少量纬花侧影色边衬托。经纬虽然都用桑蚕丝，但因两者粗细、密度及纵横向对光反射能力的不同，所以在织成绸缎的表面，仍反映出不同的光泽。成品幅宽71cm，经密71.3根/cm，纬密45.9根/cm，平方米克重为64g/m²（合15姆米）。筘号33.5齿/cm，筘内幅74.5cm，筘外幅75.5cm。每筘齿穿入经线2根，内经4992根，边经40×2根。

特号葛的花、地组织结构松紧程度差异较大，影响绸面的平挺，故纹样块面不宜过大，布局不宜太满，以清地中小型花纹为主，散点排列要均匀。

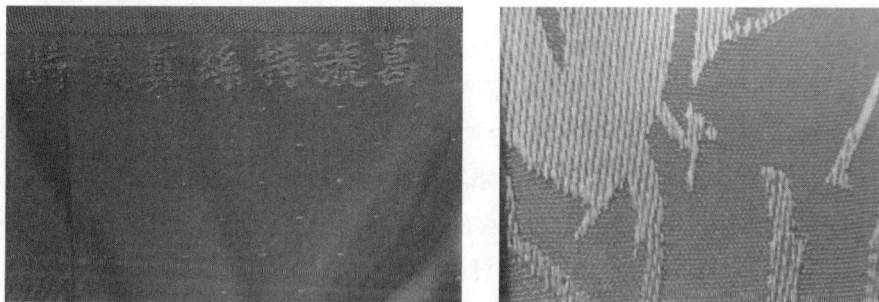

图4-2-36 特号葛

（二）文尚葛

文尚葛是黏胶丝与棉交织的葛类丝织物（图4-2-37）。其质地精致紧密而较厚实，外观有明显的横棱纹。为了达到横棱纹的外观效应，采用经线密度大、纬线密度小，经线细而纬线粗的组合。67401素文尚葛经线采用133.2dtex（120旦）有光黏胶丝，纬线为18tex×3（32英支/3）丝光棉纱，经密106根/cm，纬密16根/cm。织物采用111114经向6飞急斜纹组织，经过退浆、染色形成正面横棱凸起，色光柔和，反面则由浮长较长的经丝组成光滑明亮的背面。

（a）正面　　　　　　　　　　　　　　　（b）反面

图4-2-37 文尚葛

十二、绨类产品

绨类产品（图4-2-38）是采用平纹组织，以各种长丝作经、棉纱作纬交织的质地比较粗厚的素、花丝织物。这类产品属于较低档的服饰用绸。

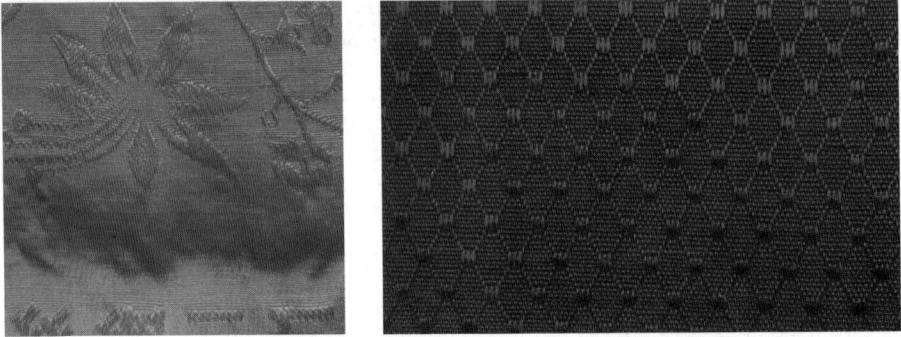

图4-2-38　线绨

绨是以长丝作经，棉纱或蜡纱作纬，采用平纹组织交织的丝织物。西汉时代的丝织物中就有绨。绨质地粗厚而紧密，织纹简洁而清晰，有线绨与蜡纱绨之分。一般采用133.2dtex（120旦）有光黏胶丝作经线，与14tex×2（42/2英支）丝光棉纱作纬线交织的称线绨，与28tex（21英支）蜡纱纬交织的称蜡纱绨。蜡纱是普通棉纱经上蜡而成，蜡纱表面绒毛少，条干光滑。在提花机或多臂织机上制织有花纹的线绨，通常称为花绨。大花纹的花绨多用作线绨被面，装饰用绸等；小花纹的花绨与素线绨一般用作衣料或装饰绸。

常见的绨类产品有以下几个品种：

（1）普通线绨经丝采用120旦有光黏胶丝，纬丝采用21英支棉纱。

（2）蜡线绨经丝采用120旦有光黏胶丝，纬丝采用32英支漂白蜡棉纱。

（3）丝光线绨经丝采用120旦有光黏胶丝，纬丝采用21英支丝光棉纱。

（4）线绨被面经丝采用120旦有光黏胶丝，纬丝采用32英支漂白蜡棉纱。

线绨被面产于杭州。线绨的外观特点是绸面平纹地上提亮点小花图案的最多，也有大提花的，如梅花、竹叶、团龙、团凤等图案花纹，可用于服饰、窗帘、被面等制作。

十三、绒类产品

绒类织物是采用经起绒或纬起绒组织，表面全部或局部有明显绒毛或毛圈的丝织物。这类织物外观华丽，手感糯软，光泽美丽、耀眼，是丝绸中的高档产品。

绒类织物是用桑蚕丝或桑蚕丝与化学纤维长丝交织的起绒丝织物，统称为丝绒。织物表面有毛绒或绒圈，色泽鲜艳光亮，外观似天鹅绒毛，因而也称为天鹅绒。有单层和双层两种，一般采用经起毛组织。其特点为织物表面有直立绒毛，光泽美观，手感饱满。绒类织物品种较多，如金丝绒、乔其绒、立绒等。绒类织物为高档丝织物，适宜制作礼服、外套及室内装饰品等。

（一）乔其绒

乔其绒是桑蚕丝与人造丝交织的起绒织品（图4-2-39）。绸坯两幅联合织造，割开后成为两块绒毛织品，地经采用两根厂丝，毛经采用有光黏胶丝，纬丝采用两根加强捻的厂丝。织造时，地经和纬丝均采用两左两右相间织入，绒坯剖开后经精练、染整而成。其特点是手感柔软，正面覆盖着浓密的绒毛，呈顺向倾斜，绒毛光彩炫耀，富丽华贵。品种有染色和印花两种。宜制作妇女礼服、旗袍、围巾、帷幕、窗帘、花边等，不宜水洗。

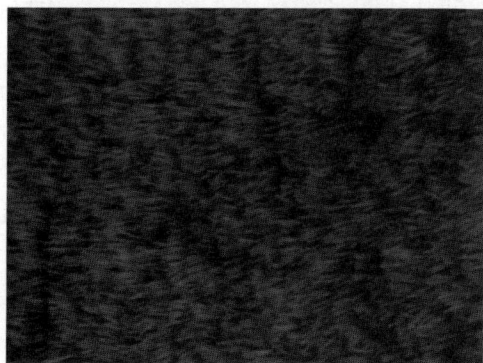 

（a）正面　　　　　　　　　　　　　（b）反面

图4-2-39　乔其绒

由于织造工艺的发展，经过特殊加工后，可制成拷花乔其绒、烂花乔其绒、金丝乔其绒等许多新品种，品质更为优良，用途与乔其绒相同。

（二）烂花乔其绒

烂花乔其绒是以乔其绒为绸坯，根据桑蚕丝与黏胶丝的耐酸碱性不同，利用黏胶丝怕酸的特点，将乔其绒绸坯经特殊印酸处理，使部分黏胶丝遇酸脱落，呈现以乔其纱为底、绒毛为花纹的镂空丝绒组织（图4-2-40）。烂花乔其绒花纹凸出、立体感强，是中式女服的面料。

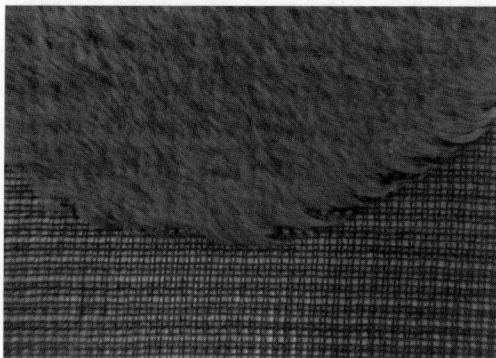 

（a）正面　　　　　　　　　　　　　（b）反面

图4-2-40　烂花乔其绒

（三）漳绒

漳绒是以经线起绒圈的起绒织物，汉代已有，盛行于明清，因明代福建漳州织绒最佳而得名。其经线分为地经、纹经，织造方法是利用假织纬（起毛杆）起绒圈，纹经与假织纬交织成地和花。织成后抽掉起毛杆，按图剪开绒圈，获得绒花。织物绒、地分明，具有立体效果。漳绒是桑蚕丝与人造丝交织的平纹地、纯色、经向起毛的产品。漳绒的外观与立绒相似，表面有浓密的绒毛，比立绒厚实，色泽淳厚光亮，尤其是黑色漳绒乌亮发光，有庄重、富丽华贵之感。漳绒的色泽以原色、酱红、绿色、藏青等为主，宜制作妇女外套、旗袍、礼服、鞋帽、帷幕及装饰用品。漳绒在穿用中不宜洗涤，收藏时不能受压，应该挂藏，以免毛绒倒伏。

4-18 绒类产品

漳绒有花、素两类。素漳绒表面全部为绒圈。而花漳绒则割断部分绒圈，能看到丝纤维横截面，颜色较深；保留绒圈的部分看到的是纤维表面，颜色稍淡，由此形成花地色差来表现图案艺术，这种方法也称为雕花。

（四）漳缎

清朝时期，苏州在漳州漳绒和南京云锦的基础上改进织造工艺，依据漳绒的织造方法、云锦的花纹图案，创造出一种"缎地绒花"风格的新产品——漳缎。

十四、呢类产品

呢类织物是采用基本组织或变化组织织成的质地粗犷、丰满的丝织物。织物所用经、纬丝比较粗，织造时使用绉组织，使织物表面呈现分布不均匀而稍有凹凸的外观效果。织物手感柔软厚实，富有弹性，但光泽不明显，具有柔和文雅的呢织物外观，广泛用作服装面料及装饰物等。主要产品有大卫呢等。

大卫呢为采用斜纹变化组织织造的织物。经向用厂丝两根并合加捻，纬向用厂丝六根并合加捻，采用2S2Z不同捻向排列。其特点是绸身组织紧密，手感厚实柔软，有毛料的感觉。绸面有暗花纹，质地光泽柔和，美观大方，结实耐穿。反面为绸背，故正面光泽柔和而反面光亮。大卫呢可染成黑色、藏青、咖啡、铁灰等，宜制作中老年服装及驼绒棉衣面料。绸面略有伸缩性，在裁剪前应在背面喷水。由于产品都是用酸性染料染色的，色牢度较差，不宜常洗。

【项目练习题】

1. 缎条绡有什么特点？

2. 平经、平纬、平纹一般是描述哪个大类的丝织物？

3. 丝绸起绉最常用、最经典的方法是什么？

4. 绵绸是100%丝绸原料吗？

5. 表面光亮柔软是哪个大类丝绸的典型特征？

6. 真丝斜纹绸属于哪个大类产品？

7. 我国的四大名锦是指什么？

8. 香云纱和莨绸有什么相同点和不同点？

9. 罗的孔隙是如何形成的？

项目五　锦绣织梦——丝绸技艺的针间传奇

【教学目标】

知识目标

1.掌握不同历史朝代刺绣工艺的基本知识。

2.熟悉不同历史朝代的刺绣特点。

3.养成了解不同历史朝代的刺绣代表作。

能力目标

1.根据各朝代绣品特点，进行绣品鉴赏的能力。

2.能够加以区分四大名绣的不同点及各自特点。

3.能够尝试学习一种简单的刺绣工艺。

素质目标

1.增强对刺绣文化的认识，传承和弘扬优秀的刺绣工艺。

2.培养较好的审美情趣和创新能力。

3.养成良好的团队合作精神和协作能力。

任务1　探秘刺绣历史

【学习引入】

刺绣起源于人们对装饰自身的需要。史传黄帝时代就有彩绘花纹的记载，古代原始人类已懂得用色彩来美化自己，开始时将颜料涂在身上，称为"彰身"；进一步发展为刺在身上，称为"文身"；后来人们将纹饰画在衣服上，再发展成绣在服装上。随着时代的发展，每一个历史时期都呈现出不同的刺绣工艺特点和审美风格。

刺绣不仅是艺术作品，而且它的每一针每一线都蕴含着创作者的匠心和情感。通过刺绣，人们可以表达对家人的爱、对生活的热爱。本节系统梳理了中国不同历史朝代的刺绣，带领读者感受中国传统刺绣文化的魅力。

一、商周时期

1. 刺绣的起源

原始社会时人们用文身、文面、文缋服装等方式来美化生活，之后人们用针引线在绣料上穿刺出一定图案和花纹的装饰织物，就成了刺绣。

现在普遍认为刺绣起源于新石器时代晚期（《尚书·益稷》中记载"舜始为绣也"），夏、商、周时期的刺绣属于贵族阶层专用。夏、商、周时，刺绣得到发展，由于早期刺绣物质遗存过分稀有、存世极少，仅一些重要墓葬中有所发现。此时刺绣与上古礼教、服饰体系都有紧密联系，尽管这个时期的刺绣出土文物多数残破，但却极具文化历史研究价值。

从出土实物考察，无论是商代覆盖铜觯上残留的菱纹绣还是殷墟出土的玉石人像上的服饰花纹，都显示当时盛行大花纹的刺绣装饰。

从《诗经·豳风·七月》中的有关记载可以推测，最迟在西周时期，中原地区的古人就已经大规模养殖家蚕，缫丝织衣。随着蚕桑的广泛种植，蚕桑文化逐渐渗透到中华传统文化的各个层面。1974年，陕西宝鸡茹家庄西周弓鱼国国君墓出土的20多枚造型生动的玉蚕，展现了西周十分发达的桑蚕生产景象。图5-1-1为西周玉蚕。

图5-1-1　西周玉蚕

2. 西周时期刺绣

1974年在宝鸡茹家庄的西周墓中发现了丝绣品的痕迹（图5-1-2）。其中有些是黏附在青铜器上，有些是压附在淤土上，可以看出大部分是平纹的纺织品。有一块淤土上的纺织品印痕具有简单的菱花图案，据推测是斜纹的提花织物。这只有用专门的提花织机才可以织出。

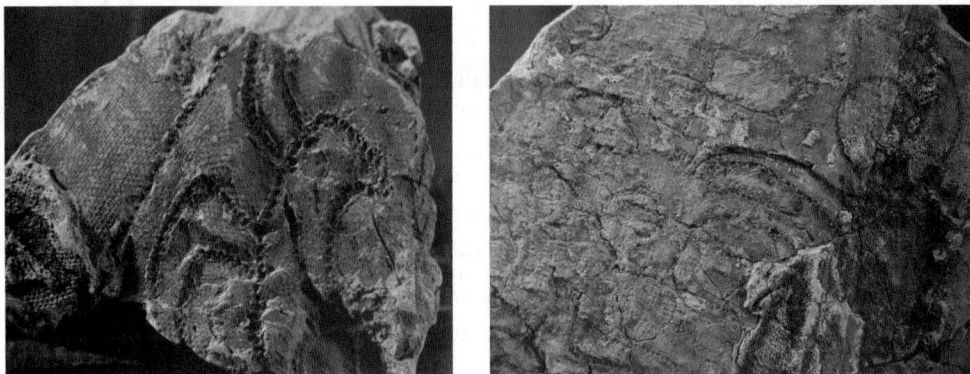

图5-1-2　陕西宝鸡茹家庄西周墓出土的丝绣品痕迹

此外，墓内还发现了一处刺绣的印痕，它采用了至今还在使用的辫子绣针法，是用黄色丝线在染过色的丝绸上绣出花纹线条轮廓，再以毛笔蘸色在花纹部位涂绘大块颜料制成，颜色使用红、黄、褐、棕，其中红、黄两色采用天然朱砂和石黄加黏着剂涂染，色相鲜明。底绸用植物染料施染。从出土文物来看，一件服饰上既有彩色丝线刺绣，又有矿物颜料画缋的花纹图案增强装饰效果。反映了古人所谓的"画缋之事"，这种以画补绣的做法是刺绣发展初期的特点。

2004年，在山西绛县横水西周墓地发现了保存总面积达10m²左右的荒帷（图5-1-3）。这件荒帷整体是红色的丝织品，由两幅绣片横拼而成，上下有扉边，每幅宽80cm，总高180～220cm。在织物上有精美的刺绣图案，图案主题为凤鸟。纹饰由3组大小不同的鸟纹图案组成，图案中间是一个大凤鸟纹的侧面形象，大钩喙、圆眼、翅和冠的线条以夸张的手法做大回旋，线条流畅，气势磅礴。在大凤鸟的前后各有4只小凤鸟，上下排列，造型与大凤鸟基本相似，只是更加含蓄。这一重要发现说明当时的刺绣技术已经非常成熟了。

西周时期用以绣作的面料，其纤维组织稀疏，所以绣纹也相对稀疏。当所用材料是棉、麻、毛时，绣纹更加稀疏。1978年新疆哈密五堡墓葬出土的西周毛绣品如图5-1-4所示，红褐色平纹毛织物以相同经纬构成组织，用本白色及染成黄色、蓝色、粉绿色的毛线，绣出小三角堆砌的几何图案，色泽艳丽，出土时附着在女性墓主身上，是目前能见到最早的毛织刺绣实物。

图5-1-3　山西绛县横水西周墓地出土的荒帷

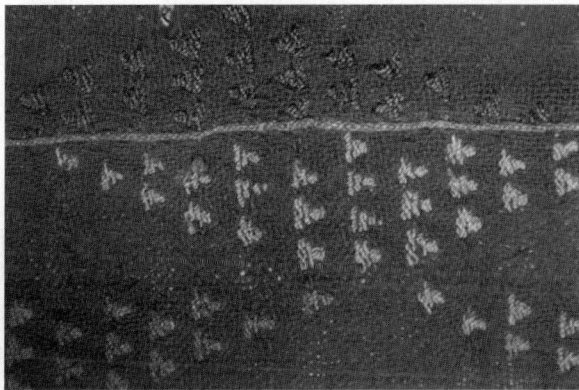

图5-1-4　1978年新疆哈密五堡墓葬出土的西周毛绣品

3. 商周时期刺绣的特点

（1）早期刺绣存世极少，多出土于重要墓葬。刺绣与上古礼教、服饰体系都有紧密联系，尽管这个时期的刺绣多数残破，但却极具文化历史研究价值。

（2）从现有的考古发掘来看，以画补绣的做法是刺绣发展初期的特点，画缋工艺早在周代就已使用。服饰上均有各种复杂图案，图案一般采用画缋工艺。

二、战国时期

1. 战国时期的刺绣

这一时期的刺绣都是采用辫子针绣，也称锁绣，非常精美。

1982年，在湖北江陵马山战国墓出土了一批丝织品文物（图5-1-5），多数衣衾以绣品作面。绣品针法以辫子针为主，局部采用平绣。各种图案的主要部分都是满绣，用若干行辫子针紧密排列，不显绣地。有些部位采用间绣，以单行或数行锁绣排列成稀疏的线条。锁扣比西汉初年绣品的锁扣细长。绣线的颜色有淡黄、金黄、土黄、草绿、赭、绛红、深褐、靛蓝等。绣品的花纹主要由龙、凤、虎等组成，其中以龙凤虎纹、蟠龙飞凤纹、凤龙相蟠纹、对凤对龙纹等绣纹最为精美，都是用辫子针施绣而成，并且不加画填彩，这标志着战国时期的刺绣工艺已发展到成熟阶段。

图5-1-5　湖北江陵马山战国墓出土的丝织品文物

蟠龙飞凤纹绣浅黄绢衾（图5-1-6），长1908cm，宽1908cm，内下缘宽108cm，内侧缘宽8cm。衾为正方形，上端中部有凹口，包有彩条纹绮的被识，表面由25片绣绢拼成，正中23片为蟠龙飞凤纹绣，左右两侧各有1片舞凤逐龙纹绣。绢衾的针法为辫子针。内缘为红棕色绣绢，填充物为丝绵。

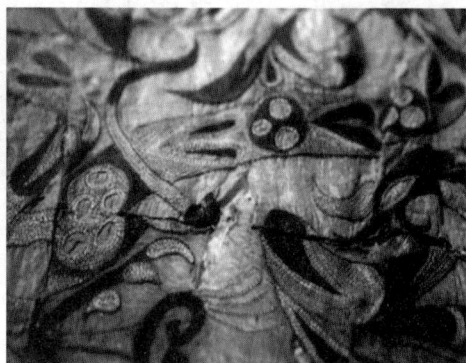

图5-1-6　蟠龙飞凤纹绣浅黄绢衾

对凤对龙纹绣浅黄绢面衾（图5-1-7），衾为长方形。衾面是对凤对龙绣浅黄绢，共五幅，各幅花纹错位排列，各幅拼缝处镶有横向连接组织绦。花纹由八组左右对称的龙凤组成。

战国时期的绣品在图案的结构上非常严谨，有明确的几何布局，大量运用了花草纹、鸟纹、龙纹、兽纹，并且浪漫地将动植物形象结合在一起，手法上写实与抽象并用，刺绣形象细长清晰，留白较多，体现了战国时期刺绣纹样的重要特征。

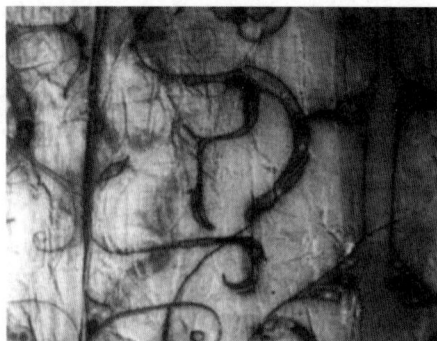

图5-1-7　对凤对龙纹绣浅黄绢面衾

该时期，刺绣面料中带有皮革，称为"韦绣"。1978年湖北天星观出土的战国丝绣革带（图5-1-8），皮革的表面蒙有一层绢，然后用棕、深黄色的丝线绣蟠螭纹，上下边绣横向的"S"形纹，可作为这一推论的佐证。

图5-1-8　战国丝绣革带

2. 战国时期刺绣的特点

（1）战国时期的刺绣已很精美，这时期的刺绣针法以辫子绣针法为主，也称锁绣，局部采用平绣，各种图案的主要部分都是满绣。

（2）战国时期辫子绣针法比西汉初年绣品的锁扣更为细长，绣品的花纹主要由龙、凤、虎等组成。图案结构严谨，有明确的几何布局，手法上写实与抽象并用，并且不加画填彩，这标志此时的刺绣工艺已发展到成熟阶段。

三、两汉时期

1. 两汉时期的刺绣

汉代刺绣已达到很高的水平。湖南长沙马王堆1号西汉墓、北京大葆台西汉墓、河北怀安东汉五鹿充墓、甘肃武威东汉墓、新疆民丰东汉墓、蒙古国诺音乌拉古代匈奴王族墓群等的出土文物中均有刺绣发现。马王堆汉墓的刺绣题材以变体云纹为主，也有由龙头、凤头与变体云纹连成一体的云中龙凤纹样，还有变体植物纹、茱萸纹、几何方棋纹等，纹样繁密，色彩鲜艳。河北怀安东汉五鹿充墓出土的刺绣以云山、人物、鸟兽为题材。新疆民丰出土的东汉刺绣除云纹、茱萸纹外，还有独具地方色彩的变体花鸟纹。蒙古国诺音乌拉出土的刺绣，题材有龙纹、斗兽纹、鱼鸟纹、玉佩纹等。汉代刺绣多属生活用品，针法以辫子股绣为主，出土实物以长沙马王堆西汉墓的绣品最丰富也最有代表性。图5-1-9为长沙马王堆墓信期绣香囊。

信期绣绣品是马王堆出土的绣品中数量最多的一种，共19件。纹样单元大小不等，内容为穗状流云和卷枝花草，有疏有密、有繁有简，针脚一般长0.1～0.2cm，颜色多为棕红、橄榄绿、紫灰色、黄色等，如图5-1-10所示。

信期绣的主题花纹为写意的燕子，同时配以卷枝花草和穗状流云纹。由于燕子是定期南迁北归的候鸟，每年总是信期归来，故这种绣品得名"信期绣"。信期绣图案纹样单元较小，线条灵动细密，极富美感。

图5-1-9　长沙马王堆墓信期绣香囊

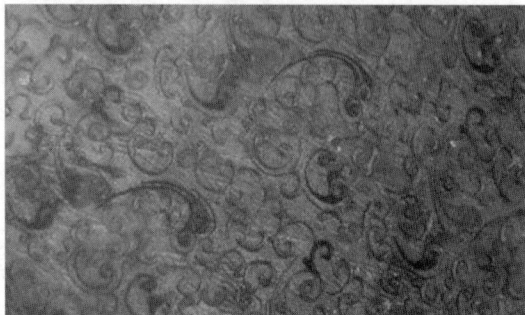

图5-1-10　信期绣

黑色是秦汉时期的流行色，信期绣残片用辫子针绣，施以草绿、砖红、橙等色，绚丽典雅而不失高贵，图案的流云、卷枝、花草纹样生动，构图流畅，繁而不杂，是为佳作（图5-1-11）。

图5-1-11　黑色罗地信期绣残片

乘云绣是以朱红、金黄、紫、藏青、绛红等多色绣线，绣出飞卷的如意头流云，以及在云中仅露出头部的凤鸟。乘云绣象征"凤鸟乘云"，寓意吉祥。茱萸纹绣等绣品的名称都是根据其纹样命名的，茱萸纹绣的图案由茱萸花、卷草纹和云纹等组成。汉代以茱萸为吉祥花，寓意消灾避难，长生不老。黄色绮地乘云绣、绢地茱萸纹绣如图5-1-12、图5-1-13所示。

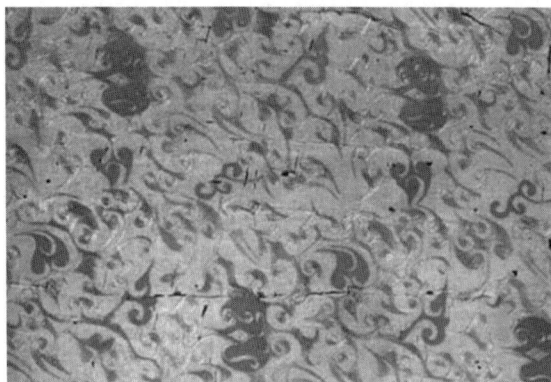

图5-1-12　黄色绮地乘云绣

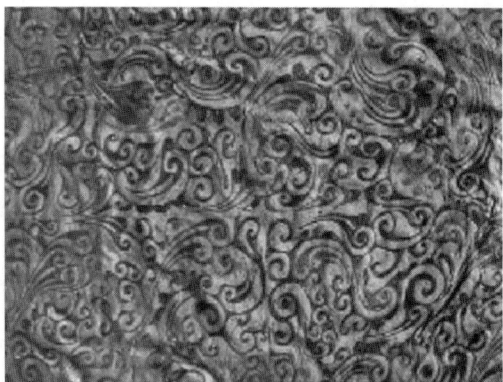

图5-1-13　绢地茱萸纹绣

绣制手法上，除绝大多数绣品使用锁绣外，还有其他针法。如长沙马王堆一号墓内棺外面的树纹铺绒绣就是以直针的针法满绣而成，其针法属于平绣，这也是迄今所见我国最早的平绣作品，如图5-1-14所示。

图5-1-14 树纹铺绒绣

1959年，甘肃武威出土的浅黄色绢刺绣人物图（东汉）（图5-1-15）上的刺绣为较长线段在地料上简单横拉，容易磨损脱落，其装饰性和耐磨性不如早期辫子绣。刺绣作品以反映现实生活场景为题材，此绣稚拙成趣，针法表现人物及场景，但直针绣还未发展成熟。此作可视为直针在图案类绣品中的较早尝试，极为珍贵。

图5-1-15 浅黄色绢刺绣人物图（东汉）

2. **两汉时期刺绣的特点**

（1）汉代刺绣多属生活用品，针法以辫子绣为主，马王堆西汉墓出土的绣品中，还有极少的直针绣法。

（2）汉代刺绣的三种代表性纹样：信期绣、乘云绣、长寿绣。另外卷草、金钟花、山峦、树木、人物等纹样于东汉也多有所见，是逐渐由形变纹样转向写实的表现。马王堆西汉墓出土的绣品中，还有极少的直针绣法。

四、南北朝时期

1. **南北朝时期的刺绣**

南北朝时期，政权更迭频繁，由于佛教在中国的发展，出现了刺绣佛像。刺绣开始从实用品向欣赏品发展，这种变化在刺绣宗教用品中体现得尤为明显。图5-1-16为东晋顾恺之《女史箴图》唐代摹本。

就针法而言，绣品依然是辫子针绣为主，间有平直针法。在表现题材上出现了与当时的绘画艺术、宗教融为一体的作品，为前代所未见，同时装饰性动物纹、云纹等律动性强的刺绣纹饰相比前代装饰效果和艺术性更强。

1965年，敦煌文物研究所在莫高窟发现一件北魏绣像残片（图5-1-17），这是我国目前

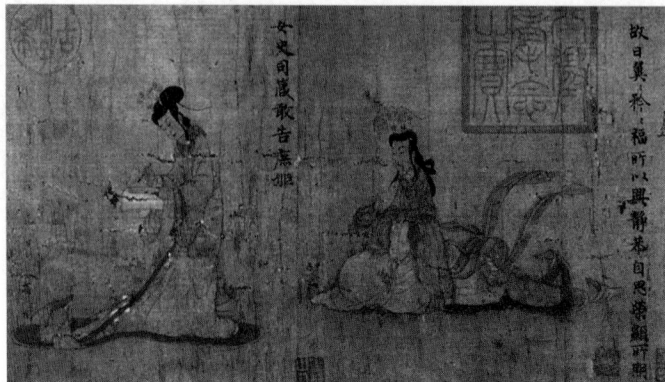

图5-1-16　东晋顾恺之《女史箴图》唐代摹本

发现年代最早的一幅满地绣佛像，体现了东晋到北魏期间丝织品满地施绣的特色。该绣品在针法和色彩的运用上都比汉代刺绣更加进步。绣工以单行辫子绣勾勒边缘，双行辫子绣出轮廓，再以多行辫子绣进行大块填充，同时辅以正反变化的辫子绣针法突出纹饰的立体感，技艺高超。

绣品色彩以浅黄色为底，将红、黄、绿、紫、蓝等色巧妙地搭配在一起，具有很强的装饰性。所绣佛像人物图案生动，面部表情端庄，配色为二晕色，是研究中国刺绣发展史的重要实物资料。

1972年，新疆吐鲁番市阿斯塔纳177号墓出土的浅黄绢刺绣葡萄瑞兽纹残片（图5-1-18），用蓝、棕、红、原白和紫色等丝线，采用辫子针绣出葡萄及藤蔓，瑞兽、祥禽、茱萸纹穿插其中，独具特色。

图5-1-17　北魏绣像残片

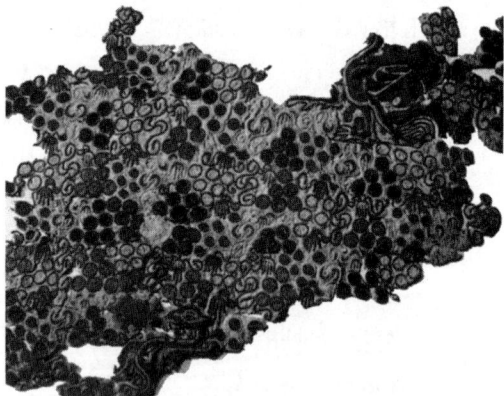

图5-1-18　浅黄绢刺绣葡萄瑞兽纹残片

1972年，新疆吐鲁番市阿斯塔纳382号墓出土的红绢刺绣共命鸟纹残片（图5-1-19），高22.5cm，宽28.5cm，现藏新疆博物馆。地有双层，原白色为里，大红色为面，用蓝、绿、黄、黑、红、褐色丝线，辫子针绣成。图案中心以夸张变形的共命鸟为主体，明显受佛教传说故事的影响，两边环绕四只小鸟，周边环绕螭龙、花草、星辰等元素，布局合理，配色明丽，线条流畅。

图5-1-19　红绢刺绣共命鸟纹残片

2.南北朝时期刺绣的特点

（1）南北朝时期，由于佛教在中国的发展，出现了刺绣佛像。刺绣开始从实用品向欣赏品发展。

（2）针法依然以辫子绣为主，间有平直针法。在表现题材上出现了与当时的绘画艺术、宗教融为一体的作品，为前代所未见；同时装饰性动物纹、云纹等律动性强的刺绣纹饰相比前代装饰效果和艺术性更强。

五、唐代

1.唐代的刺绣

唐代刺绣应用很广，此时的辫子绣法已不再占主导地位，针法也有新的发展，如钉珠绣、扣绣、盘金绣、平金绣、戗针绣、云气纹等新式针法。图5-1-20为唐代钉珠绣残片。

刺绣一般用作服饰用品的装饰，其做工精巧、色彩华美，这在唐代的文献和诗文中都有所反映。中国著名诗人李白有"翡翠黄金缕，绣成歌舞衣"，白居易有"红楼富家女，金缕绣罗襦"等诗句，都是对刺绣的描述。图5-1-21为平绣孔雀纹绣片。

图5-1-20　唐代钉珠绣残片

图5-1-21　平绣孔雀纹绣片

此时的绣线材料范围有所扩大，譬如金银线的使用。1987年法门寺地宫出土了唐代纺织品。据出土的《随真身衣物账》记载，地宫中有武则天、唐懿宗、唐僖宗、惠安皇太后等所穿戴的丝绸服饰七百余件，丝织品用金加工的形式包括印花贴金、描金、捻金、织金、蹙金等，尤以织金锦和蹙金绣更为珍贵。地宫出土了五件完整的蹙金绣供奉品，其中一件紫红罗地蹙金绣半臂十分精美（图5-1-22）。半臂领口上左右两边绣有如意云头状纹饰。其余部分满绣折枝花，每朵花的花蕊上还镶嵌一粒红宝珠，闪闪发亮、活泼艳丽。而另一件紫红罗地蹙金绣裙（图5-1-23），则是在紫红罗底上盘绣蹙金的山岳、流云纹样，一字形腰带上蹙绣对称的流云纹，整件裙子富丽堂皇。

图5-1-22　紫红罗地蹙金绣半臂

图5-1-23　紫红罗地蹙金绣裙

法门寺地宫出土的众多丝织品，代表了当时唐代宫廷丝织业的最高水平，反映了当时社会上层的审美情趣和文化品位，为研究唐代的丝织、印染工艺提供了不可多得的宝贵材料。

刺绣所用的图案与绘画有着密切的关系。由于唐代山水花鸟画的兴盛，山水楼阁、花卉禽鸟等题材也成为刺绣图样，构图活泼，设色明亮。平绣的微细绣法，加以各种色线和针法的运用，使刺绣成为替代以颜料绘画而形成的一门特殊艺术，这也是唐代刺绣独特的风格。运用金银线盘绕图案的轮廓，加强了实物的立体感，更可视为唐代刺绣的一项创新。

该时期，比较有代表性的刺绣还有百衲袈裟，黄罗刺绣花卉纹残片，绿地幡头牡丹蝴蝶纹刺绣（图5-1-24），飞鸟、奔鹿、牡丹纹刺绣残片（图5-1-25），以及花树孔雀刺绣等

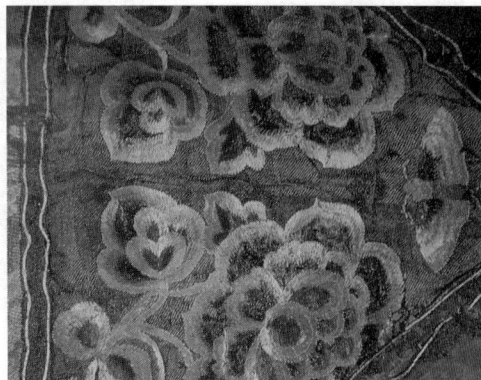

图5-1-24　绿地幡头牡丹蝴蝶纹刺绣

图5-1-25　飞鸟、奔鹿、牡丹纹刺绣残片

（图5-1-26）。唐代的刺绣还用于绣制佛经和佛像，武则天晚年曾命绣工绣制净土变相图400幅。这是中国刺绣史上的一大转变，它使刺绣逐渐脱离织物装饰而成为相对独立的艺术欣赏品。其中有不少刺绣佛像，如大英博物馆藏敦煌千佛洞的绣帐《释迦牟尼灵鹫山说法图》、日本奈良国立博物馆藏《释迦说法图》等，都与当时佛教信仰的兴盛有直接关联。

释迦牟尼灵鹫山说法图（图5-1-27），高241cm，宽159cm。该绣品现藏于大英博物馆。这幅绣品大部分仍沿用了辫子针绣法，但局部有少量的平绣接针法的出现，表明辫绣针巧技艺的运用已不能满足艺术创作的需要，新的针巧技法拉开了刺绣从日用品向观赏艺术性发展的帷幕。2017年，大英博物馆将绣品的修复过程制作成视频《修复"灵鹫山"》。

图5-1-26　花树孔雀刺绣　　　　图5-1-27　释迦牟尼灵鹫山说法图

2. 唐代刺绣的特点

（1）唐代刺绣针法已运用戗针、擞和针、扎针、蹙金、平金、盘金、钉金箔等针法，能使绣品绣出晕染的效果，绣线材料范围还有所扩大，如金银线的使用。

（2）唐代的刺绣除了作为服饰用品外，不但开始表现于书画作品，而且用于绣作佛经和佛像，这是中国刺绣史上的一大转变。刺绣逐渐脱离织物装饰而成为相对独立的艺术欣赏品，为宋代绣画艺术创造了条件。

（3）唐代刺绣使用平绣的微细绣法，加以各种色线和针法的运用，使刺绣成为替代以颜料绘画而形成的一门特殊艺术，这也是唐代刺绣独特的风格；运用金银线盘绕图案的轮廓，加强了实物的立体感，更可视为唐代刺绣的一项创新。

六、宋代

1. 宋代的刺绣

1957年，苏州虎丘云严寺发现紫绛绢刺绣宝相睡莲经帙残片（图5-1-28），属于五代时期，残长34.7cm，残宽15cm，现藏于苏州博物馆。经帙的中心主体部分基本用金黄色线绣成，配合绛紫色地，和谐淡雅。睡莲花瓣用散套，莲叶用集套，因较为写实，也符合国画特点，丝理顺应画理汇向叶心，茎蔓和大叶缘用接针勾勒。此片虽为残件，却是一幅承接唐宋时代的重要绣作。

图5-1-28　紫绛绢刺绣宝相睡莲经帙残片

宋代刺绣中最值得称道的是宫廷刺绣，这得益于宋代绘画艺术的繁荣及宋代皇家对织绣创作的统一管理。宋徽宗于崇宁年间在皇家画院设绣画专科，科内的绣师们都用院体画家的画稿作绣，绣品从装裱到收藏都与书画无异，甚至更为认真妥帖。这幅宋绣素底白鹰轴现藏台北故宫博物院，羽毛用刻鳞针法，在羽片外缘先垫一根轮廓线，然后根据羽毛生长规律施绣，使羽毛呈现高厚下薄的真实感，系鹰的蓝索打结处，用粗股丝线盘结，然后钉线固定，流苏也以粗线排列钉固，使之显现不同的纹理质感，使刺绣技法推进到艺术的高峰（图5-1-29）。

鹰乃宋代文人喜欢表现的绘画题材，这幅宋绣《雄鹰》是一蓝色绫底刺绣，鹰高昂的头、坚实的胸脯以及有力的利爪，栩栩如生，与绣作者的高超技艺分不开（图5-1-30）。

图5-1-29　白鹰刺绣作品

图5-1-30　《雄鹰》

《梅竹鹦鹉图》（图5-1-31），现藏辽宁省博物馆。该绣品画面写实，画工精雅，为宋《缂丝绣线合璧册》中的一页。绣者以宋代绘画册页为蓝本，用绣法将这小小画页表现得气度非凡，运用刻鳞针、套针、切针、施针等绣出了虎皮娇凤鸟羽紧顺柔滑，站姿健美生动，回顾枝下宛然若活的神采；也绣出了竹的爽丽、梅的姣好，凸显出宋绣极佳的艺术表现力。

图5-1-32为宋绣《梅竹山禽图》，现藏台北故宫博物院。该绣品的针巧技法精妙细微，神形并茂，鸟羽的蓬松毛绒、树木的苍劲盘结、梅花的冰骨清新、竹子的挺拔俊秀，都绣制得情至意达，使这幅经典的绣作达到了极高的艺术境界。

图5-1-31　《梅竹鹦鹉图》

图5-1-32　《梅竹山禽图》

图5-1-33为宋绣黄筌画《翠鸟芙蓉图》，这幅宋绣是以黄筌画册原尺寸大小绣制的，绣面色彩明丽，翠鸟栖于荔草上，体态轻盈，以散套针、掺针、施针、游针、缠针等绣芙蓉、芦草、羽翅等纹样，鸟冠帧用套针加长短施针绣成，鸟睛盘绣而成，极有精神。荔草叶、花叶、花朵均用长短针铺陈，晕色自然，造型准确，绣技精湛。绣图右侧绣有"五代黄筌真迹"六字，钤"宣统御览之宝"玺。

为了让刺绣作品达到书画的传神意境和风采气韵，绣画的构图必须简单化，故纹样的取舍与留白非常重要，这与唐代的满地施绣截然不同。明代董其昌在《筠清轩秘录》中的描述，大致说明了宋绣施针匀细，设色丰富的特色。

图5-1-33　黄筌画《翠鸟芙蓉图》

宋代刺绣所运用的种种工艺，都是以增强绘画的艺术效果为目的，因此又增加了各种新的针法。而实用性刺绣的水平在宋代也有了很大的提高，从各地宋墓出土的许多实用性绣品来看，刺绣技法不但多样，而且除一般彩绣外，还有纳纱等工艺。绣花图案不仅淳朴生动，还带有装饰性，具有鲜明的民间特色。

2. 宋代刺绣的特点

（1）宋代刺绣的发达，离不开当时朝廷的奖励、提倡。绣品生产遍布河南、四川、湖南、湖北、江苏、浙江、广东等地。当时已有绣品生产培训、管理制度，集中了优秀的绣匠，把宋绣推向了新的艺术高度。

（2）宋代刺绣中最值得称道的是宫廷刺绣，宋徽宗于崇宁年间在皇家画院设绣画专科，科内的绣师们都用院体画家的画稿作绣，宋书画艺术为宋绣提供了丰富的养分，纯欣赏性艺术品刺绣得以迅速兴起。

（3）与唐代的满地施绣截然不同，为了让刺绣作品达到书画的传神意境和风采气韵，宋代绣画的构图必须简单化，故纹样的取舍非常重要。

七、元代

1. 元代的刺绣

元代刺绣较宋代逊色很多，各地绣局虽仍延续宋人绣制名人书画或花卉写生的传统，但工艺不如宋代，绣品传世也很少。从元代不多的传世刺绣作品看，仍继承着宋代遗风，表现了宋代的写实风格。明代张应文的《清秘藏》记载："元人用线稍粗，落针不密，间用墨描眉目，不复宋人精工矣！"

图5-1-34为元代黄绢刺绣金龙云纹衣边，苏州张士诚母曹氏墓出土。此绣件为衣裙残边，在黄罗地上绣金色四龙。两龙相向而行，间缀云纹。整幅画面呈对称构图，针法有接针、缠针、施毛针、刻鳞针、铺针、扎针、正戗针、反戗针、平套针、打籽针，是元代苏绣的精品。

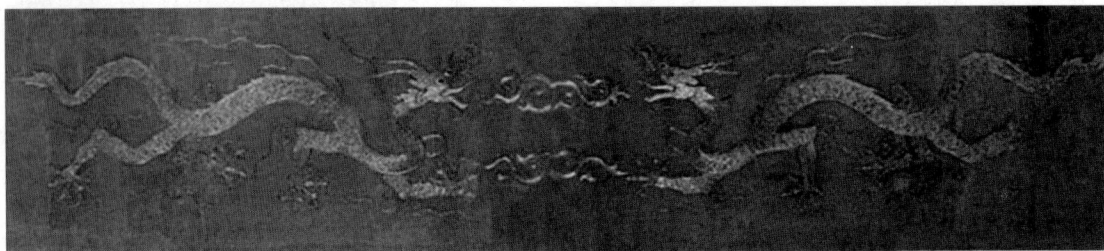

图5-1-34　元代黄绢刺绣金龙云纹衣边

刺绣除了用作一般的服饰点缀外，更多的带有浓厚的宗教色彩，被广泛用于制作佛像、经卷、经幢、僧帽等。其中以西藏布达拉宫保存的元代《刺绣密集金刚像》为代表，具有强烈的装饰风格，如图5-1-35所示。

图5-1-36为苏绣《先春四喜图》。绣轴为深蓝色绢地，绣品选用深浅蓝、深浅绿、正红、橙红、赭石、白等色丝线绣出图案。作品颜色对比十分强烈，但是图案雅致。这幅作品针法以深浅色彩推晕的戗针为主，花蕊用锁绣的打籽针，喜鹊的身体羽毛用单套针和刻鳞针，喜鹊脚用扎针，相叠的花瓣、交叉的叶片、叶脉的纹理等轮廓均留以白线勾出。开启后世刺绣留白技法的先河。梅树干上的斑苔用石绿笔染点渍，水仙根部和坡地草茵也以笔染绘制。

图5-1-35　元代《刺绣密集金刚像》

图5-1-36　苏绣《先春四喜图》

2. 元代刺绣的特点

（1）采用传统技法。元代刺绣沿用了宋代的写实绣法，并在此基础上增加了贴绫绣等技法。

（2）融合多种刺绣技法。元代刺绣作品融合了平绣、绚绣、钩绣、描绣等多种技法，创造出丰富多彩的艺术效果。

（3）色彩丰富多样。以红、绿、黄、蓝等鲜艳的颜色为主，其中红色最为常见，反映了元代社会的喜庆氛围。

（4）线条流畅婉转。作品线条流畅婉转，富有动感和节奏感，展现了元代艺术家对比例和构图的高超把握。

（5）布局精妙对称。作品布局精妙对称，呈现出独特的美感，表现了艺术家对比例和构图的高超把握。

（6）融合多元文化。元代刺绣在继承宋代传统的同时，也融合了蒙古族和藏传佛教的元素，如日月纹、云纹和山纹等。

（7）具有写实风格。元代刺绣继承了宋代的写实风格，但与宋代相比，工艺上稍显粗糙。

（8）佛教题材的流行。由于元世祖忽必烈推崇藏传佛教，佛教题材的刺绣在元代变得流行。

八、明代

1. 明代的刺绣

明代刺绣业复兴，并逐渐走向繁荣。除了宫廷绣作外，广大城乡都出现了许多绣坊，刺绣变得普及。刺绣品多为家庭绣品，如烟袋、香包、枕套、台布、靠垫、鞋帽、衣裙等生活用品的边饰，以及屏风、壁挂等陈设品。也有很多刺绣用于庙宇中的龙帐、宝盖、长幡、莲座，以及桌围和戏装等。有些刺绣作品虽然很小，但却充满了劳动妇女的聪慧灵巧，体现了她们的精神追求，积淀着民间的生活文化。另外，明代还出现了许多各具特色的地方刺绣品种，如北方绣系的北京洒线绣、东北的辑线绣、山东的鲁绣以及南方的顾绣等。

其中洒线绣属北方绣种，用双股捻线计数，按方孔纱的纱孔绣制，以几何纹样为主，或配以铺绒主花。

如图5-1-37所示，明定陵出土的孝靖皇后衣物中的这件明洒线绣蹙金龙百子戏女夹衣是女衣中的精品。这件百子戏女夹衣前襟上部绣二龙戏珠，后襟为正面龙戏珠。两袖各绣直袖龙两条。前后襟和两袖满绣有童子一百个，各组画面的童子1~6人不等，组成40多个画面，有斗蟋蟀、捉迷藏、踢毽子、摔跤、放风筝等场景。童子天真活泼的神情表现得惟妙惟肖。百子图案中间，装饰有四季花朵和如意、金锭等杂宝图案。整体图案丰富多彩，配色协调，刺绣技艺高超，是明代刺绣的精品。

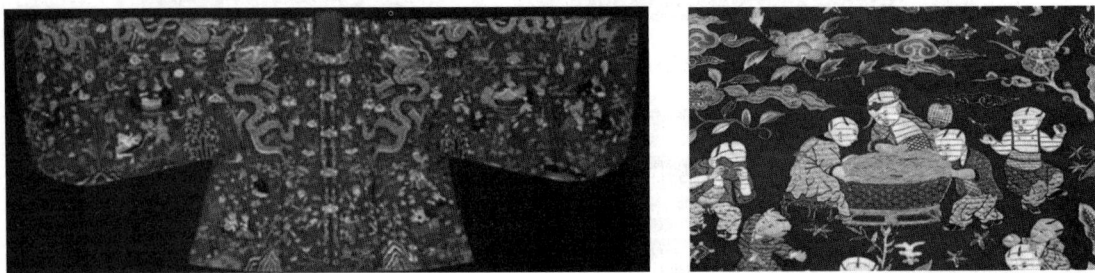

图5-1-37　洒线绣蹙金龙百子戏女夹衣及其局部

鲁绣所用的绣线大多是较粗的加捻双股丝线，俗称"衣线"，故又称"衣线绣"，曾流行于山东、河北、河南等地，其绣品不仅有服饰用品，也有观赏性的书画艺术品。故宫博物院收藏的鲁绣《芙蓉双鸭图》（图5-1-38）、《荷花鸳鸯图》更是明代鲁绣珍品（图5-1-39）。

如图5-1-40所示，缉线绣以龙抱柱线，即在一根强捻的合股线上再缠绕一根强捻的合股线，这种绣线称为"龙抱柱线"，再用另一种线把龙抱柱线平钉在底衬上，或勾边，或绣花，这种刺绣方法即缉线绣。

嘉靖年间，上海顾氏露香园成为最有影响的刺绣流派。顾绣多以宋元名画为摹本，配色极其讲究，所绣山水、人物、花鸟无不精妙。顾绣针法继承了宋代最完备的绣法，加以灵活运用，可谓集针法之大成。用线仍多为平线，有时也用捻线，劈丝细过毛发，针脚平整；所用色线种类之多，非宋绣所能比及；同时还使用了中间色线，采用半绣半绘的借色与补色法，绣绘并用，力求与原稿毫无二致；按照图案和质感的需要，绣制不局限于丝线，而是随意取材，如绣禽鸟则用羽毛，绣蒲团则用蒲叶，薄金、头发均可入绣，另创新意。如今的故宫博物院中，保留有署名"韩希孟"或"韩媛"的仿宋元名画顾绣作品十余帧，其所创作《洗马图》（图5-1-41）《白鹿图》《松鼠葡萄图》《扁豆蜻蜓图》（图5-1-42）等作品，艺术成就与画作原品相媲美。

另外，《顾绣考》一书中，有"远绍唐、宋发绣之真传"的记载。明代利用发绣技艺完成的绘画作品，在世界染织史上独一无二。明代倪仁吉采用发丝以白描的形式制作的《观音大士像》，其神貌平静，衣纹线条都富有生命力。

图5-1-38 鲁绣《芙蓉双鸭图》　图5-1-39 鲁绣《荷花鸳鸯图》　图5-1-40 缉线绣

图5-1-41 《洗马图》　　　　图5-1-42 《扁豆蜻蜓图》

2. 明代刺绣的特点

明代刺绣以洒线绣最为新颖突出。洒线绣用双股捻线计数，以几何纹为主，或配以铺绒主花。粤绣采用金银线盘金刺绣，绣线平整光亮，多用于戏装、婚礼服等。鲁绣为山东生产的刺绣品，主要特点是以双丝拈线，色彩浓丽，富有强烈的地方特色。绒线绣是用彩色绒线在特制的网点麻布上进行绣制的一种手工艺品，具有毛绒感，形象生动，风格独特。顾绣多以宋元名画为摹本，继承了宋代最完备的绣法，色彩文雅，针法活泼多变，可谓集针法之大成。

九、清代

（一）清代的刺绣

清代刺绣最为卓著的历史成就在于地方绣种的进一步成熟稳定。以地域特色为标志的苏绣、蜀绣、湘绣、粤绣、汴绣、鲁绣，都在清代确定了自己的地位。地方绣种的形成存在着复杂的因素，地理环境、人文背景、物产特色及风俗时尚都对刺绣产生了影响。重要的是，不同地域的绣种所具备的独特艺术风格，丰富了中国刺绣艺术宝库的内涵。

1. 湘绣

湘绣以湖南长沙为中心，是中国四大名绣之一，在湖南民间刺绣基础上，吸收了苏绣与粤绣的特点，逐渐形成地域性特色。湘绣的传统题材以狮、虎为典型，运用"鬅毛针"表现狮虎皮毛，效果逼真。

湘绣主要应用于戏装、袈裟、裙袍等服装，荷包、椅披、桌围等日用品及床上用品的装饰，并有中堂、条屏、屏风等观赏品（图5-1-43~图5-1-45）。

图5-1-43　清代湘绣：红缎地凤凰、牡丹纹绣片

图5-1-44　清代湘绣：红地双龙抢宝纹钉铜泡桌帷

图5-1-45　清代湘绣：荷塘鸳鸯图册

2. 粤绣

粤绣以广东为中心，为中国四大名绣之一。明代正德年间，广东刺绣已出口到葡萄牙、英、法等诸国，并受到朝廷的青睐。图5-1-46为清代广绣《竹石双凤图轴》，图5-1-47为清代广绣《百鸟争鸣图》。

据《存素堂丝绣录》记载，清宫收藏明代粤绣"博古围屏"八幅，"铺针细于毫发，下针不忘规矩"，并有"以马尾缠作勒线，从而勾勒之""针眼掩藏，天衣无缝"等记述。

乾隆二十二年，朝廷诏令西方商舶只限进广州港，促进了粤绣的出口。乾隆五十八年，广州成立刺绣行会"锦绣行"，专营刺绣出口，当时有绣庄20余家。清末，广东工艺局在广州创办缤华艺术学校，专设刺绣科培养粤绣人才。

图5-1-46 清代广绣《竹石双凤图轴》

图5-1-47 清代广绣《百鸟争鸣图》

3. 苏绣

苏绣以江苏苏州为中心，为中国四大名绣之一。清代丁佩的《绣谱》以"齐、光、直、匀、薄、顺、密"准确概括了苏绣的主要特点。

苏州刺绣历史悠久，苏州出土有西汉绣品实物，虎丘塔及瑞光塔内相继出土宋代绣品。南宋时，绣坊、绣店聚集城内，有"绣线巷""滚绣巷""锦绣坊""绣花弄"等坊巷。明廷设有苏州织染局，其下专有绣作。苏绣以绣工精湛、图案优美著称。针法有9大类、40余种，齐针、套针、抢针、乱针、打子、刻鳞等针法采用较多。

作品可分为日用品与观赏品两大类，日用品有被面、靠垫、衣、裙、鞋及配饰等；观赏品包括屏风、台屏、挂屏、册页等。图5-1-48为清代苏绣《紫藤双鸡图》局部，图5-1-49为清代苏绣《瑶池仙品》。

4. 蜀绣

蜀绣以四川成都为中心，为中国四大名绣之一，又称"川绣"。

据《华阳国志》记载，早在晋代，蜀中刺绣已闻名遐迩，被誉为蜀地之宝。清代道光年间，蜀绣已形成专业化生产，成都市内出现不少绣纺。

蜀绣以软缎和彩色丝线为材料，精工绣作，表现题材涉及人物、花鸟、虫鱼，常见针法有套针、晕针、斜滚针、旋流针、参针等。刺绣品类除服饰、鞋面、被面、枕套等日用品外，还有挂屏、镜芯等观赏品。蜀绣一向以色泽鲜艳、图形富有立体感著称。其工艺特点是短针细密、针脚平齐、片线光亮、富于变化。图5-1-50为清代蜀绣：白缎地人物故事纹帐檐，图5-1-51为清代蜀绣：绿地人物故事纹帐檐。

图5-1-48　清代苏绣《紫藤双鸡图》局部

图5-1-49　清代苏绣《瑶池仙品》

图5-1-50　清代蜀绣：白缎地人物故事纹帐檐

图5-1-51　清代蜀绣：绿地人物故事纹帐檐

　　明清两代的织绣生产以官营机构主导，宫廷内设"绣作"。除了绣制帝后、官员服饰外，还织绣专供观赏的书画题材作品及供祝寿用的条幅等。宫廷观赏刺绣在乾隆时期最为鼎盛，以苏州、杭州、南京三地织造和皇宫造办处的"织绣作"为中心，集中了全国最为精良的绣作力量，题材有历代名人书画，当朝皇帝或文人诗词书画，宗教及日常祝寿、节庆等反映日常风俗的题材也有涉及，极具观赏性。

清代刺绣的普及与分布也臻于历史高峰，其数量大、工艺精湛、应用广泛。随着现代工业的发展，传统刺绣工艺受到了巨大的冲击。

刺绣作为珍贵的传统工艺品种受到学界与美术界的高度重视，不论传世品或出土文物，都具有很高的历史价值和审美价值，刺绣艺术的魅力永远不会褪色。

（二）清代刺绣的特点

（1）清代刺绣最为卓著的历史成就在于地方绣种的进一步成熟稳定。以地域特色为标志的苏绣、蜀绣、湘绣、粤绣、汴绣、鲁绣，都在清代确定了自己的地位。

（2）清代服饰中刺绣表现技法成熟，绣工细腻、观赏性强的服饰多见于皇家。

【项目练习题】

1.试述四大名绣的名称及其工艺特点。

2.尝试学习鲁绣技艺的不同针法，并制作一幅简单的鲁绣作品。

任务2　感悟刺绣艺术

【学习引入】

在这片古老而富饶的土地上，有一种独特的艺术形式，它以细腻的质感、绚烂的色彩和精湛的技艺，成为中华文化的瑰宝之一。它，就是丝绸绣品。

可以试想，手中轻轻摩挲一块光滑如水的丝绸，上面绣着栩栩如生的花鸟、飘逸的祥云或是古朴的图案，是何等的震撼与浪漫。

丝绸绣品不仅仅是一件手工艺品，更是中华民族智慧的结晶，是匠人们用一针一线，将心血和情感融入其中，创造出的传世作品。

本节将探寻丝绸绣品的世界，探寻它的历史、工艺和魅力。

一、蜀绣

蜀绣的形成和发展基于四川地区物产的富饶，尤其是其所产的丝帛品质好、产量大。西汉文学家扬雄《蜀都赋》描述在成都随处可见"挥肱织锦""展帛刺绣"的情景，另有扬雄《绣补》诗，诗中表达了作者对蜀绣技艺的高度赞誉。

常璩《华阳国志》详载蜀地宝物，便将锦绣与金银珠玉同列。唐代末期，南诏进攻成都，掠夺的对象除金银、蜀锦、蜀绣外，还大量劫掠蜀锦、蜀绣工匠，视之为奇珍异物。据《元和郡县志》记载，在唐代，安靖刺绣作为贡品进入宫廷，成为皇帝奖赏功臣的主要物品。五代十国时期，四川相对安定的局面为蜀绣的发展创造了有利的条件，社会需求的不断增大，刺激了蜀绣业的飞速发展。

蜀绣是中国刺绣传承时间最长的绣种之一。蜀绣的历史最早可追溯到与中原夏朝文明同时代的古蜀三星堆文明。战国末期，蜀郡已经成为位居中国第二位的丝织业基地，秦汉时开始在成都设置锦官。

蜀绣以软缎、彩丝为主要原料，针法包括12大类122种，具有针法严谨、针脚平齐、变化丰富、形象生动、富有立体感等特点。据史料记载，蜀地早在两千多年前的西汉时期就已经有了刺绣的产生和发展。到了唐宋时期，蜀绣的技艺和影响力达到了一个新的高度，成为当时社会流行的一种艺术形式。明清时代，蜀绣发展成熟，形成了独特的风格和技艺体系，广泛应用于宫廷装饰、民间穿戴以及礼仪赠送等多个领域。

蜀绣以其纯熟的工艺和细腻的线条跻身中国的四大名绣之列，在其悠久的发展历史中逐渐形成针法严谨、片线光亮、针脚平齐、色彩明快等特点。蜀绣用成都地区练染的各色散线（较粗松的丝线）或丝线（较细紧的丝线）绣制于本地所造绸缎上。由于选料考究、制作认真，成品工坚、料实、价廉，长期以来行销于陕西、山西、甘肃、青海等地，颇受欢迎。图5-2-1为唐代鸟纹绣片（服装边饰）。

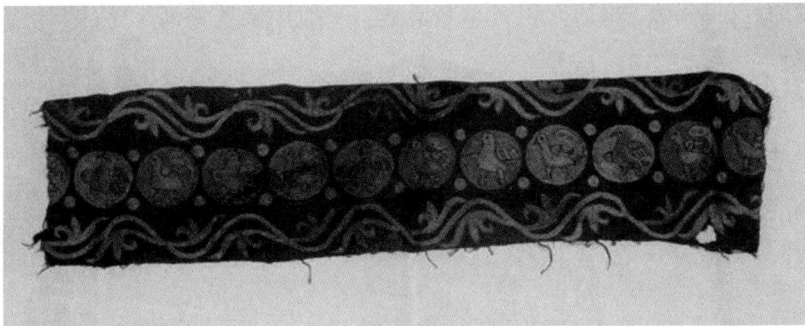

图5-2-1 唐代鸟纹绣片（服装边饰）
（图源：成都蜀锦织绣博物馆官方网站）

1. 工艺特点

蜀绣绣法灵活，通常以绸、缎、绢、纱、绉作为面料，并根据题材需要，采用不同针法、配色、用线等。蜀绣常用晕针来表现绣物的质感，如鲤鱼的灵动、金丝猴的敏捷、人物的秀美、山川的壮丽、花鸟的多姿、熊猫的憨态等。除此之外，蜀绣中的"线条绣"，在洁白的软缎面料上运用晕、纱、滚、藏、切等手法，以针代笔，以线作墨，效果线条流畅、色调柔和，不仅能表现出笔墨的湿润感，还具有光洁透明的质感。常见的技法如下：

（1）晕针。晕针是一种有规律的长短针，分全三针、二二针、二三针。全三针是长短不等的三针；二二针是两长两短的针；二三针是两长三短的针。各种针脚都是密接相邻的，每排的长短不等，但针脚是相连的，交错成水波纹状。全三针适用于倾斜运针的绣面，向左倾斜的由短针到长针；向右倾斜的由长针到短针。二二针适用于小面积的部位。二三针用处较广，凡正面或稍倾斜的绣面都适用此种针法，绣花、鸟、虫、鱼、人物、走兽不仅易于浸色，而且更能体现事物的自然和真实感。

（2）掺针。每一层都是一样长的针脚，针与针紧密靠着，另一层接在头一层的针脚上，运针时是从内向外，如绣花瓣能够浸色多。掺针是蜀绣的基本针法之一。

（3）柘木针。柘木针是有规律的长短针，每层颜色有所差别，第一层是长短的密针，长的柘木在短针内；第二层柘木在长针内，第二层采用稀针盖在第一层上；第三层的针脚需搭在第一层的线上。这种针法可以浸色，多用于绣制花卉翎毛。

（4）车凝针。车凝针是蜀绣基本针法之一，由长短不齐的乱针脚构成，一针接一针向外绣，每针相接处不盖头，运针时由内向外或由两侧向中间掺拢。这种针法能够将事物的自然形态体现得生动活泼。

（5）贯针。贯针是长短不齐的针脚，是在已经绣好的绣面上表现其色彩的浓淡及其调和，一般是两针间贯一针，三针贯两针，如绣甲的尖端、蝶翅的隐纹都使用此种针法。

（6）闩针。闩针是蜀绣的基本针法之一。闩针是一种很短的针脚，一般用在绣好的绣面上，为了更能体现色彩的调和，按刺绣物象的具体需要，用二二或二三针闩，一般只用两色。深色的闩浅色，浅色的闩深色。此种针法适用于绣制山水和孔雀羽毛等，以体现其真实和色彩。

（7）插针。插针是类似晕针的乱针脚，在运针上，第一道长短直针，第二道长短针插到第一道的针脚内，针脚视绣物的面积大小而增减，一般用来绣雀鸟走兽的羽毛，或用于绣蝶须和羽毛的中干。

（8）撒针。撒针是用于绣物上添色或调和色彩的一种针法，运用一种稀疏不规则的针脚点缀，隐约地显现一种色彩，适用于绣制金鱼的尾尖、雀鸟尾巴和脊椎花纹等。

（9）滚针。滚针是蜀绣的基本针法之一。是一种长短针，一针靠一针地滚，不露针脚的称为叶藏滚；稀疏见针脚的称为亮滚，可起到隐约地显现色彩、调和色彩和增添色彩的效果，适用于绣制叶脉、树藤、松针、烟云、人物衣褶等。

（10）接针。接针又叫扣针，在运针上是一针扣一针，下针须在上针落脚，适于绣人物须发、金鱼尾巴等。

（11）拔针。拔针是一排一排地绣，第二排须接到头一排的针足盖头，由窄到宽，针脚可放长；由宽到窄，针脚可以增减。从内向外运针或从外向内运针都可。每排可以着两色，适宜于绣雀腿和走兽。

（12）扣针。扣针是蜀绣的基本针法之一。针脚整齐，针与针之间紧密靠着，一层一种色，层与层间分界有一层线，头一层须盖上次层的线，在头一层针脚上搭头，运针时是倒起运，由内到外，能显示出绣物的凸凹形状。

（13）藏针。藏针是长短直线针，由上至下或由下至上，后一针须盖上一针脚，逐渐靠紧，针脚交错，伏贴平整，适宜绣人物头面，可体现肌肉纹理。

（14）载针。载针是短而细的直线针，在插针绣的纹样上面，在一定的间距内加以载针，更能体现绣面平贴，适用于花叶的脉纹和蝶的触角等。

（15）飞针。飞针是长短不一的乱针脚。在运针上有的两针相对，常与柘木针结合使用，适用于浸色上的补充绣法，而掩藏原针层的埂子。

（16）梭针。梭针是长短不齐、由上而下或由下而上、一行一行稀疏的虚针脚，适用于绣石岩等。

（17）虚针。虚针是长短不齐、一上一下细密不均的直线针法。一般用纵横参差的短针，如绣山水，着墨处用密针，不着墨处用虚针。

（18）绩针。绩针是一针靠一针的直线针脚。一般用于铺地，用长短的细针在绣面上绣花纹，适用于凤尾上的花纹等。

（19）续针。续针是蜀绣的基本针法之一，是一种直线针脚。须一针接一针，下一针的针脚，必须接到上一针的针口，可用于锁蝶翅和凤背的边缘等。蜀绣的续针和广绣的续针类似。

2. 作品题材

在长期的发展过程中，蜀绣逐步形成了自己独特的运针方法和刺绣技艺。在蜀绣大量的传世作品中，涉及的题材众多：有宗教题材（如《观世音》），有以名人书画为图稿的花、鸟、人物、山水，有以民间画工设计的具有装饰趣味的条屏；有近代受西画、摄影影响而产生的人物肖像、风景绣；还有以"画像"为题材以及具有民间工艺风格的装饰绣。它们以精美的工艺技巧、夸张的造型、浓烈的色彩受到人们的欢迎。

蜀绣以本地织造的红、绿等色缎和散线为原料，各种针法交错使用，施针严谨，用线工整稳重，设色典雅，既长于刺绣花、鸟、虫、鱼等细腻而生动的图像，又善于表现山水磅礴的气势。

蜀绣题材多为花鸟、走兽、山水、虫鱼、人物，多以古代名家画作（如苏东坡的怪石丛条、郑板桥的竹石、陈老莲的人物等）为粉本，又请当时名画家设计绣稿，由刺绣工艺师加工再创造。绣制的流行图案既有山水、花鸟、博古、龙凤、瓦当纹饰、古钱一类，又有民间传说，如八仙过海、麻姑献寿、吹箫引凤、麒麟送子等，也有寓意喜庆吉祥、荣华富贵的喜鹊闹梅、鸳鸯戏水、金玉满堂、凤穿牡丹等，富有浓郁地方特色的图案如芙蓉鲤鱼、竹林马鸡、山水花鸟、熊猫人物等也深受人们的青睐。图5-2-2为孟德芝的双面异形绣《九子—熊猫》。

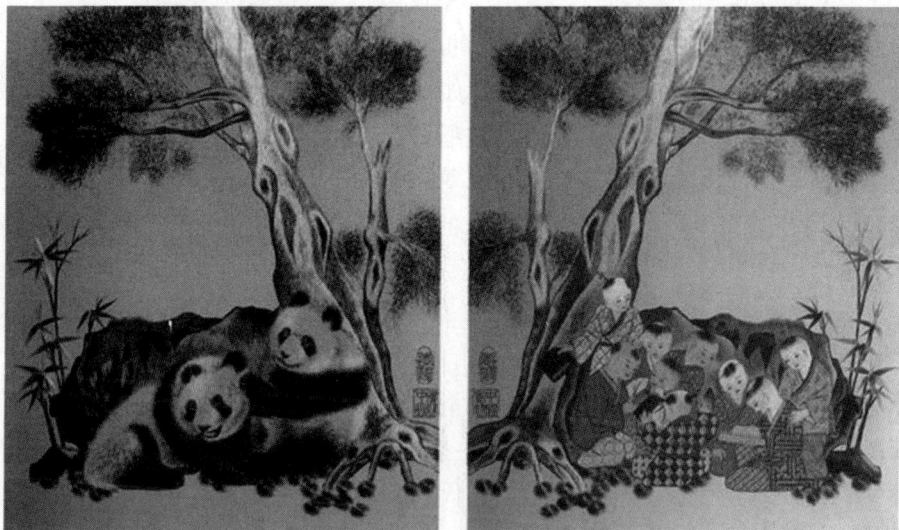

图5-2-2　孟德芝的双面异形绣《九子—熊猫》
（图源：何洋托美次仁《蜀绣　一带一路上的丝线华章》）

3. 艺术价值

蜀绣早年间就广泛分布于人们生活中，小到人们日常用的绣手帕、香囊、头巾，大到服装、装饰摆件。它既是一门技术又是一门艺术，并伴随着时代的变化而演变发展，在不同的历史阶段与诸多文化相互影响和渗透。经过数千年的发展沉淀，蜀绣也从最初的单线勾勒轮廓发展到如今千变万化的技法，这种由粗到细的发展过程逐渐形成了丰富多样的艺术手法，也凝结着巴蜀地域的民情风俗和自然的沉淀，成为一种特有的地域性文化技艺。如今，蜀绣在继承传统工艺的基础上，在针法上不断创新，绣品造型和做工方面也有新发展，即由单面绣发展成双面绣、立体绣、三异绣、双面异形绣等。

作为地域性的文化载体，蜀绣代表着巴蜀地区人民典雅、柔和、秀美的审美品格，同时它又是巴蜀地区人民朴实的生活写照与精神气韵。

4. 代表作品

单面绣是蜀绣的重要品种之一，其代表作包括《蝶恋花丛》《鱼翔浅底》《金丝猴嬉戏林间》《大熊猫饮水溪畔》《贵妃出浴》《昭君别汉》《杜甫行吟于

5-1　蜀绣

长江三峡》《薛涛制笺于望江楼下》等。这些作品以精湛的绣技和细腻的线条，生动地展现了自然之美和人文之情。

另外，蜀绣中还有一幅极具代表性的作品，即《蜀宫行乐图》（图5-2-3）。这幅作品以王建墓（现名永陵）出土的永陵乐舞石刻为素材创作而成，绣幅用白色软缎作底，上面绣有20名姿态神情各异的仕女，手执琵琶、羯鼓、排箫、拍板等多种古乐器，聚精会神地协奏一首乐曲。两名舞伎长袖轻拂，随着乐曲翩翩起舞，举足踏节，婀娜多姿。这幅作品不仅展现了蜀绣的高超技艺，也反映了古代宫廷文化的风貌。

此外，蜀绣还有一些其他代表作品，如双面绣《红叶熊猫》《长毛狗》《芙蓉鱼》等。这些作品以精湛的绣技和巧妙的构思，将动物和花卉等自然元素生动地呈现在绣布上，展现了蜀绣艺术的独特魅力。

图5-2-3 《蜀宫行乐图》

二、湘绣

湘绣，盛行于我国湖南地区，集湘楚文化于一体，逐渐形成特有的风格特色。传统的湘绣一般多以蚕丝、棉、苎麻以及亚麻为原料，配以各色的丝线、绒线绣制而成。湘绣善于以针代笔，多种针法并用，创作出多元化的表达效果。湘绣以中国画为神，充分发挥针法的表现力，达到构图严谨、形象逼真、色彩鲜明、质感强烈、形神兼备的艺术境界。湘绣中的狮虎毛纹刚健直竖、眼球有神、逼真传神，已发展到异色、异形、异面的双面全异绣。

1. 历史渊源

湘绣的历史可追溯到春秋战国时期，最早的记录见于《楚辞》中的描述。到了唐宋时期，湘绣技艺已经相当成熟，成为皇室贵族的生活装饰和礼仪用品。明清时期，湘绣达到鼎盛，成为国家对外交流的礼品，深受国内外的赞誉。1972年，长沙马王堆西汉古墓中出土了40多件刺绣衣物，说明远在2100多年前的西汉，湖南地方刺绣即湘绣已发展到了较高的水平。辉煌灿烂的楚绣与马王堆汉绣，不仅是中国刺绣史上足资骄傲与自豪的一章，还是湘绣顺理成章的最初发展之源。图5-2-4为湘绣麒麟花卉绣片。

图5-2-4 湘绣麒麟花卉绣片
（图源：湖南湘绣博物馆）

2. 工艺特点

湘绣用针多为苏州所制，其锋端尖锐而鼻底圆钝。绣工拈针，只用拇指与食指，两指曲如环形；运针力量全赖两指，余三指曲蓄，不用力。湘绣匀薄平整，全在于用针的轻重徐疾之运针技巧。湘绣因物施针，对花鸟虫鱼、山川湖泊、飞禽走兽等题材创作形神并茂，前后创造出针法共72种。其中，平面绣以线平铺绸面约32种，如能充分表现皮毛质感的鬅毛针（针脚表现为散射状态，针的一头为粗的绣线，一头为细的绣线）、掺针（主要用于表现物体的明暗变化）、直针（针脚多为平行线条，线路平行均密）、铺针、帘针等；织绣以线相互交织成图案，织法约15种，如草鞋织、梳子织等；网绣是由接线或抽纱而成网状图案，针法约11种；扭针绣以线扭结而成，形成一定图案，有8种针法；结绣以线结成颗粒或圆圈而成，有6种针法。

3. 文化意义

湘绣巧妙地融合了实用性与美学价值，通过"以针代笔"和"以线作画"的绣法，在忠实追求原作精神的同时，进行艺术的再创造。这种技法不仅保留了原画的笔墨韵味，还通过绣花工艺，赋予了图案更加生动的真实感和立体感。湘绣不仅展现了中国画的意境之美，也展示了刺绣艺术的精细之美。超过两百种的细腻针法使得湘绣能够细致地描绘出各种图案，使其成为一个集绘画、刺绣、诗词、书法及金石艺术于一体的综合艺术形式，展现了深厚的审美价值。

湘绣保留了楚绣和汉绣的独特特色。古代文献《后汉书》记载的瑶族先民对五彩衣服的偏爱体现在瑶族女性的刺绣服饰中，这些服饰虽款式多样，但普遍追求一种鲜艳、繁复的美感。

位于湘西的苗族刺绣，其审美特征深深烙有楚文化的印记。在楚墓中发现的大量漆器多为"黑底朱彩"风格，苗族的传统服饰也习惯于在黑色底布上绣制五彩图案，无论是衣袖、围裙、裤边，还是头帕、鞋面和童帽，都以黑色为底，上面绣以红花绿叶、青龙黄鸟，形成强烈的色彩对比，展现出一种既艳丽又华美的绣品风采。从长沙楚墓和马王堆汉墓出土的大量绣品中，可以窥见当时湖南地方刺绣技艺已经达到令人惊叹的高度。1958年在长沙楚墓中发现的龙凤图案绣品，图案精美、绣工针法细腻，为世人所惊叹。湘绣作品中蕴含着浓厚的中国传统哲学思想、民俗文化和历史故事，如龙凤呈祥、百鸟朝凤等传统图案，充分展示了湘绣的艺术魅力。

4. 品种题材

湘绣的主要题材有花鸟、山水、风景、人物、肖像、走兽，主要品种有条屏、册页、被面、绣衣、围巾、手帕、披巾，以及大型精雕精绣座屏、挂屏等，可以是双面绣、双面异绣、双面全异绣。湘绣常用的图案，花卉中有牡丹、月季、茶花、菊花、梅花、兰花、竹子等；鸟类有凤凰、孔雀、锦鸡、丹顶鹤、鹰、鸳鸯、鸽子、八哥、喜鹊、白头翁；走兽有狮子、虎、马、鹿、猫、狗、松鼠、熊猫等；还有人物、山水、小花草、金鱼、蝴蝶、书法等无不可绣制。

5. 代表作

湘绣的代表作包括《狮虎》《虎》和《毛狮》等。这些作品以精湛的绣技、丰富的文化

内涵和独特的艺术风格而著称。

《狮虎》（图5-2-5）是湘绣中的经典之作，以雄狮和猛虎为题材，通过巧妙的构思和精湛的绣技，将狮虎的威武之势和雄壮之姿生动地呈现在绣布上。作品运用多种针法和丝线，绣制出狮虎的皮毛纹理和肌肉线条，形象逼真、栩栩如生。

《虎》也是湘绣的代表作之一，以虎为题材，通过精湛的绣技和巧妙的构图，将虎的威猛和矫健展现得淋漓尽致。作品运用湘绣特有的掺针等针法，绣制出虎的皮毛和肌肉质感，使人仿佛能够感受到虎的力量和生命力。

图5-2-5 《狮虎》

此外，《毛狮》也是湘绣的代表作之一，以狮子为题材，通过精湛的绣技和丰富的文化内涵，将狮子的威武和雄壮展现得淋漓尽致。作品运用多种针法和丝线，绣制出狮子的毛发和肌肉纹理，形象逼真、气势磅礴。

总体而言湘绣的代表作以其精湛的绣技、丰富的文化内涵和独特的艺术风格而著称，不仅是中国传统工艺的瑰宝，也是中华文化的重要载体。这些作品通过巧妙的构思和精湛的绣技，将自然之美和人文情怀融为一体，展现了湘绣艺术的独特魅力。

随着时代的发展，湘绣技法也在不断地创新和进步。现代湘绣艺术家在保持传统技艺的基础上，融合现代设计理念和技术，使湘绣作品更加多样化和国际化。如今，湘绣不仅用于制作服装、家居装饰品，还被运用于现代时尚和艺术创作中，展现了传统手工艺与现代生活的完美结合。

5-2 湘绣

三、粤绣

粤绣起源于唐朝，唐代苏颚《杜阳杂编》中就已有南海（今广州）少女卢媚娘"工巧无比，能于尺绢绣《法华经》七卷"的记载。唐玄宗时，岭南节度使进献精品刺绣给杨贵妃而获加官三品。明代，广东海外贸易兴盛。明正德九年，一葡萄牙商人在广州购得龙袍绣片回国，并将绣袍献给国王，得到重赏，粤绣从此扬名海外。明代万历二十八年，英国女王伊丽莎白一世在英国创建了英国刺绣同业会，英王查理一世也倡导传播粤绣艺术，一时间粤绣被誉为"中国给西方的礼物"，英、法、德、美各国博物馆均藏有粤绣。18世纪，粤绣风靡了英国皇家及上流社会。粤绣的形成和发展与广东地区的地理气候、经济社会发展和文化艺术交流密切相关。早在唐宋时期，广东地区就已经有了绣品的产生和使用。到明清时期，粤绣艺术得到了快速的发展，成为当时社会上流行的一种重要手工艺品。图5-2-6为20世纪70年代潮绣泰斗林智成的钉金绣《九龙屏风》，被作为国礼赠送给叙利亚。

粤绣采用细腻的针法和丰富的线材，能够表现出极其细致的层次感和立体感。它的制作技术包括平绣、立体绣、透视绣等多种，可以创造出极其生动和真实的效果。粤绣的欣赏品有条屏、座屏、屏风等。日用品的品种很多，主要有服装、鞋、帽、头巾、被面、枕套、靠垫、披巾、门帘、台布、床罩等。潮州的刺绣潮剧服装闻名遐迩。宗教用品大多为神袍以及寺庙内的装饰品。

1. 粤绣的技法特点

粤绣的工艺技法主要体现在其细腻的针法和复杂的工艺上。粤绣采用的针法种类繁多，包括平针、绞针、打籽针、套针等，每种针法都有其独特的效果和适用场景。这些针法的运用使得粤绣作品既有细腻的线条，又有丰富的层次和立体感。此外，粤绣还注重线条的流畅和动态效果的表现，使绣品既具有艺术美感，又富有生命力。

图5-2-6 《九龙屏风》

粤绣常用的品种包括绒绣、金绒混合绣、钉金绣（又称金银绣）和线绣等。绒绣通常是在各种丝、绸、缎上，以平绣针法用丝绒绣制。其中，以金银线为主，绒线为辅的叫金绒混合绣。而钉金绣针法复杂，有过桥、踏针、捞花瓣、垫地、凹针、钩绣等60多种针法，其中"二针企鳞"针法为其他绣种所无。钉金绣运用垫、绣、贴、拼、缀等技术处理，可产生浮雕式的艺术效果。线绣，纯用丝线平面绣制。

2. 色彩运用

粤绣在色彩运用上非常丰富和大胆，善于利用对比色和互补色来增强视觉效果。粤绣的色彩不仅仅局限于自然界的颜色，还大胆采用了很多艳丽和夸张的色彩，使得作品既有真实感，又不失艺术加工的效果。这种丰富多彩的色彩运用，使得粤绣作品充满了活力和动感，给人以强烈的视觉冲击。

3. 题材内容

粤绣的题材内容非常广泛，既有传统的花鸟鱼虫、山水人物，也有戏剧故事、宗教图案等。这些题材往往结合了中国传统文化的元素，富有浓郁的民族特色和地方色彩。在粤绣的创作过程中，艺人不仅要求忠实地再现题材的形象，还要注重作品的意境和寓意，通过艺术加工和创新，赋予作品更深层次的文化内涵。

4. 代表作品

《百鸟朝凤图》是一幅非常著名的粤绣作品（图5-2-7），展示了众多鸟类向一只凤凰朝拜的场景，象征着和平与繁荣。这幅作品技艺精湛，色彩鲜艳，生动展示了自然界的和谐与尊贵。

《红荔白鹅》（图5-2-8）画面主体由两只形态各异的白鹅和繁茂的红荔组成。白鹅或曲颈低头，或引颈张望，姿态优雅自然，仿佛在池塘边悠然自得地嬉戏。它们的羽毛洁白如雪，根根分明，在阳光的照耀下似乎还泛着淡淡的光泽，展现出一种灵动的生机。

5. 文化意义

粤绣不仅是一种手工艺术，更是广东乃至中国文化的重要组成部分，它承载了丰富的历史信息和深厚的文化内涵。在中国传统文化中，绣品不仅用于日常生活的装饰，还具有特

5-3 粤绣

图5-2-7 《百鸟朝凤图》　　　　　　图5-2-8 《红荔白鹅》

定的文化象征和社会意义，反映了人们的审美情趣、道德观念和宇宙观。粤绣中的很多图案都富含象征意义，比如龙和凤的图案象征权力和尊贵，蝙蝠和鹿寓意福禄，牡丹和莲花分别象征富贵和纯洁。通过这些富有象征意义的图案，粤绣作品不仅表达了人们对美好生活的向往，也反映了中国传统文化中的哲学思想和宇宙观。

在历史上，粤绣也是社会身份和地位的一种标志。在清代，皇室和贵族经常使用精美的粤绣作为服饰和宫廷装饰，以显示其尊贵的身份。此外，粤绣还用于重要的礼仪活动和节日庆典中，如婚礼、寿宴等，体现了中国人对礼仪文化的重视。

尽管粤绣有着悠久的历史和传统，但它并不是一成不变的。随着时代的发展，粤绣艺术家们不断地探索和创新，将现代元素融入传统技艺中，使粤绣艺术始终保持着旺盛的生命力。比如，现代粤绣艺术家们尝试使用新材料、新技术，甚至与其他艺术形式如绘画、摄影等进行融合，创作出既有传统韵味又不失现代感的作品，拓宽了粤绣的艺术表现范围。

四、苏绣

苏绣的历史可追溯至春秋战国时期，盛行于南宋，至明清时期达到鼎盛。它起源于江苏省苏州地区，历经千年演变，不断吸收和融合了中华传统文化的精华，形成了独具特色的艺术风格。

汉代刘向在《说苑》中记载："晋平公使叔向聘于吴，吴人拭舟以送之，左五百人，右五百人，有绣衣而豹裘者，有锦衣而狐裘者。"这段内容描述了吴国人民身着华服为晋平公使节送行的场景。虽然晋平公在位期间，吴国定都于现在的无锡梅村，但之后不久，吴王阖闾便迁都苏州。由此可以推断，早在公元前六世纪，苏州就已经出现了体现刺绣技艺的"绣衣""锦衣"。

晋代王嘉的《拾遗记》中有所记载，三国时期，"孙权常叹魏、蜀未夷，军旅之隙，思得善画者使图山川地形阵之象。赵夫人曰：'丹青之色，甚易歇灭，不可久宝，妾能刺绣，列国方帛之上，写以五岳河海城邑行阵之形'。既成，乃进于吴主。时人谓之针绝。"彰显了苏绣精湛的刺绣技艺。

1. 历史渊源

传说仲雍的孙女"女红"善制绣衣，古代周太王的儿子太伯、仲雍来到今江南苏州一带建立了吴国，当地人有断发文身的习俗。仲雍做了吴国君主，想破除这种陋习，于是和长老们商议。不料他们的议论被正在缝衣的孙女女红听见了。她边缝边听，走了神，一不小心，手被针扎了一下，一小滴鲜红的血顿时浸染到衣料上，渐渐晕开成小花，于是女红有了灵感：把蛟龙的图案绣在衣服上以替代文身。为了纪念刺绣的发明者，民间至今仍将妇女从事纺织、缝纫、刺绣等活动称为"女红"。

2. 工艺特点

苏绣艺术中，刺绣针法存在从单一到多元、从简单到复杂的发展轨迹。苏绣的针法变化多端，能够根据绣制对象的不同特征选择合适的针法，如平针、细针、隐针、分叉针、套针等，每种针法都能精确表达绣品的质感和层次。针法的多样性和精细度是苏绣区别于其他绣种的重要特点之一，使得苏绣作品细腻生动，栩栩如生。民间则用"平、齐、细、密、匀、顺、和、光"来概括苏绣的艺术特点，它们可以看作是从绣工角度对传统苏绣"精细雅洁"的艺术特征。其中，"平"指的是刺绣过程中要保持绣面与绣线的平整性，完成后的作品应当平服如画；"齐"指的是指刺绣时要做到针脚齐整，图案轮廓清晰；"细"是指绣线精细，它是决定苏绣绣面精细程度的重要因素；"密"是指绣线排列细密，不露针迹，"密"与"实"相辅相成，而它的关键也正在于"细"，正所谓"惟细而密"，这样绣出的作品才能保持绣面光亮和平滑；"匀"是指用线需粗细适均、疏密一致，以保证绣面的平服；"顺"是指刺绣时应当注意丝理排列的方向，丝顺而气顺；"和"是指绣面的色彩要保持调和，浓淡适宜、整体协调；"光"是指刺绣时需注意突出绣面的光泽效果。

苏绣在色彩运用上极为讲究，能够巧妙地使用各种色彩的渐变和过渡，创造出极其丰富而又细腻的视觉效果。苏绣的色彩不仅仅局限于自然界的颜色，还会根据艺术家的创意进行适当的调整，使得整个作品既真实又带有梦幻般的美感。

此外，双面绣也是苏绣一大工艺特点，即在一块丝绸上绣出两面不同图案的作品，两面图案可以相同也可以不同，颜色和图案的处理都需精确无误，展现了苏绣技艺的高超水平。这种技艺不仅要求绣工具有高超的技巧，还要有良好的艺术修养和创意思维。图5-2-9为"苏绣艺术文献展（1949—2019）"现场苏州刺绣研究所展出的明定陵出土刺绣百子衣。

3. 风格特征

苏绣的题材非常广泛，包括但不限于山水、花鸟、人物、动物等，每一幅作品都能够体现出刺绣艺术家的深厚文化底蕴和艺术创造力。苏绣图案上的山水能分远近之趣，楼阁具现深邃之体，人物能有瞻眺生动之情，花鸟能报绰约亲昵之态。

4. 流派划分

苏绣可分为四大流派，分别为苏州刺绣、南通仿真绣、无锡精微绣和扬州刺绣。

（1）苏州刺绣。苏州刺绣就是指狭义的"苏绣"，体现在品种、造型、图案、画稿、针

图5-2-9　明定陵出土刺绣百子衣

法、绣法、色彩、技艺、装裱等多方面的综合表达，而针法的运用是构成绣品各种艺术形象的语言。苏绣的技艺特色，大致可用"平（绣面平伏）、齐（针脚整齐）、细（绣线纤细）、密（排丝紧密）、和（色彩调和）、顺（丝缕畅顺）、光（色泽光艳）、匀（皮头均匀）"八字来概括，有别于其他地区的绣品。

据记载，宋元时期苏州已有一条"绣线巷"，集中了不少专门为刺绣制作花线的作坊，能染制八九十种色泽的花线，加上每色区分各种深浅层次，合计达700种之多，可谓万紫千红、各色俱全。

宋代的《平江城访考》记载，当时绣线集中在绣线巷（今修仙巷），刺绣集中在滚绣坊、锦绣坊。北宋末年，朝廷在苏州建立了织造衙门，兼办宫货绣品。

（2）南通仿真绣。南通仿真绣又称"沈绣"，是苏绣的重要分支。刺绣艺术大师沈寿在清末时曾任农工商部工艺局绣工科总教习，后应邀到江苏南通主持女工传习所。在西学东渐的历史背景下，她吸收西洋美术精华，在中国传统苏绣的基础上创立了"仿真绣"。这种绣法创造性地以旋针、虚实针来表现物体的肌理，用丰富多彩的丝线调和色彩，完成的作品色调自然柔和、丰富多彩，尽显写实之功。"仿真绣"往往取材于西洋油画中的人物肖像和风景等，而以人物绣最为擅长，其针法变化多端，表现画中人的五官十分传神，体现出高超的技艺，因此，南通仿真绣又称"美术绣"。仿真绣是传统刺绣在形式上的创新，它为中国传统刺绣的现代发展开辟了一条新路。

（3）无锡精微绣。据汉代刘向的《说苑》记载，早在2500多年前无锡就已出现刺绣服饰。明代中叶，俞氏创制的堆纱绣因巧夺天工而被选为贡品。清代，无锡精微绣得到进一步发展，创造出了"闺阁绣""切马鬃绣""堆纱绣""填色稀铺法""乱针绣"等独特的技法。20世纪80年代初，在继承传统的基础上，无锡精微绣发展出了"双面精微绣"，成为举世公认的优秀艺术品种。

无锡精微绣的艺术特色极为突出，其卷幅微小、造型精巧、绣技精湛，往往能在很小的画面内绣制表现出人物、场景、文字、图案等，呈现出所谓"寸人豆马，蝇足小字"的奇观。

（4）扬州刺绣。扬州刺绣是流传于扬州地区的传统工艺，与苏州刺绣的技艺属同一门类，但由于受扬州历代文化的影响和扬州八怪画派的熏陶，承袭中国画的文化内涵和笔墨情趣，"仿古山水绣"和"水墨写意绣"逐步形成扬州刺绣的两大特色。

5. 文化内涵

苏绣作品，无论是日用品还是艺术欣赏品，都具有很高的艺术价值。苏绣的艺术价值主要表现在苏绣技艺的精湛。苏绣艺人以针代笔、以线代色绣出作品。由于丝光的艺术效果，绣品上的书画图案显得更加鲜活生动。苏绣的色彩丰富，苏绣艺人通常用三四种不同颜色的同类色或邻近色相配，套绣出晕染自如的色彩效果，一幅精品使用的线色达几百种甚至上千种。不仅是颜色，苏绣的针法也种类繁多，有齐针、散套、施针、虚实针、乱针、接针、滚针、正抢、反抢等48种。更为巧妙的是，苏绣艺术家能运用劈丝技术，即将一根丝线劈成1/48，将金鱼的尾巴这样细致的图案绣得栩栩如生，并且在苏绣技艺表现物象时善留"水路"，即在物象的深浅变化中空留一线，使之层次分明、花样轮廓齐整，使作品充分表现苏绣"精细雅洁"的艺术特征。无论是表现山水、花鸟、动物还是人物，精湛的苏绣技艺都能使之达到栩栩如生的境界。也正因为如此，苏绣才被国际誉为"东方的明珠"。苏绣艺术作品的艺术价值已为众多的鉴赏家和收藏家所青睐。图5-2-10为李娥英、顾文霞复制的苏州虎丘山云岩寺塔出土的北宋刺绣经帙。

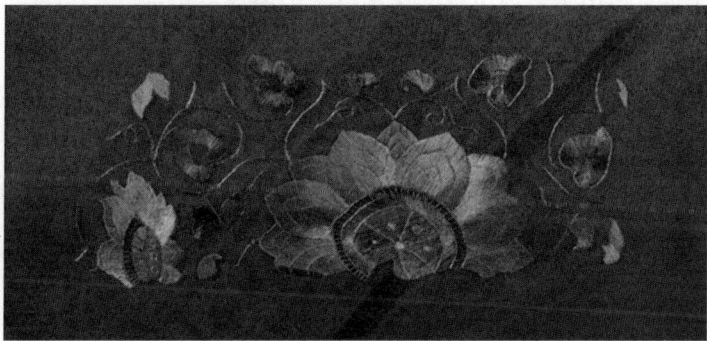

图5-2-10　北宋刺绣经帙

6. 代表作

花鸟绣是苏绣的传统题材，其中《百鸟朝凤》《松龄鹤寿》《孔雀牡丹》《白凤》《白孔雀》《鸣春图》《春回大地》《蜀葵双鸭》《栗子山鸡》《荷花翠鸟》等都是极具代表性的作品。以《白孔雀》（图5-2-11）为例，它运用了散套、斜缠、滚针、擞和针等多种针法，将白孔雀的羽毛绣得如受微风拂动，光泽丰润、质感十足，每一根纤细的羽毛与羽绒都处理得一丝不苟，展现了针法的严谨和细腻。

除了花鸟绣，肖像绣也是苏绣的重要类别，难度极大。肖像绣以真人摄影作品与绘画为绣稿，要求神形兼备，神态、表情要因人而异，生动逼真、惟妙惟肖。如苏绣《英国女王》，以伊丽莎白二世的一幅照片为素材，历时14个月完成，使用了上千种颜色的丝线，展现了肖像绣的高超技艺。

此外，还有一些其他代表作品，如《意大利皇后爱丽娜像》《耶稣像》《八仙上寿图》《松鹤中堂》《松鹤同春图》《美国女伏倍克像》等。这些作品不仅技艺精湛，而且题材广泛，体现了苏绣艺术的丰富多样性。

5-4 苏绣

图5-2-11 《白孔雀》

五、鲁绣

山东地区的刺绣艺术是齐鲁文化的重要组成部分。鲁绣以丝线刺绣为主，绣品线条流畅自如，色彩古朴典雅，多用于表现历史文化和传统美德等主题。

1. 历史渊源

鲁绣源于春秋战国时期，是见于史料最早的绣种。鲁绣风格独具一格，针法丰富多变，色彩对比鲜明，注重工艺性与装饰性。鲁绣绣品风格豪放粗犷、淳美坚实、朴中寓秀，充分展现了山东地区爽朗、豪放、朴实的人文风情。

2. 题材内容

鲁绣的图案题材主要包括植物、动物、神话传说、戏曲人物及文字，这些图案题材或取自自然界，或属于山东地区民俗文化与地域文化的产物。同时，鲁绣产品种类较多，主要有：烟台抽纱、即墨花边、青州府花边、蓬莱梭子花边、棒槌花边、手拿花边、网扣、满工扣锁、乳山扣眼、生丝台布、百代丽、烟台绒绣等。

3. 工艺特点

鲁绣的针法多样，有平针、提花针、打结针、锁边针等多种类型，使得绣品既精致细腻又富有层次感。

4. 代表作品

中华人民共和国成立后，国家大力支持民间手工艺的传承与发展，鲁绣在这一时期产生了许多优秀作品，如《百蝶图》《百菊图》《采桑子·重阳》等都是这一时期的珍贵鲁绣作品。

5. 艺术价值

鲁绣绣品制作材料应用考究，明代鲁绣文物多以暗纹织锦面料搭配多彩蚕丝线绣制，多种针法结合应用于鲁绣绣制过程中，"材美工巧"的中国传统造物文化内涵在鲁绣中体现得淋漓尽致。鲁绣的色彩、工艺和图案都是经过民间鲁绣艺人的巧手创造，具有较强的审美价值和艺术价值。我国对于发展非物质文化遗产及民间手工艺的政策支持，使得鲁绣等民间手工艺活态化发展成为大势所趋。将"材美工巧"的鲁绣与现代汉服结合，可以通过新路径传承与发展鲁绣手工艺，也可以提升现代汉服的审美价值，满足现代汉服的设计需求。

六、民间绣

1. 山西民间刺绣

山西是民间刺绣艺术品的生长地。民间刺绣，不仅历史悠久，而且题材广泛，内容丰富，具有反映山西风土人情的特色。

山西民间刺绣，具有独特的艺术风格，图案纯朴、色彩艳丽、构图简洁、造型夸张、针法多样、绣工精致。这些来自民间的刺绣艺术品，大都出自农村劳动妇女之手。

山西民间刺绣可分为如下几种。

（1）忻州刺绣。忻州民间，刺绣有着深厚的群众基础。代县一带，刺绣品有着严谨、华丽、雅致的特色；五台县境内及附近城乡，刺绣风格敦厚端庄；忻州、定襄、原平等地，刺绣产品风格较为淳朴秀丽。图5-2-12为忻州刺绣。

（2）晋南刺绣。在山西南部的农村，人们的日常生活用品和衣帽服装，多以刺绣来装饰，如衣服的领口、袖口、裙边、披肩、帽子、鞋子、被面、枕头、喜帐、寿帐、桌围、椅垫等，都有不同纹样的刺绣图案。

晋南民间刺绣善于运用多种手法表现设想的题材。有的写实，有的浪漫，有的夸张，创造出无数既富有装饰趣味又有浓郁的乡土气息的刺绣工艺品。图5-2-13为晋南刺绣。

图5-2-12　忻州刺绣

图5-2-13　晋南刺绣

2. 锡伯族刺绣

锡伯族民间刺绣历史悠久、内涵丰富，锡伯族妇女更是心灵手巧，善于捕捉生活中的美好景致。锡伯族的刺绣作品，赢得了各族人民的赞赏和认同。锡伯族刺绣出现在生活中的各个角落，如服装、头巾、枕套、鞋子、窗帘等。图5-2-14为锡伯族刺绣。

3. 青海民间刺绣

青海刺绣的历史可以追溯到远古时期。

图5-2-14　锡伯族刺绣

唐代，文成公主、金城公主先后进藏路过青海，弘化公主嫁给青海吐谷浑王，使中原丝绸源源涌入青海，人们开始用刺绣装饰自己、美化生活、传递友谊、寄托感情，使这种民间艺术成为人们生活中不可缺少的组成部分，世代相传，不断发展。

4. 濮阳刺绣

濮阳刺绣属于濮阳民间传统工艺，濮阳刺绣所用针法均系宋绣传统技法。黄河故道两岸刺绣品琳琅满目，如幼儿鞋帽、兜肚、护罩等，其中孙择疆生产的戏剧服装工艺考究、设计华美、刺绣精良，在豫北地区享有盛誉。

5. 土族刺绣

土族刺绣做工精细，针针见功底，线线出效果。绣品讲究整体关系，以盘绣为主体，以密集的绣法为基调，以大面积繁绣为特色，绣品舒展大气，光彩夺目，由于精工耗时，绣品经久耐用。土族刺绣应用十分广泛，民间刺绣非常活跃，时至今日，土族妇女全身服饰都可用刺绣装扮，看上去光彩夺目。

6. 回族、撒拉族刺绣

回族、撒拉族刺绣讲究高雅、秀丽，针法精巧飘逸，绣品精美淡雅，很少用动物图案，多以植物花卉为主。

7. 苗族刺绣

刺绣与蜡染一样是苗族服饰最主要的装饰手段之一。苗族刺绣采用丝线、毛线或色布等在各种衣料、布料胚上用针刺、缝钉构成花纹。图5-2-15为苗族刺绣。

苗绣主要是用在苗装中，如头巾、衣领、袖腰、袖口、衣肩、衣背、衣摆、腰带、围腰、裙子、裹腿布巾、鞋子及围兜等。苗绣技法大致有12类：平绣、挑花、锁绣、堆花、贴布绣、打籽绣、破线绣、钉线绣、辫绣、锡绣、马尾绣、绉绣等。

图5-2-15　苗族刺绣

七、绣法技艺

（一）直针

1. 直针技法

直针技法是一种基础且广泛使用的刺绣技术，适用于从传统到现代设计等各种刺绣项目。它以其简单性和多样性而受到欢迎，能够创造出平滑的线条和精细的细节。这种技术可以用于描绘轮廓、填充图案、添加细节和纹理。

直针可分为长直针及短直针两大系列。这两个系列又因方向性的不同而衍生出各种不同名称的针法。

（1）长直针系列（直针绣或铺针）。长直针又叫齐针，是指在一个图案内都绣同一个方向的针迹，不论是斜直、横直，还是竖直，其排列的针迹都是平行的。为了辨识容易，习惯上将直针的横针、竖针都叫直平针或齐平针；将方向倾斜的直针叫斜平针。一般来说，长直针以单针呈现时，称为直针绣；而在图案内满绣时，称为铺针。

　　齐针是我国传统针法中最古老的一种，最早见于湖南长沙马王堆西汉墓出土的铺绒绣上，也是各种针法的基础。这种针法的起落针都要在纹样的外缘，线条排列要均匀，不能重叠，不能露底，力求齐整。

　　凡是刺绣初学者，都必须先从绣花卉入手。使用齐针时，务必要按照墨笔勾勒出的轮廓线来绣，一丝一毫都不能产生偏离的痕迹。平面的线一定要绣得平整均匀，均匀便不会有疏有密，没有疏密的问题，也就自然会平整了。

　　（2）短直针系列。相较于长直针，这是一种针脚较短的直针。因针脚短，故较紧密牢固，有多种不同的运用。短直针包括下面几种。

　　①绗针，是一种最基础的简单针法，绣时只要运针向前挑绣即可，通常用来疏缝刺绣粗品。绗针也可放长针脚，在日常运用中，绗针是缝制被面最方便迅速的针法。

　　②打点，也叫斜一丝或一丝串。和戳纱绣法相同，但每次只在十字纹上斜扣一针。

　　③扎针，以短小直针来固定、控制松抛的长直针的针法。扎针的刺绣方向须与长直针的方向不同。如果是松抛的齐针满绣图案，容易走纱（即被异物勾住，很容易变形）。因此就需要固定齐针，于是就用到了扎针针法。扎针可以以任意形式呈现，起到固定长直针的作用。扎针的刺绣方向要与绣地针法（即扎针所固定的针法）的方向不同，才能达到扎针的效果。

　　2. **基本步骤**

　　（1）准备。选择合适的织物、刺绣线和针。一般使用绣花针和绣花线，织物则根据项目来选择。

　　（2）起针。从织物的背面穿过，将针点刺入起始点。

　　（3）直绣。直针绣法的基本针脚：将针向下穿过织物，离起点一定距离，然后从背面将针穿回到表面，这个距离可以根据需要调整，以适应不同的设计和效果。

　　（4）重复。继续在织物上重复上述步骤，根据图案的需要，调整针脚的长度和方向。

　　（5）线条平滑。为了确保线条平滑，可以轻轻拉紧线条，但不要过紧，以免织物起皱。

　　（6）针脚长度。根据设计的需要，可以调整针脚的长度。较短的针脚适用于细节丰富的区域，较长的针脚则适用于填充较大的区域。

　　（7）颜色更换。通过改变线条的颜色，可以为作品增添层次和纹理。

　　直针绣法虽然是基础绣法，但要精通仍需大量练习。每个针脚都是作品的一部分，绣工只有耐心细致地绣制才可以获得更好的效果。图5-2-16为直针绣法。

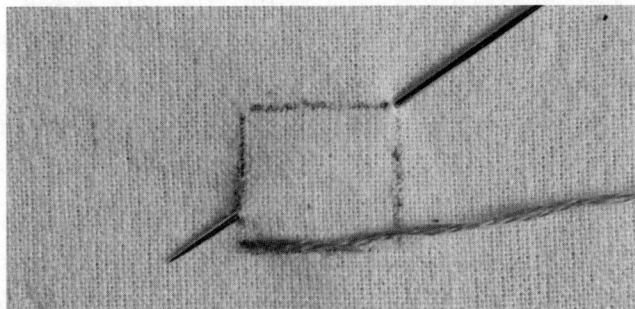

图5-2-16　直针绣法

（二）环针

1. 环针技法

中国刺绣中的环针技法，也称作"打结针"，是一种特殊的刺绣技术，用于创造小而紧密的结或点，这些结点可以独立使用或密集排列，以形成纹理或填充效果（图5-2-17）。环针技法在中国刺绣中常用于表现花朵的花蕊、动物的眼睛或其他需要强调细节和质感的地方。

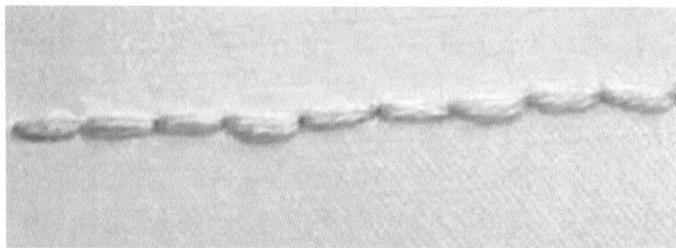

图5-2-17　环针绣法

2. 基本步骤

（1）起针。从织物的背面穿出针，于织物表面确定起始点。

（2）绕线。将刺绣线绕在针尖上1～2圈，绕线的圈数可以根据需要的结的大小来增减。

（3）下针。在起针点旁边非常近的位置将针尖轻轻插入织物，但不要完全穿过，保持绕在针上的线圈不动。

（4）拉紧。缓慢拉动针尾的线，直到线圈紧贴织物表面形成一个小环或结。

（5）完成结。当结紧贴织物后，将针完全穿过织物至背面，以固定结的位置。

（6）线圈的松紧。控制绕在针上的线圈的松紧度是关键，这将直接影响结的大小和形状。

（7）针的位置。下针位置应尽可能接近起针点，以确保结构紧凑且形状规整。

（8）应用。通过变化结的大小、颜色和排列，可以创造出丰富多样的纹理和图案效果。

环针技法虽小，却能在中国刺绣作品中增添独特的美感和细节，是提升刺绣作品精细度和立体感的重要技巧之一。通过这种技术，刺绣艺术家能够创作出栩栩如生的作品，展现出中国刺绣的精致和深邃。

（三）乱针绣

乱针绣又名正则绣、锦纹绣，是一种适宜绣制欣赏品的汉族刺绣工艺。创始于20世纪30年代，创始人为现代女刺绣工艺家杨守玉女士。因其绣法自成一格，被誉为"中国第五大名绣"。

乱针绣主要采用长短交叉线条、分层加色手法来表现画面，针法活泼、线条流畅、色彩丰富、层次感强、风格独特，适合绣制油画、摄影和素描等稿本的作品。材料是丝线、纱线和普通的缝衣针，适用于各种质地的底料。乱针绣以针代笔，以色丝为丹青，使绘画与刺绣融为一体，自成一格。针法融合了中国汉族传统刺绣的技术及西洋艺术的特色，并受到清末民初沈寿的仿真绣所启发和影响。针法长短不一、方向不同且互相交叉，并运用分层、加色的手法，使得在色彩上更为丰富。这种绣法将传统刺绣"排比其针，密接其线"的方法创造成以长短参差的直斜、横斜线条交叉，分层掺色的技艺，绣制人物、风景、静物、动物图案。乱针的出现，是对中国几千年传统刺绣的重大突破，是将西洋绘画与中国刺绣融为一体的创举，开辟了向更高美术层次迈进的广阔前景。

乱针绣是把画理与绣理结合在一起创造出来的一种新的汉族刺绣艺术，是利用特殊的乱针技法来制作的"针画"，是以针线为工具把不同方向、不同颜色的直线条交叉重叠堆积起来，表现物体的体积感、前后物体的空间关系及色彩变化的艺术。乱针绣不拘教条，让绣者自由地表达自己的思想感情，工艺错综复杂，成为极其珍贵的艺术作品。图5-2-18为乱针绣法。

图5-2-18　乱针绣

（四）戗针

它是用短直线、顺纹样形体，一批批由外向里排绣，刺绣过程中可按颜色深浅换色晕色，也就是按纹形用齐针（直绣）分层刺绣，一层一层地前后衔接而成。从纹样的外缘向内分层绣出为正戗，从内向外为反戗。每层交界落针点留有缝隙，称为水路。这水路是戗针的特色，富有装饰性，设计者可充分利用和发挥这一特色，以取得较好的艺术效果。

戗针可分为正戗针、反戗针、迭戗针，在刺绣技艺中是很好的装饰手法。

（五）打籽绣

打籽绣是一种源自中国的传统刺绣技艺，它以其精细的针法和独特的艺术风格而闻名。这种绣法在广东省一些地区非常流行，尤其是在潮汕地区。打籽绣的名称来源于其制作过程中一个独特的步骤——"打籽"，即在绣制的初步轮廓上加密缝制小的针点，使绣品的图案更加饱满立体，色彩过渡自然，细节表现力强。

打籽绣在现代刺绣中主要用于绣花心。针从下而上穿出绣地后，随即用针尖绕线一圈，形成一个线环，针在线环边上穿出后，便落针将它固定。线环就是籽，使籽固定不动就是打。绣线必须捻得均匀，起针、落针的力道也必须一致，否则，力道重的籽就会大，力道轻的籽就小。若要用该绣法绣完整的花卉、翎毛、石头、树木，须先从墨勾的轮廓线开始绣起，并按照顺序逐渐向内。打出的籽一定要均匀、紧密，而且不能露出绣地。图5-2-19为清代打籽绣局部。

图5-2-19　清代打籽绣局部

（六）网针

网针，中国刺绣传统针法之一，主要运用于苏绣。针法组织有横、直、斜三种，用不同方向的绣法组成三角形、菱形、六角形等连续几何形格，然后用相扣的方法在几何形格内绣出各式花纹。

网针有两种织法：

（1）实心网针。实心网针。具体编织方法：

第一行：

第1针：织下针。

第2针：将这1针挑到右针上不织，同时把线绕过这1针；接着织1针上针。

第3针：织下针。

第4针：将这1针挑到右针上不织，同时把线绕过这1针；接着织1针上针。

第二行：

重复第一行的编织步骤，即：先织1针下针；挑1针不织并绕线后织1针上针；再织1针下针；挑1针不织并绕线后织1针上针。

第三行：

编织方法与第一行完全相同。

第四行：

编织方法与第二行完全相同。

完成以上 4 行编织后，即形成一朵花的图案。后续按照此规律不断重复编织，就能呈现出完整的实心网针花样。

（2）空心网针。每花4针/织4行组成。

【项目练习题】

1.试着从不同角度分析各类绣品的相同点和不同点。

2.尝试各种不同绣法技艺，完成至少一幅小型图案制作。

参考文献

[1] 杨懿乐，张玉惕. 新编丝织工艺学 [M]. 北京：中国纺织出版社，2001.

[2] 王静，张会青. 新型机织设备与工艺 [M]. 上海：东华大学出版社，2019.

[3] 刘森，李竹君. 织造技术 [M]. 北京：化学工业出版社，2015.

[4] 俞加林. 丝纺织工艺学 [M]. 北京：中国纺织出版社，2005.

[5] 裴愉发，吕波. 喷水织造实用技术 [M]. 北京：中国纺织出版社，2003.

[6] 郭兴峰. 现代准备与织造工艺 [M]. 北京：中国纺织出版社，2007.

[7] 王鸿博，邓炳耀，高卫东. 剑杆织机实用技术 [M]. 北京：中国纺织出版社，2004.

[8] 严鹤群，戴继光. 喷气织机原理与使用 [M]. 2版. 北京：中国纺织出版社，2006.

[9] 白伦. 长丝工艺学 [M]. 上海：东华大学出版社，2011.

[10] 陈爱香. 机织工艺 [M]. 上海：东华大学出版社，2022.

[11] 陈爱香. 丝绸技艺（云教材）[M]. 北京：北京理工大学出版社，2021.

[12] 姜秀娟. 蛋白质纤维制品染整工艺 [M]. 上海：东华大学出版社，2024.

[13] 陈英华. 纺织品印花工艺制订与实施 [M]. 上海：东华大学出版社，2015.

[14] 项伟. 对真丝织物抗皱抗菌整理的研究 [D]. 合肥：安徽农业大学，2004.

[15] 关晋平. 有机磷化合物对真丝绸的阻燃整理 [D]. 苏州：苏州大学，2008.

[16] 李莉，张聚华，傅吉全. 纳米TiO_2/抗坏血酸对真丝织物防紫外整理研究 [D]. 北京：北京服装学院，2014.

[17] 凸凹. 一座城池的锦绣河山与漆光异彩《纹道——蜀锦·蜀绣·漆艺：流光溢彩的国家技艺》（序）[J]. 青年作家，2007（12）：60-63.

[18] 任倩. 湘绣巧夺天工的文化艺术品 [J]. 纺织服装周刊，2014（25）：16-17.

[19] 王丽花. 如何赋予潮绣新的艺术生命力 [J]. 陶瓷科学与艺术，2014，48（6）：13.

[20] 王欣. 当代苏绣艺术研究 [D]. 苏州：苏州大学，2013.

[21] 李卓玛. 双手绣出七彩生活 [J]. 中国土族，2015（4）：36-37.

[22] 吕元. 非物质文化遗产苏绣艺术之——乱针绣 [J]. 纺织报告，2015，34（7）：28-29.

[23] 穆慧玲. 传统鲁绣的材质与工艺特点 [J]. 纺织学报，2013，34（10）：63-67.

[24] 林锡旦. 苏州刺绣 [M]. 苏州：苏州大学出版社，2004.